LA
STATIQUE CHIMIQUE

BASÉE SUR

LES DEUX PRINCIPES FONDAMENTAUX

DE LA

THERMODYNAMIQUE

PAR

LE LIEUTENANT-COLONEL

E. ARIÈS

Ancien élève de l'École polytechnique

PARIS

LIBRAIRIE SCIENTIFIQUE A. HERMANN

LIBRAIRE DE S. M. LE ROI DE SUÈDE ET DE NORVÈGE

6 ET 12, RUE DE LA SORBONNE, 6 ET 12

1904

LA

STATIQUE CHIMIQUE

BASÉE SUR

LES DEUX PRINCIPES FONDAMENTAUX

DE LA

THERMODYNAMIQUE

LA
STATIQUE CHIMIQUE

BASÉE SUR

LES DEUX PRINCIPES FONDAMENTAUX

DE LA

THERMODYNAMIQUE

PAR

LE LIEUTENANT-COLONEL

E. ARIÈS

Ancien élève de l'Ecole polytechnique

PARIS

LIBRAIRIE SCIENTIFIQUE A. HERMANN

LIBRAIRE DE S. M. LE ROI DE SUÈDE ET DE NORVÈGE

6 ET 12, RUE DE LA SORBONNE, 6 ET 12

1904

PRÉFACE

La science de la Chimie, franchissant un obstacle qu'on avait pu croire longtemps insurmontable, marche à grands pas, depuis quinze à vingt ans, dans une voie nouvelle. Tout l'honneur en revient à J. Willard Gibbs, fondateur de la branche de cette science qu'on appelle la Statique chimique.

Aussi, est-ce faire œuvre utile que de chercher à propager les doctrines encore trop peu connues de l'illustre professeur américain. A ce point de vue, la traduction du mémoire le plus important de Gibbs, publiée par un savant aussi autorisé que M. H. Le Chatelier, ne pouvait que rendre de grands services au public studieux qui, en France, suit avec intérêt les applications toujours croissantes de la Thermodynamique aux phénomènes chimiques.

Mais il faut bien reconnaître que les travaux de ce génie pénétrant, traduits ou non, sont d'une lecture si difficile qu'elle rebute bien souvent le lecteur le plus opiniâtre. Et cependant, comme le fait remarquer M. H. Le Chatelier dans sa préface de l'équilibre des systèmes chimiques, il doit rester dans ce travail bien des points à approfondir.

Sans avoir la prétention de soulever le voile sur tout ce qu'une œuvre d'une si haute portée peut encore contenir de caché, notre but a été de présenter sous une forme plus facilement accessible, les lois et les idées si fécondes qu'on y a déjà trouvées. Nous nous sommes appliqués, notamment, à mettre en lumière la notion du potentiel chimique, notion encore trop peu répandue, et qui intervient si simplement pour *jouer un rôle capital dans toute question d'équilibre chimique.*

Aussi, notre point de départ et notre mode d'exposition devaient-ils différer de ceux adoptés par Gibbs. Depuis long-temps, on a été frappé des nombreuses analogies que présentent les problèmes d'équilibre chimique et les problèmes étudiés en statique pure; obéissant comme tant d'autres à une tendance bien naturelle, nous avons cherché à nous rapprocher des méthodes de la mécanique rationnelle, et avons pu adopter comme base de la statique chimique le principe des modifications virtuelles *qui résulte des deux lois fondamentales de la* Thermodynamique, loi de Conservation *et* loi de Dégradation *ou de* Dissipation de l'énergie.

De ce principe découle, par une suite de déductions qui s'enchaînent, toute la théorie des équilibres chimiques.

C'est au développement de cette théorie que sont consacrés les cinq premiers chapitres de l'ouvrage : les résultats les plus saillants en ont été résumés dans des notes très succinctes, parues de mai 1903 à mars 1904 dans les Comptes rendus *de l'Académie des Sciences, grâce au bienveillant accueil de M. E. Mascart qui a bien voulu les présenter* [1].

Viennent ensuite les applications de la théorie générale. Elles comprennent douze chapitres qu'on peut diviser en deux parties, chacune de six chapitres.

[1] Voir séances du :

25 mai 1903, p. 1242. *Lois du déplacement de l'équilibre thermodynamique.*

6 juillet 1903, p. 46. *Sur la diminution du potentiel pour tout changement spontané dans un milieu de température et de pression constantes.*

27 juillet 1903, p. 253. *Sur les lois et les équations de l'équilibre chimique.*

9 novembre 1903, p. 738. *Sur les lois du déplacement de l'équilibre chimique.*

28 décembre 1903, p. 1239. *Sur l'extension de la formule de Clapeyron à tous les états indifférents.*

15 février 1904, p. 416. *Sur les conditions de l'état indifférent.*

28 mars 1904, p. 806. *Sur les propriétés des courbes figuratives des états indifférents.*

Du Chapitre VI au Chapitre XI inclus, sont étudiés les changements d'état physique et phénomènes analogues, quelques cas de dissociation devenus classiques, les dissolutions, et on passe ensuite à la théorie générale des systèmes qui ne peuvent comporter qu'une phase de composition variable. Cette théorie s'applique à un grand nombre de cas particuliers et intéressants, notamment aux systèmes précédemment étudiés et aux systèmes homogènes. Enfin on termine cette première partie des applications par le problème des mélanges séparés en plusieurs couches.

Les six derniers chapitres de l'ouvrage sont consacrés à la théorie des gaz et à tout ce qui s'y rattache; dissociation des systèmes partiellement ou totalement gazeux, loi de Dalton sur les vapeurs, principe de Gibbs sur les mélanges gazeux qui jette une si vive clarté sur la théorie générale des gaz, enfin théorie des solutions diluées et de l'osmose avec les lois tonométriques et cryoscopiques de Raoult, Arrhenius et Van't Hoff.

La théorie des solutions diluées est, comme l'a dit M. Van't Hoff, l'une des conquêtes les mieux établies et les plus fécondes de la chimie physique. L'exposition de cette théorie ne manque pas de difficultés; elle se simplifie cependant singulièrement en prenant comme base la loi expérimentale que l'éminent professeur de l'université de Berlin a été conduit à formuler sur la pression osmotique. On pourra le constater en lisant les deux derniers chapitres qui terminent ce volume ([1]).

La statique chimique présente un vaste champ d'exploration;

([1]) Ces deux chapitres développent et complètent trois notes parues en 1904 dans les *Comptes rendus* de l'Académie des Sciences :

18 juillet 1904, p. 106. *Sur la loi fondamentale des phénomènes d'osmose.*

8 août 1904, p. 401. *Théorie des solutions diluées basée sur la loi de Van't Hoff.*

20 août 1904, p. 462. *Sur les formules de la Tonométrie et de la Cryoscopie.*

nous ne pouvions songer à le parcourir tout entier : aussi, ne conduirons-nous le lecteur que sur un terrain limité, et n'étudierons-nous avec lui que les effets de deux facteurs seulement de l'équilibre, la température et la pression.

Parmi les facteurs dont il est fait abstraction, la force électromotrice qui régit les phénomènes électriques peut jouer un rôle prépondérant dans certaines questions d'équilibre chimique; si ce rôle exige une étude spéciale, nous osons espérer que le lecteur attentif et désireux de trouver un guide pour cette étude, saura reconnaître, après avoir parcouru ce livre, la généralité de la méthode qui y est exposée. Les variables qui y sont constamment employées, la température et la pression peuvent être remplacées ou même accompagnées par d'autres variables représentant les forces que les différentes formes de l'énergie mettent en jeu. C'est ainsi que la force électromotrice peut s'introduire sans peine dans nos équations, et mettre en évidence, dans les phénomènes électrochimiques, des lois générales, analogues et en quelque sorte parallèles à celles que le champ restreint que nous avons exploré nous a permis d'établir.

E. Aries.

LA STATIQUE CHIMIQUE

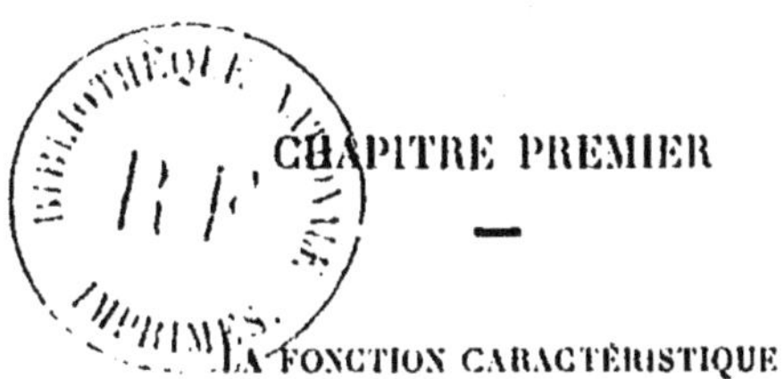

CHAPITRE PREMIER

—

LA FONCTION CARACTÉRISTIQUE

1. Equation différentielle de l'énergie en fonction de l'Entropie et du volume. — D'après le principe de l'Équivalence, si un système passe d'un état à un autre, la différence $Q - \varpi$ entre la quantité Q de chaleur qu'il a absorbée et la quantité ϖ de travail qu'il a effectuée, n'est nullement liée à la succession des états intermédiaires qu'il a pu prendre ; elle est égale à l'excès de son énergie finale U sur son énergie initiale U_0, l'énergie du système étant une quantité qui ne dépend que de son état au moment considéré

$$Q - \varpi = U - U_0.$$

Nous n'étudierons que les transformations réversibles qui comprennent une succession d'états d'équilibre stable. Le système sera donc supposé soumis dans toutes ses parties à une température uniforme. On admettra, en outre, qu'il n'est en relation avec les corps extérieurs que pour en subir des actions thermo-élastiques, c'est-à-dire, pour échanger avec eux de la chaleur, et pour en supporter une pression p également uniforme, s'exerçant normalement sur toute sa superficie. Il pourra être formé de parties juxtaposées, solides, liquides ou gazeuses, les parties homogènes, dans un même état physique, pouvant être constituées par des mélanges de corps chimiquement définis. La composition de ces mélanges pourra d'ailleurs varier, ainsi que la masse de chaque partie séparément homogène.

Pour une transformation élémentaire, à partir d'un état quelconque, on aura

$$dU = dQ - d\mathfrak{C}$$

D'après le principe de Carnot, la quantité dQ de chaleur absorbée par le système est donnée par la formule

$$dQ = TdS$$

en prenant la *thermie* comme unité de chaleur, T étant la température absolue et dS la variation d'une quantité S qui, comme l'énergie, ne dépend que de l'état actuel du système, et que Clausius a appelé l'Entropie.

On démontre dans tous les traités de Thermodynamique que l'on a

$$d\mathfrak{C} = pdv$$

dv étant la variation élémentaire de volume du système, en sorte que l'expression de dU prend la forme

$$(1) \qquad dU = TdS - pdv.$$

C'est l'équation différentielle de l'énergie. Elle apprend que l'énergie d'un système est déterminée quand on connait son volume v et son entropie S, quantités mesurables que l'on peut prendre comme variables indépendantes pour exprimer l'énergie.

2. L'énergie forme primitive de la fonction caractéristique. — La fonction U ainsi définie jouit d'une propriété remarquable; elle est, suivant une expression de Massieu, une *fonction caractéristique* du système auquel on l'applique. Toutes les propriétés thermo-élastiques de ce système s'expriment au moyen de cette fonction et de ses dérivées partielles.

De la formule (1) on tire d'abord, puisque dU est une différentielle exacte,

$$(2) \qquad T = \frac{\partial U}{\partial S}$$

$$(3) \qquad p = -\frac{\partial U}{\partial v}.$$

Ce qui donne la température et la pression en fonction des variables choisies.

On tire des équations (2) et (3).

$$(4) \qquad dT = \frac{\partial^2 U}{\partial S^2}\, dS + \frac{\partial^2 U}{\partial S \partial v}\, dv$$

$$(5) \qquad dp = - \frac{\partial^2 U}{\partial S \partial v}\, dS - \frac{\partial^2 U}{\partial v^2}\, dv.$$

On sait que l'on a pour la quantité dQ de chaleur absorbée par le système

$$(6) \qquad dQ = TdS = \frac{\partial U}{\partial S}\, dS.$$

La capacité calorifique C_v du système à volume constant est définie par la relation

$$C_v = \left(\frac{\partial Q}{\partial T}\right)_v$$

dQ est donné par (6), dT par (4) en y faisant $dv = 0$. On a donc

$$(7) \qquad C_v = \frac{\dfrac{\partial U}{\partial S}}{\dfrac{\partial^2 U}{\partial S^2}}.$$

La capacité calorifique C_p du système à pression constante est définie par la relation

$$C_p = \left(\frac{\partial Q}{\partial T}\right)_p$$

ou d'après (6), par la relation

$$C_p = \frac{\partial U}{\partial S}\left(\frac{\partial S}{\partial T}\right)_p$$

dp étant nul, l'équation (5) donne dv en fonction de dS; cette valeur de dv étant transportée dans (4), on tire de cette dernière équation $\left(\dfrac{\partial S}{\partial T}\right)_p$, et l'on a pour $\overset{\cdot}{C}_p$

$$(8) \qquad C_p = \frac{\dfrac{\partial U}{\partial S}\,\dfrac{\partial^2 U}{\partial v^2}}{\dfrac{\partial^2 U}{\partial S^2}\,\dfrac{\partial^2 U}{\partial v^2} - \left(\dfrac{\partial^2 U}{\partial S \partial v}\right)^2}.$$

Le coefficient de dilatation à volume constant α_v est défini par la relation

$$\alpha_v = \frac{1}{p}\left(\frac{\partial p}{\partial T}\right)_v = -\frac{1}{\dfrac{\partial U}{\partial v}}\left(\frac{\partial p}{\partial T}\right)_v.$$

Les équations (4) et (5), en y faisant $dv = 0$, donnent $\left(\dfrac{\partial p}{\partial T}\right)_v$. On en conclut

$$(9) \qquad \alpha_v = \frac{\dfrac{\partial^2 U}{\partial S \partial v}}{\dfrac{\partial U}{\partial v}\,\dfrac{\partial^2 U}{\partial S^2}}.$$

Le coefficient de dilatation à pression constante α_p est défini par la relation

$$\alpha_p = \frac{1}{v}\left(\frac{\partial v}{\partial T}\right)_p.$$

Si, après avoir fait $dp = 0$ dans l'équation (5), on en tire dS, et qu'on transporte cette valeur de dS dans (4), cette dernière équation donnera $\left(\dfrac{\partial v}{\partial T}\right)_p$. On en conclut pour α_p

$$(10) \qquad \alpha_p = \frac{1}{v}\,\frac{\dfrac{\partial^2 U}{\partial S \partial v}}{\left(\dfrac{\partial^2 U}{\partial S \partial v}\right)^2 - \dfrac{\partial^2 U}{\partial S^2}\,\dfrac{\partial^2 U}{\partial v^2}}.$$

Le coefficient de compressibilité isotherme ε_T est défini par la relation

$$\varepsilon_T = -\frac{1}{v}\left(\frac{\partial v}{\partial p}\right)_T.$$

Le coefficient de compressibilité adiabatique ε_S est défini par la relation

$$\varepsilon_S = -\frac{1}{v}\left(\frac{\partial v}{\partial p}\right)_S.$$

On trouve successivement

$$(11) \qquad t_T = -\frac{1}{v} \cdot \frac{\dfrac{\partial^2 U}{\partial S^2}}{\left(\dfrac{\partial^2 U}{\partial S \partial v}\right)^2 - \dfrac{\partial^2 U}{\partial S^2}\dfrac{\partial^2 U}{\partial v^2}}.$$

$$(12) \qquad t_S = \frac{1}{v}\,\frac{1}{\dfrac{\partial^2 U}{\partial v^2}}.$$

La chaleur latente de dilatation l est définie par la relation

$$l = \left(\frac{\partial Q}{\partial v}\right)_T.$$

Une autre espèce de chaleur latente h, que l'on pourrait appeler la chaleur latente de décompression, est définie par la relation

$$h = -\left(\frac{\partial Q}{\partial p}\right)_T = -\frac{\partial U}{\partial S}\left(\frac{\partial S}{\partial p}\right)_T.$$

On trouve

$$(13) \qquad l = -\frac{\dfrac{\partial U}{\partial S}\dfrac{\partial^2 U}{\partial S \partial v}}{\dfrac{\partial^2 U}{\partial S^2}}$$

$$(14) \qquad h = \frac{\dfrac{\partial U}{\partial S}\dfrac{\partial^2 U}{\partial S \partial v}}{\left(\dfrac{\partial^2 U}{\partial S \partial v}\right)^2 - \dfrac{\partial^2 U}{\partial S^2}\dfrac{\partial^2 U}{\partial v^2}}.$$

Enfin les coefficients $\left(\dfrac{\partial T}{\partial p}\right)_S$, $\left(\dfrac{\partial T}{\partial v}\right)_S$, qui n'ont pas reçu de noms particuliers, et dont l'usage s'est introduit en thermodynamique, se tirent immédiatement des équations différentielles (4) et (5), en y faisant $dS = o$; on trouve

$$(15) \qquad \left(\frac{\partial T}{\partial p}\right)_S = -\frac{\dfrac{\partial^2 U}{\partial S \partial v}}{\dfrac{\partial^2 U}{\partial v^2}}.$$

$$(16) \qquad \left(\frac{\partial T}{\partial v}\right)_S = \frac{\partial^2 U}{\partial S \partial v}.$$

L'élimination des dérivées partielles de la fonction U entre les formules ci-dessus trouvées, établit entre les coefficients de la physique que ces formules expriment, des relations depuis longtemps connues, et dont les principales sont les suivantes

$$(17) \qquad C_p - C_v = \frac{lh}{T} = \alpha_p \alpha_v p v T$$

$$(18) \qquad l = T p \alpha_v \qquad\qquad \text{(Clapeyron)}$$

$$(19) \qquad h = T v \alpha_p$$

$$(20) \qquad \frac{C_p}{C_v} = \frac{t_f}{t_s} \qquad\qquad \text{(Reech)}$$

$$(21) \qquad \left(\frac{\partial T}{\partial p}\right)_s = \frac{h}{C_p} = \frac{T v \alpha_p}{C_p} \qquad\qquad \text{(W. Thomson)}$$

3. Fonctions caractéristiques dérivant de la forme primitive. — L'énergie U, exprimée en fonction de l'entropie et du volume, n'est pas la seule fonction caractéristique d'un système. De cette forme primitive, on peut en déduire trois autres et trois autres seulement ([1]).

n tire de (1)

$$d(U + pv) = TdS + vdp$$
$$d(U - TS) = - SdT - pdv$$
$$d(U - TS + pv) = - SdT + vdp.$$

l'on pose

$$H_1 = U + pv$$
$$H_2 = U - TS$$
$$H_3 = U - TS + pv$$

on obtient les trois nouvelles fonctions dont il s'agit, et dont les différentielles totales sont exprimées respectivement par les trois équations précédentes, les variables indépendantes définissant l'état du système étant S et p dans le premier cas, T et v dans le deuxième cas, et enfin T et p dans le dernier cas.

H_2 et H_3 sont, au signe près, les fonctions caractéristiques de Massieu qui, le premier, a démontré la propriété si remarquable dont elles jouissent.

<hr>

([1]) Voir à ce sujet l'ouvrage de l'auteur : *Chaleur et Énergie*, chap. IV.

De la fonction H_2 exprimée avec les variables indépendantes T et v, on déduit de suite l'entropie, la pression et l'énergie

$$(22) \qquad S = - \frac{\partial H_2}{\partial T}$$

$$(23) \qquad p = - \frac{\partial H_2}{\partial v}$$

$$(24) \qquad U = H_2 - T \frac{\partial H_2}{\partial T} = - T^2 \frac{\partial}{\partial T} \left(\frac{H_2}{T} \right).$$

De la fonction H_3, exprimée avec les variables indépendantes T et p, on déduit de même l'entropie, le volume et l'énergie

$$(25) \qquad S = - \frac{\partial H_3}{\partial T}$$

$$(26) \qquad v = \frac{\partial H_3}{\partial p}$$

$$(27) \qquad U = H_3 - T \frac{\partial H_3}{\partial T} - p \frac{\partial H_3}{\partial p}$$

Enfin les différents paramètres ou coefficients déjà exprimés à l'aide des dérivées partielles de U, peuvent s'exprimer aussi bien à l'aide des dérivées partielles de la fonction H_2 ou de la fonction H_3. On trouve ainsi

$$(28) \qquad C_v = - T \frac{\partial^2 H_2}{\partial T^2} = - T \left[\frac{\partial^2 H_3}{\partial T^2} - \frac{\left(\frac{\partial^2 H_3}{\partial T \partial p} \right)^2}{\frac{\partial^2 H_3}{\partial p^2}} \right]$$

$$(29) \qquad C_p = - T \left[\frac{\partial^2 H_2}{\partial T^2} + \frac{\left(\frac{\partial^2 H_2}{\partial T \partial v} \right)^2}{\frac{\partial^2 H_2}{\partial v^2}} \right] = - T \frac{\partial^2 H_3}{\partial T^2}$$

$$(30) \qquad \alpha_v = \frac{\frac{\partial^2 H_2}{\partial T \partial v}}{\frac{\partial H_2}{\partial v}} = - \frac{1}{p} \frac{\frac{\partial^2 H_3}{\partial T \partial p}}{\frac{\partial^2 H_3}{\partial p^2}} \,.$$

$$(31) \qquad \alpha_p = - \frac{1}{v} \frac{\frac{\partial^2 H_2}{\partial T \partial v}}{\frac{\partial^2 H_2}{\partial v^2}} = \frac{\frac{\partial^2 H_3}{\partial T \partial p}}{\frac{\partial H_3}{\partial p}}$$

$$(32) \qquad \varepsilon_T = \cfrac{1}{v\,\dfrac{\partial^2 \Pi_3}{\partial v^2}} = -\cfrac{\dfrac{\partial^2 \Pi_3}{\partial p^2}}{\dfrac{\partial \Pi_3}{\partial p}}$$

$$(33) \qquad \varepsilon_s = \cfrac{\dfrac{\partial^2 \Pi_3}{\partial T^2}}{v\left[\dfrac{\partial^2 \Pi_3}{\partial v^2}\dfrac{\partial^2 \Pi_3}{\partial T^2} - \left(\dfrac{\partial^2 \Pi_3}{\partial v \partial T}\right)^2\right]} = \cfrac{\left(\dfrac{\partial^2 \Pi_3}{\partial p \partial T}\right)^2 - \dfrac{\partial^2 \Pi_4}{\partial p^2}\dfrac{\partial^2 \Pi_3}{\partial T^2}}{\dfrac{\partial \Pi_3}{\partial p}\dfrac{\partial^2 \Pi_3}{\partial T^2}}$$

$$(34) \qquad l = -T\,\frac{\partial^2 \Pi_3}{\partial T \partial v} = -T\,\cfrac{\dfrac{\partial^2 \Pi_3}{\partial T \partial p}}{\dfrac{\partial^2 \Pi_3}{\partial p^2}}$$

$$(35) \qquad h = -T\,\cfrac{\dfrac{\partial^2 \Pi_3}{\partial T \partial v}}{\dfrac{\partial^2 \Pi_3}{\partial v^2}} = T\,\frac{\partial^2 \Pi_3}{\partial T \partial p}$$

Les dérivées partielles de la fonction Π_1 conduiraient à des expressions analogues à celles qui précèdent, d'où l'on peut évidemment déduire aussi les relations (17) à (21).

Si donc on connaissait l'expression de l'une seule des quatre fonctions caractéristiques, on en déduirait l'expression des trois autres et de tous les coefficients dont il est fait usage dans la physique expérimentale; mais il n'est nécessaire de connaître aucun de ces coefficients pour en déterminer le signe. La grande loi de l'augmentation de l'Entropie qui régit les transformations irréversibles permet d'établir des règles absolument générales sur le *sens* des transformations réversibles et, par conséquent, sur le signe des coefficients qui les représentent.

4. Conséquences de la loi de dissipation de l'énergie. — Considérons un système enfermé dans une enveloppe infiniment mince que l'on pourra supposer tour à tour imperméable à la chaleur et de forme invariable, ou bien, parfaitement conductrice de la chaleur et extensible.

On peut imaginer que le système et son enveloppe soient successivement plongés dans deux milieux d'une élasticité et d'une conductibilité parfaites, dont toutes les parties, par conséquent, soient à une pression et à une température invariables.

Soient p et T la pression et la température dans le premier milieu, p' et T' les tensions correspondantes dans le deuxième milieu.

Le système étant plongé dans le premier milieu, et son enveloppe étant supposée perméable à la chaleur et extensible, ce système va se mettre en équilibre de température et de pression avec le milieu. Ce résultat étant obtenu, supposons l'enveloppe rendue, pour un instant, rigide et imperméable à la chaleur; transportons-la avec le système qu'elle contient dans le deuxième milieu, et rendons alors à cette enveloppe toute son extensibilité et toute sa conductibilité. Il va y avoir un échange de chaleur entre le système et le nouveau milieu, une variation du volume occupé par ce système, lequel prendra finalement la température T' et la pression p'

Le changement subi à la fois par le deuxième milieu et par le système, quand celui-ci passe des tensions p et T aux tensions p' et T', constitue une transformation irréversible qui donne lieu à une augmentation de l'entropie dans l'ensemble formé par ce milieu et par le système considéré.

On a donc, $\Delta\Sigma$ étant la variation de l'entropie dont il s'agit

$$\Delta\Sigma > 0$$

ou bien, si l'on veut. puisque T' est essentiellement positif

$$T'\Delta\Sigma > 0.$$

Il est facile d'exprimer le premier membre de cette inégalité en fonction de H_1, ce qui conduit à des résultats importants.

$\Delta\Sigma$ se compose : 1° de la variation d'entropie du système dans le deuxième milieu, quand il passe des tensions p et T aux tensions p' et T'; 2° de la variation d'entropie du milieu lui-même pendant la durée de ce changement.

Soient H'_1, U', S', v', à l'état final du système, les valeurs de sa fonction caractéristique. de son énergie, de son entropie et de son volume, représentés pour son état initial, par H_1, U, S, v.

La variation d'entropie du système, dans ce changement de son état d'équilibre, sera

$$S' - S.$$

La variation d'entropie du milieu dans lequel ce changement s'est produit, sera

$$- \frac{\Delta Q}{T'}$$

ΔQ étant la quantité de chaleur, positive ou négative, passée de ce milieu dans le système pour l'amener à son nouvel état d'équilibre.

On doit donc avoir

$$S' - S - \frac{\Delta Q}{T'} > 0$$

ou bien

$$T'(S' - S) - \Delta Q > 0.$$

Or, une pression constante p' ayant été opposée au système, pendant toute la durée de son changement, le principe de l'équivalence apprend que l'on doit avoir

$$\Delta Q = U' - U + p'(v' - v).$$

En sorte que l'inégalité précédente devient

$$U' - U + p'(v' - v) - T'(S' - S) < 0.$$

Si l'on remplace U, S, v et U', S', v' par leurs valeurs tirées des formules (27) (25) et (26), on trouve

$$\Pi'_3 - \Pi_3 - (T' - T) \frac{\partial \Pi_3}{\partial T} - (p' - p) \frac{\partial \Pi_3}{\partial p} < 0.$$

Le système étant dans un état d'équilibre stable à la pression p et à la température T, des variations $dp = p' - p$ et $dT = T' - T$, suffisamment petites et d'ailleurs quelconques de ses tensions, le placeront dans un nouvel état d'équilibre qui pourra être aussi voisin que l'on voudra du premier état. Π_3 et ses dérivées des différents ordres sont des fonctions continues des variables p et T; et si, dans l'inégalité qui précède, on développe Π'_3 suivant les puissances croissantes de dp et de dT, on peut arrêter le développement aux termes du second degré, sans changer le signe de l'inégalité, ce qui donnera

$$(36) \qquad \frac{\partial^2 H_2}{\partial T^2} dT^2 + 2 \frac{\partial^2 H_2}{\partial T \partial p} dT dp + \frac{\partial^2 H_2}{\partial p^2} dp^2 < 0.$$

Cette inégalité est vérifiée quelles que soient les valeurs de dT et de dp, qu'il n'est même pas nécessaire de supposer infiniment petites; elle entraine les suivantes

$$\frac{\partial^2 H_2}{\partial T^2} < 0$$

$$\frac{\partial^2 H_2}{\partial p^2} < 0$$

$$\left(\frac{\partial^2 H_2}{\partial T \partial p}\right)^2 - \frac{\partial^2 H_2}{\partial T^2} \frac{\partial^2 H_2}{\partial p^2} < 0.$$

5. Signe des deux capacités calorifiques, des deux coefficients de compressibilité. Signe de leur différence. — Si l'on se rapporte aux formules (28), (29), (32) et (33), qui expriment C_v, C_p, ε_T, ε_s en fonction de H_2, et si l'on observe que l'on a nécessairement

$$\frac{\partial H_2}{\partial p} > 0$$

puisque $\frac{\partial H_2}{\partial p}$ représente le volume du système, on arrive aux conclusions suivantes :

La capacité calorique à pression constante ou à volume constant, le coefficient de compressibilité isotherme ou adiabatique sont des quantités essentiellement positives.

On tire de (28) et de (29)

$$C_p - C_v = - T \frac{\left(\frac{\partial^2 H_2}{\partial T \partial p}\right)^2}{\frac{\partial^2 H_2}{\partial p^2}}$$

$\frac{\partial^2 H_2}{\partial p^2}$ étant négatif, la capacité calorifique à pression constante est toujours plus grande que la capacité calorifique à volume constant.

On trouve de même que :

Le coefficient de compressibilité isotherme est toujours plus grand que le coefficient de compressibilité adiabatique.

Réciproquement, les formules (7), (8), (11) et (12) qui donnent, en fonction de l'énergie U exprimée à l'aide des variables S et v, les coefficients C_v, C_p, ε_T et ε_S que l'on sait maintenant être toujours positifs, apprennent que l'on a

$$\frac{\partial^2 U}{\partial S^2} > 0$$

$$\frac{\partial^2 U}{\partial v^2} > 0$$

$$\left(\frac{\partial^2 U}{\partial S \partial v}\right)^2 - \frac{\partial^2 U}{\partial S^2}\frac{\partial^2 U}{\partial v^2} < 0.$$

Et il résulte de ces trois inégalités la suivante

$$\frac{\partial^2 U}{\partial S^2} dS^2 + 2\frac{\partial^2 U}{\partial S \partial v} dS dv + \frac{\partial^2 U}{\partial v^2} dv^2 > 0 \tag{37}$$

qui peut se démontrer directement par un raisonnement analogue à celui qui a servi à établir l'inégalité (36).

6. Lois du déplacement de l'équilibre thermodynamique. Des formules (25) et (26) on tire

$$\left\{\begin{aligned} -dS &= \frac{\partial^2 H_2}{\partial T^2} dT + \frac{\partial^2 H_2}{\partial T \partial p} dp \\ dv &= \frac{\partial^2 H_2}{\partial T \partial p} dT + \frac{\partial^2 H_2}{\partial p^2} dp. \end{aligned}\right. \tag{38}$$

Si l'on multiplie la première de ces équations différentielles par dT, la deuxième par dp, et qu'on les ajoute membre à membre, il vient

$$dp\,dv - dT\,dS = \frac{\partial^2 H_2}{\partial T^2} dT^2 + 2\frac{\partial^2 H_2}{\partial T \partial p} dT dp + \frac{\partial^2 H_2}{\partial p^2} dp^2$$

soit, eu égard à l'inégalité (36),

$$dp\,dv - dT\,dS < 0 \tag{39}$$

On arrive, comme cela devait être, à la même inégalité (39) en multipliant l'égalité (5) par dv, l'égalité (4) par dS, et en retranchant, membre à membre, cette dernière de la première ; on obtient ainsi

$$dp\,dv - dT\,dS = -\frac{\partial^2 U}{\partial S^2}\,dS^2 - 2\,\frac{\partial^2 U}{\partial S \partial v}\,dS\,dv - \frac{\partial^2 v}{\partial^2}\,dv^2$$

d'ou l'on tire, eu égard à (37), l'inégalité (39).

Cette dernière inégalité est fort importante. Elle permet de formuler d'une façon nette et précise les lois que l'on appelle *lois du déplacement de l'équilibre thermodynamique.*

Si l'on suppose que dp ou dv soit nul, l'inégalité (39) se réduit à

$$dT\,dS > 0$$

dT et dS ou bien dT et $dQ = TdS$ sont de même signe : ce qui se traduit dans le langage ordinaire de la façon suivante :

Si l'on considère un élément de transformation réversible qui s'exécute à pression constante ou à volume constant, la température du système augmente ou diminue suivant que ce système absorbe ou dégage de la chaleur.

On déduit des deux lois que renferme cet énoncé, que les capacités calorifiques C_p et C_v sont nécessairement positives, ce qui a été déjà démontré.

Si l'on suppose que dT ou dS soit nul, l'inégalité (39) se réduit à

$$dp\,dv < 0$$

dp et dv sont de signes contraires.

Si l'on considère un élément de transformation réversible qui soit isothermique ou adiabatique, le volume du système augmente ou diminue suivant que la pression qu'il supporte diminue ou augmente.

On déduit des deux lois que renferme cet énoncé, que les coefficients de compressibilité ι_T et ι_s sont nécessairement positifs, ainsi qu'il a été déjà démontré.

L'emploi de l'une ou l'autre des fonctions caractéristiques U et H_3 permet d'établir *immédiatement* les lois du déplacement de l'équilibre. Il n'en est plus de même, si l'on fait usage des autres fonctions H_1 et H_2.

On tire, en effet, des formules (28) et (32) exprimées en fonction de Π_2, et eu égard au signe positif de chacun des coefficients C, et s_1

$$\frac{\partial^2 \Pi_2}{\partial T^2} < 0$$

$$\frac{\partial^2 \Pi_2}{\partial v^2} > 0.$$

Dès lors, la différentielle totale du second ordre de Π_2

$$d^2\Pi_2 = \frac{\partial^2 \Pi_2}{\partial T^2} dT^2 + 2 \frac{\partial^2 \Pi_2}{\partial T \partial v} \partial T \partial v + \frac{\partial^2 \Pi_2}{\partial v^2} dv^2$$

peut être positive ou négative.

On a d'ailleurs en différentiant les deux équations (22) et (23)

$$- dS = \frac{\partial^2 \Pi_2}{\partial T^2} dT + \frac{\partial^2 \Pi_2}{\partial T \partial v} dv$$

$$- dp = \frac{\partial^2 \Pi_2}{\partial T \partial v} dT + \frac{\partial^2 \Pi_2}{\partial v^2} dv.$$

Multipliant la première de ces équations par dT, la seconde par dv, et ajoutant membre à membre, il vient

$$- dS dT - dp dv = d^2\Pi_2$$

équation d'où l'on ne peut plus tirer aucune conclusion, puisque $d^2\Pi_2$ peut être positif ou négatif, et que, par conséquent, le signe du premier membre de cette dernière équation reste inconnu.

Il est vrai que, si l'on fait $dT = 0$, cette équation se réduit à

$$- dp dv = \frac{\partial^2 \Pi_2}{\partial v^2} dv^2$$

ou, eu égard au signe positif de $\dfrac{\partial^2 \Pi_2}{\partial v^2}$

$$dp dv < 0.$$

Et que, si l'on fait $dv = 0$, il vient

$$- dS dT = \frac{\partial^2 \Pi_2}{\partial T^2} dT^2$$

ou, eu égard au signe négatif de $\dfrac{\partial^2 \Pi_2}{\partial T^2}$

$$dS dT > 0.$$

Mais on n'obtient ainsi que deux des quatre lois du déplacement de l'équilibre, en se basant d'ailleurs sur les signes de $\frac{\partial^2 \Pi_1}{\partial v^2}$ et de $\frac{\partial^2 \Pi_1}{\partial T^2}$ qui ne nous ont été révélés que par l'emploi de l'une des fonctions U ou Π_3.

L'usage de la fonction Π_1 qui caractérise l'état d'un système à l'aide des variables indépendantes S et p, ne conduit pas à des résultats plus heureux. On n'arrive à établir les deux autres lois du déplacement de l'équilibre, qu'en se basant sur les signes de $\frac{\partial^2 \Pi_1}{\partial S^2}$ et de $\frac{\partial^2 \Pi_1}{\partial p^2}$ qui ne peuvent être connus que par la considération des seules fonctions U et Π_3.

7. Fonctions caractéristiques usuelles. Le potentiel. — La particularité dont jouissent ces dernières, engage à les envisager comme mieux appropriées que les deux autres fonctions caractéristiques, à l'étude analytique des phénomènes. Williard Gibbs a fait un grand usage de la fonction U. La fonction Π, qui est, au signe près, l'une des fonctions caractéristiques de Massieu, est très fréquemment employée par M. P. Duhem qui l'appelle le potentiel thermodynamique à pression constante; c'est celle dont il sera fait exclusivement usage dans la suite de cet ouvrage, et que, pour simplifier le langage nous appellerons simplement le *potentiel*.

La fonction caractéristique exprimée à l'aide de deux des variables p, T, v, S peut être considérée comme une équation entre trois variables, dont l'une d'elles serait précisément U, Π_1, Π_2 ou Π_3. Une semblable équation relative à un système déterminé est ce que Williard Gibbs appelle l'*équation fondamentale* du système, c'est-à-dire une équation de laquelle on peut déduire toutes les propriétés thermo-élastiques de ce système.

CHAPITRE II

—

LE MÉLANGE

1. Potentiel total d'un mélange homogène. — Supposons qu'un mélange homogène soit formé, à une pression p et une température T, par n fluides, liquides ou gazeux, pris respectivement sous les proportions x_1, x_2..., x_n de leurs poids moléculaires. L'état de ce mélange ne peut dépendre que de la nature et des quantités des corps qui le constituent, ainsi que de la pression p et de là température T auxquelles il reste soumis; son potentiel Π est donc défini par les variables x_1, x_2..., x_n, p et T.

D'autre part, si l'on multiplie x_1, x_2..., x_n par un même facteur λ, la composition du mélange ne change pas, et la fonction Π prend une valeur λ fois plus grande. Π est donc une fonction homogène et du premier degré en x_1, x_2..., x_n. On a en conséquence d'après les formules d'Euler.

$$(1) \qquad x_1 \frac{\partial \Pi}{\partial x_1} + x_2 \frac{\partial \Pi}{\partial x_2} + \ldots + x_n \frac{\partial \Pi}{\partial x_n} = \Pi$$

$$(2) \quad \left\{ \begin{aligned}
& x_1 \frac{\partial^2 \Pi}{\partial x_1^2} + x_2 \frac{\partial^2 \Pi}{\partial x_1 \partial x_2} + \ldots + x_n \frac{\partial^2 \Pi}{\partial x_1 \partial x_n} = 0 \\
& x_1 \frac{\partial^2 \Pi}{\partial x_1 \partial x_2} + x_2 \frac{\partial^2 \Pi}{\partial x_2^2} + \ldots + x_n \frac{\partial^2 \Pi}{\partial x_2 \partial x_n} = 0 \\
& \ldots\ldots\ldots\ldots\ldots\ldots\ldots\ldots\ldots\ldots\ldots\ldots\ldots\ldots\ldots\ldots \\
& x_1 \frac{\partial^2 \Pi}{\partial x_1 \partial x_n} + x_2 \frac{\partial^2 \Pi}{\partial x_2 \partial x_n} + \ldots + x_n \frac{\partial^2 \Pi}{\partial x_n^2} = 0.
\end{aligned} \right.$$

Les n identités (2) sont satisfaites pour des valeurs de x_1, x_2. x_n différentes de zéro : donc le Hessien de Π, c'est-à-dire, le déterminant symétrique D_n formé par les coefficients de x_1, x_2. , x_n dans ces identités, est nul.

$$(3) \qquad D'_n = 0.$$

On aura de même, en désignant par D_{st} le déterminant mineur obtenu en effaçant la s^e rangée horizontale et la t^e rangée verticale des termes du déterminant D_n.

$$(4) \quad (-1)^{s+1} \frac{x_1}{D_{s,1}} = (-1)^{s+2} \frac{x_2}{D_{s,2}} = \ldots = (-1)^{s+n} \frac{x_n}{D_{s,n}}.$$

Enfin, on aura aussi, s et s' représentant deux rangées horizontales

$$(5) \quad \frac{D_{s,1}}{D_{s',1}} = \frac{D_{s,2}}{D_{s',2}} = \ldots = \frac{D_{s,t}}{D_{s',t}} = \ldots = \frac{D_{s,t'}}{D_{s',t'}} = \ldots = \frac{D_{s,n}}{D_{s',n}}.$$

x_1, x_2, . .. x_n étant nécessairement positifs, il en résulte que toutes les fonctions $(-1)^{s+t} D_{s,t}$ sont de même signe ; on verra bientôt qu'ils sont positifs.

Si l'on multiplie la première des identités (2) par x_1, la seconde par x_2, ainsi de suite, et que l'on ajoute membre à membre les résultats ainsi obtenus, il vient

$$(6) \qquad \sum x_i^2 \frac{\partial^2 H}{\partial x_i^2} + 2 \sum x_i x_j \frac{\partial^2 H}{\partial x_i \partial x_j} = 0 \quad .$$

i, j compris entre 1 et n, étant les indices distincts correspondant à deux quelconques des variables x.

2. Diminution du potentiel dans tout changement spontané d'un système soumis à des tensions fixes. — L'opération du mélange, effectuée à une pression et à une température déterminées, fait diminuer le potentiel du système de corps qui y est soumis.

Pour établir cette proposition, nous en démontrerons une plus générale, que l'on peut énoncer comme il suit.

Si un système placé dans un milieu à la température et à la pression duquel il reste constamment soumis, vient à subir un changement spontané, grâce à la suppression de certaines liai-

*sons qui empêchaient ce changement, quand un nouvel état d'équi-
libre sera établi, le potentiel de ce système aura diminué.*

Ce potentiel étant représenté par Π, sa variation $\Delta\Pi$ doit être négative.

Dans le changement irréversible qui s'est produit, l'entropie Σ de
tout l'ensemble constitué par le milieu et par le système, aura augmenté ; on doit donc avoir, pour la variation $\Delta\Sigma$ de cette entropie

$$\Delta\Sigma > 0$$

Cette variation comprend la variation ΔS de l'entropie du système
et la variation d'entropie du milieu qui est $\dfrac{\Delta Q}{T}$, ΔQ représentant la
quantité de chaleur dégagée dans le milieu par le système. L'inégalité
précédente devient donc

$$\frac{\Delta Q}{T} + \Delta S > 0$$

ou

(7)
$$\Delta Q + T\Delta S > 0.$$

Le travail effectué par le système est égal à la pression constante
p à laquelle il reste soumis, multipliée par l'accroissement ΔV que
subit son volume ; en sorte que, d'après le principe de conservation
de l'énergie, la quantité ΔQ obéit à la relation

(8)
$$\Delta Q + \Delta U + p\Delta V = 0$$

ΔU étant la variation d'énergie du système.

Cette variation s'obtient en différentiant l'équation connue

$$U = \Pi + TS - pV$$

dans laquelle T et p sont à considérer comme des constantes, ce
qui donne

$$\Delta U = \Delta\Pi + T\Delta S - p\Delta V$$

Cette valeur de ΔU étant transportée dans l'équation (8), il vient

(9)
$$\Delta Q + \Delta\Pi + T\Delta S = 0$$

d'où l'on tire, d'après l'inégalité (7)

(10)
$$\Delta\Pi < 0$$

qui était l'inégalité à démontrer.

3. Application du théorème précédent à l'opération du mélange; chaleur mise en jeu dans cette opération. — Si, en particulier, le potentiel Π s'applique au mélange homogène que nous avons déjà défini, et si Π_1, Π_2,..., Π_n sont les potentiels moléculaires des n fluides engagés dans ce mélange, alors qu'ils sont complètement isolés les uns des autres, à la même pression et à la même température, on doit avoir

$$(11) \qquad \Pi - x_1\Pi_1 - x_2\Pi_2 \ldots - x_n\Pi_n = \Delta\Pi < 0.$$

Π_1, Π_2,..., Π_n ne sont fonctions que de p et de T; $\Delta\Pi$, comme Π, est, en outre, fonction de x_1, x_2,..., x_n, et fonction décroissante de chacune de ces variables.

Si, en effet, on fait diffuser dans un mélange une proportion moléculaire dx_i de l'un des corps constituant ce mélange, $\Delta\Pi$ devra diminuer d'après la proposition démontrée plus haut; on doit donc avoir

$$(12) \qquad \frac{\partial(\Delta\Pi)}{\partial x_i} < 0.$$

Il importe de remarquer que la chaleur dégagée dans l'opération que nous avons envisagée, appliquée notamment à un mélange, est donnée par l'équation (9), dans laquelle on peut remplacer ΔS par sa valeur $-\dfrac{\partial(\Delta\Pi)}{\partial T}$, qui résulte de la formule (25) du chap. Ier. Cette équation devient alors

$$(13) \qquad \Delta Q = T\,\frac{\partial(\Delta\Pi)}{\partial T} - \Delta\Pi = T^2\,\frac{\partial}{\partial T}\left(\frac{\Delta\Pi}{T}\right).$$

4. Propriétés de la différentielle et des dérivées de second ordre du potentiel d'un mélange. — *La différentielle du second ordre du potentiel Π d'un mélange, prise par rapport aux proportions moléculaires x_1, x_2,..., x_n des corps qui composent ce mélange, la température et la pression étant supposées constantes, est une quantité nulle ou positive. Elle n'est nulle que quand les accroissements dx_1, dx_2,..., dx_n, obéissent aux relations.*

$$(14) \qquad \frac{dx_1}{x_1} = \frac{dx_2}{x_2} = \ldots = \frac{dx_n}{x_n}.$$

Pour démontrer cette proposition, considérons deux mélanges partiels, le premier comprenant les proportions moléculaires $x_1 - dx_1$, $x_2 - dx_2$, ..., $x_n - dx_n$, le second les proportions $x_1 + dx_1$, $x_2 + dx_2$,..., $x_n + dx_n$, des n fluides mis en jeu.

La diffusion de ces deux mélanges l'un dans l'autre, à température et à pression constantes, donnera lieu à un nouveau mélange contenant les proportions moléculaires $2x_1$, $2x_2$, $2x_n$ de ses constituants. Son potentiel sera 2Π. Les potentiels Π' et Π'' des mélanges primitifs seront, en désignant par $d\Pi$ et $d^2\Pi$ les différentielles du premier et du second ordre de la fonction Π, relatives aux accroissements dx_1, dx_2, ..., dx_n, et en négligeant les infiniment petits d'ordre supérieur au second

$$\Pi' = \Pi - d\Pi + d^2\Pi$$
$$\Pi'' = \Pi + d\Pi + d^2\Pi.$$

La variation $\Delta\Pi$ de potentiel, résultant du mélange des deux systèmes partiels, sera

$$\Delta\Pi = 2\Pi - \Pi' - \Pi'' = - 2d^2\Pi.$$

$\Delta\Pi$ est négatif, sauf quand les mélanges primitifs sont de même composition, ce qui n'arrive que si les relations (14) sont satisfaites. On a donc

$$(15) \qquad\qquad d^2\Pi \geqslant 0$$

soit

$$(16) \qquad \sum \frac{\partial^2\Pi}{\partial x_i^2}\, dx_i^2 + 2 \sum \frac{\partial^2\Pi}{\partial x_i \partial x_j}\, dx_i dx_j \geqslant 0$$

i et j, compris entre 1 et n, étant des indices différents, correspondant à deux quelconques des accroissements dx, et le signe d'égalité ne s'appliquant qu'au cas où les accroissements des variables sont proportionnels à ces variables elles-mêmes.

On connaît les conditions nécessaires et suffisantes pour que le premier membre de l'inégalité (16) soit toujours positif ou nul, quels que soient les accroissements dx_1, dx_2, ..., dx_n.

En y supposant nuls les accroissements dont l'indice est supérieur à un nombre quelconque i compris entre 1 et $n - 1$, on obtient une forme quadratique dont le discriminant D_i doit satisfaire à l'inégalité

(17) $D_i > 0$ $(i = 1, 2, ..., n-1)$.

Les indices $1, 2, ..., n$ s'appliquant aux corps pris dans un ordre quelconque, le déterminant D_i peut être considéré comme déduit du déterminant D_n, dont les termes sont formés par les coefficients des x dans les équations (2). Le déterminant D_i s'obtient en supprimant, dans le déterminant D_n, les termes compris sur $n-i$ rangées horizontales quelconques et sur $n-i$ rangées verticales correspondantes, étant entendu qu'à chaque rangée horizontale supprimée correspond une rangée verticale également supprimée et symétrique de cette rangée horizontale.

Les déterminants qui ont été désignés par $D_{i,i}$ dans les formules (4) et (5) ne sont que des déterminants D_{n-1}. Ils sont donc positifs d'après l'inégalité (17), ce qui prouve, ainsi que nous l'avons annoncé, que l'on a toujours

(18) $(-1)^{i+1} D_{i,i} > 0$.

Il importe particulièrement de remarquer que d'après l'inégalité (17), on a

(19) $\dfrac{\partial^2 \Pi}{d x_i^2} > 0$ $(i = 1, 2, ... n)$.

5. Mélanges entre corps pris séparément dans des états physiques différents. — Dans les démonstrations qui précèdent, on a supposé que les corps soumis à la diffusion se mélangent en toutes proportions ; tel est le cas des gaz auxquels s'appliquent rigoureusement, quels que soient les x, toutes les formules établies dans ce chapitre ; mais il n'en est pas toujours ainsi.

Deux liquides, dont les proportions sont prises au hasard, ne forment pas toujours un mélange unique : on obtiendra souvent deux couches liquides, à moins que les proportions des corps mis en contact, ne soient choisies dans certaines limites. C'est ce qui arrive, quand on met en présence de l'eau et de l'éther ; suivant le cas, on observera un seul mélange homogène, ou bien deux couches liquides superposées et de composition différente. Chacune de ces couches se formerait seule, si les proportions choisies étaient précisément celles qui conviennent pour la former ; et, par conséquent, si on la considère isolément, on peut lui appliquer les formules ci-dessus établies.

Quand on y réfléchit, on s'aperçoit bien vite que le mélange n'est pas à considérer seulement entre deux fluides pris au même état physique, état liquide ou état gazeux. Les phénomènes de dissolution ne sont que des phénomènes de diffusion, qui ont la plus complète analogie avec les mélanges entre gaz ou entre liquides.

Quand un gaz se dissoud, ou qu'une vapeur se condense dans un liquide de nature différente, le gaz ou la vapeur forme avec le liquide un véritable mélange liquide. Quand un liquide volatil est mis en présence d'un gaz ou d'une vapeur, il émet lui-même des vapeurs qui viennent former avec ce gaz ou cette vapeur un véritable mélange aériforme. Le gaz ou la vapeur tendra le plus souvent à se diffuser, à son tour, dans le liquide : en sorte que l'on obtiendra finalement un système comprenant deux couches d'état physique différent. Ce cas ne diffère pas essentiellement d'un mélange liquide séparé en deux couches.

Ainsi donc, les liquides et les gaz ou vapeurs peuvent se mélanger entre eux pour former un corps homogène soit liquide soit aériforme.

Ces considérations s'appliquent aussi bien aux gaz et aux liquides mis en présence d'un corps solide. Celui-ci peut se volatiliser dans l'atmosphère qui l'environne et absorber à son tour, les gaz de cette atmosphère pour former un mélange solide. C'est ainsi que l'hydrogène se dissout dans le palladium. Les liquides dissolvent les solides, pour former avec eux des mélanges liquides. Pris en assez petite quantité, ils peuvent laisser, à l'état libre, un excès du solide, mais ils peuvent aussi, parfois, se résorber entièrement dans ce solide, pour donner lieu à un mélange solide. En augmentant progressivement, dans ce dernier cas, la quantité de liquide, on finira par obtenir, en présence du mélange solide, un mélange liquide de concentration différente. Ce système ne différera pas essentiellement d'un mélange liquide qui émet une vapeur mixte, ou même d'un mélange liquide séparé en deux couches.

6. Mélanges de corps solides. Généralisation de la notion du mélange. — Enfin les solides eux-mêmes sont susceptibles de former entre eux des mélanges homogènes. Les cryohydrates en sont des exemples, comme le prouve l'examen microscopique de ceux que produisent les sels colorés. A la vérité, la diffusion doit s'opérer très lentement entre corps solides ; mais elle tend toujours à rétablir l'homogénéité, quand elle a été troublée.

La nature a horreur du vide, dit un vieil adage ; un corps placé dans un espace vide émettra des vapeurs jusqu'à ce qu'elles *saturent* cet espace. Des corps différents, quel que soit l'état physique de chacun d'eux, sont à envisager comme présentant des vides les uns par rapport aux autres ; ils tendent à se pénétrer, mais dans une mesure qui peut être limitée, quand il s'agit de corps solides ou liquides, et que l'on appelle la *saturation*. C'est ce phénomène d'équilibre par la saturation qui donne naissance aux couches successives généralement observées, quand on met en contact des corps de nature différente. Mais il importe de remarquer que chaque couche forme un mélange homogène, et que tout mélange homogène, considéré isolément, obéit aux égalités et aux inégalités posées dans ce chapitre.

Les différents phénomènes qui viennent d'être rappelés seront étudiés dans la suite de cet ouvrage, mais il a paru utile d'insister, dès le début, sur le sens général qu'il convient d'attribuer au mot mélange.

Nous dirons donc qu'un système homogène dans toutes ses parties est un mélange de n corps, quand ces n corps, pris séparément à la même pression p et à la même température T, et se présentant alors dans un état *homogène*, indifféremment solide, liquide ou aériforme, forment spontanément ce système homogène, quand ils sont mis en relation entre eux, dans un milieu de température T, et en restant soumis à la pression p.

7. Potentiel individuel d'un corps diffusé dans un mélange. — La forme donnée au potentiel Π par le premier membre de l'identité (1) conduit naturellement à une nouvelle notion, celle du potentiel individuel d'un corps défini, quand celui-ci se trouve diffusé dans un mélange.

Par définition, on dira que le potentiel *moléculaire* h_i d'un corps dans un mélange est la dérivée du potentiel total du mélange par rapport à la proportion x_i de ce corps qui est engagée dans le mélange, et on posera

$$(20) \qquad \frac{\partial \Pi}{\partial x_i} = h_i.$$

La formule (1) deviendra alors

$$(21) \qquad \Pi = x_1 h_1 + x_2 h_2 + \ldots + x_i h_i + \ldots + x_n h_n.$$

Le potentiel relatif à la proportion x_i est $x_i h_i$, en sorte que, d'après la formule (21), le potentiel d'un mélange est égal à la somme des potentiels individuels de ses constituants.

$\Delta\Pi$ étant une fonction décroissante des variables $x_1, x_2, \ldots x_n$, sa dérivée par rapport à x_i, tirée de l'équation (11), donne l'inégalité

$$(22) \qquad h_i - \Pi_i < 0.$$

On voit que la diffusion des corps qui s'engagent dans un mélange fait diminuer le potentiel individuel de chacun de ces corps, comme cette diffusion fait diminuer le potentiel total du système.

8. La pression considérée comme fonction caractéristique. — En prenant la différentielle totale de la fonction Π, on a

$$d\Pi = \frac{\partial \Pi}{\partial p} \, dp + \frac{\partial \Pi}{\partial T} \, dT + \frac{\partial \Pi}{\partial x_1} \, dx_1 + \ldots + \frac{\partial \Pi}{\partial x_n} \, dx_n$$

soit d'après la définition déjà donnée des coefficients différentiels du second membre

$$(23) \qquad d\Pi = V dp - S dT + h_1 \, dx_1 + h_2 dx_2 + \ldots + h_n dx_n.$$

Mais on tire aussi de (21) par différentiation

$$d\Pi = h_1 dx_1 + h_2 dx_2 + \ldots + h_n dx_n + x_1 dh_1 + x_2 dh_2 + \ldots + x_n dh_n.$$

Eliminant $d\Pi$ entre les deux dernières équations, il vient

$$(24) \qquad V dp - S dT = x_1 dh_1 + x_2 dh_2 + . + x_n dh_n$$

ou

$$(25) \qquad dp = \frac{S}{V} dT + \frac{x_1}{V} dh_1 + \frac{x_2}{V} dh_2 + . + \frac{x_n}{V} dh_n.$$

Ce qui démontre que la pression p est une fonction de la température T et des potentiels individuels h_1, h_2, .., h_n. Elle est, suivant l'expression de Massieu, une fonction caractéristique du mélange, à cette différence près, qu'elle ne détermine pas la masse du mélange, tout en fixant sa composition.

On tire, en effet, de (25)

$$(26) \qquad \frac{\partial p}{\partial T} = \frac{S}{V}$$

$$(27) \qquad \frac{\partial p}{\partial h_1} = \frac{x_1}{V}, \; .., \; \frac{\partial p}{\partial h_i} = \frac{x_i}{V}, \; ..., \; \frac{\partial p}{\partial x_n} = \frac{x_n}{V}.$$

Si p est donné en fonction des variables indépendantes T, h_1, h_2, .., h_n, on en déduit par les formules (26) et (27), les rapports de S, x_1, x_2, .., x_n au volume V du mélange, dont la masse reste arbitraire ; mais il suffit de se donner V, par exemple, pour définir l'entropie et les proportions moléculaires des corps engagés dans le mélange.

La formule (21) donne alors le potentiel Π.

Et l'on trouve pour l'énergie $U = \Pi + TS - pV$

$$U = V\left(h_1 \frac{\partial p}{\partial h_1} + h_2 \frac{\partial p}{\partial h_2} + . + h_n \frac{\partial p}{\partial h_n} + T \frac{\partial p}{\partial T} - p \right).$$

Quand $n = 1$, la fonction p se réduit à

$$p = f(T, h).$$

D'où l'on tire

$$h = \varphi(p, T).$$

h devient, au signe près, la fonction caractéristique de Massieu, s'appliquant au poids moléculaire d'un corps supposé de composition et de masse constantes.

9. Les différentes formes de la fonction caractéristique.
— Aux fonctions Π et p exprimées, la première à l'aide des variables
indépendantes p, T, x_1, x_2, .., x_n, la seconde à l'aide des variables
T, h_1, h_2, .., h_n, on peut joindre d'autres fonctions qui seront également
ment des fonctions caractéristiques du système. Ce qui a été dit au
chapitre premier suffit à montrer que le potentiel Π peut être remplacé par l'énergie U, exprimée à l'aide des variables S, V, x_1, x_2, .,
x_n ; par la fonction $\Pi_1 = U + pV$, exprimée à l'aide des variables
p, S, x_1, x_2, .., x_n ; par la fonction $\Pi_2 = U - ST$, exprimée à l'aide
des variables V, T, x_1, x_2, .., x_n.

On tire, en effet, de l'équation (23)

$$(28)\quad d(\Pi + TS - pV) = dU = TdS - pdV + h_1 dx_1 + h_2 dx_2 + \; . + h_n dx_n$$

$$(29)\quad d(\Pi + TS) = d\Pi_1 = Vdp + TdS + h_1 dx_1 + h_2 dx_2 + . + h_n dx_n$$

$$(30)\quad d(\Pi - pV) = d\Pi_2 = pdV - SdT + h_1 dx_1 + h_2 dx_2 + . + h_n dx_n.$$

Ce sont les équations différentielles des fonctions caractéristiques
U, Π_1, Π_2.

Mais il existe encore d'autres fonctions caractéristiques du système.

Posons

$$(31)\quad\begin{cases} \Pi^{(i)} = \Pi - x_1 h_1 - x_2 h_2 - .. - x_i h_i \\[4pt] U^{(i)} = U - x_1 h_1 - x_2 h_2 - .. - x_i h_i \\[4pt] \Pi_1^{(i)} = \Pi_1 - x_1 h_1 - x_2 h_2 - .. - x_i h_i \\[4pt] \Pi_2^{(i)} = \Pi_2 - x_1 h_1 - x_2 h_2 - .. - x_i h_i. \end{cases}$$

Les formules (23) (28) (29) et (30) peuvent être respectivement
mises sous les formes

$$(32)\quad\begin{cases} d\Pi^{(i)} = Vdp - SdT - x_1 dh_1 - ... - x_i dh_i + h_{i+1} dx_{i+1} + ... + h_n dx_n \\[4pt] dU^{(i)} = TdS - pdV - x_1 dh_1 - ... - x_i dh_i + h_{i+1} dx_{i+1} + ... + h_n dx_n \\[4pt] d\Pi_1^{(i)} = Vdp + TdS - x_1 dh_1 - ... - x_i dh_i + h_{i+1} dx_{i+1} + ... + h_n dx_n \\[4pt] d\Pi_2^{(i)} = pdV - SdT - x_1 dh_1 - ... - x_i dh_i + h_{i+1} dx_{i+1} + ... + h_n dx_n \end{cases}$$

Ce sont les équations différentielles des fonctions caractéristiques $\Pi^{(i)}$, $U^{(i)}$, $\Pi_1^{(i)}$, $\Pi_2^{(i)}$.

En faisant varier i de o à n, on obtient toutes les fonctions caractéristiques possibles. En faisant $i = o$, on retombe sur les fonctions Π, U, Π_1, Π_2. En faisant $i = n$, $\Pi^{(n)}$ devient identiquement nul ; la première des équations (32) se réduit à l'équation (24) qui définit ce que Gibbs a appelé l'*équation fondamentale*

$$ f(p, T, h_1, h_2, ., h_n) = o $$

équation dans laquelle chacune des $n + 2$ variables, notamment p comme nous venons de le voir, est une fonction caractéristique du mélange, exprimée à l'aide des $n + 1$ autres variables.

Sauf ces dernières, toutes ces fonctions caractéristiques s'expriment à l'aide de $n + 2$ des variables

$$ p, \quad T, \quad x_1, \quad x_2, \quad .., \quad x_n $$
$$ V, \quad S, \quad h_1, \quad h_2, \quad ., \quad h_n. $$

Il est facile de s'assurer que la connaissance de l'une quelconque de ces fonctions, exprimée à l'aide des variables qui lui conviennent suffit à déterminer toutes les autres, ainsi que les différents paramètres dont la considération peut se présenter dans l'étude du système, et ce sont les seules qui jouissent de cette propriété remarquable qui leur a valu leur nom.

Quand la fonction caractéristique contient, parmi les variables qui l'expriment, la proportion x_i du poids moléculaire d'un corps entrant dans la composition du mélange, d'après les équations (32), la dérivée de cette fonction par rapport à x_i donne toujours le potentiel h_i.

On a notamment

$$ (33) \qquad \frac{\partial U}{\partial x_i} = \frac{\partial \Pi_1}{\partial x_i} = \frac{\partial \Pi_2}{\partial x_i} = \frac{\partial \Pi}{\partial x_i} = h_i . $$

Le potentiel moléculaire individuel a donc une même signification physique parfaitement déterminée, quelle que soit celle des fonctions caractéristiques employées pour étudier le mélange.

10 Volume et entropie individuels d'un corps diffusé dans un mélange. —Lorsqu'à une température et à une pression déterminées, on introduit dans un mélange une nouvelle quantité de l'un des corps qui le constituent, le volume du mélange varie, et il semble conforme aux faits observés d'admettre que cette nouvelle introduction de substance ne peut faire diminuer le volume $\frac{\partial H}{\partial p}$ occupé par le mélange ; $\frac{\partial H}{\partial p}$ serait donc une fonction croissante de x_i, en sorte que l'on pourrait poser

$$\frac{\partial^2 H}{\partial p\,dx_i} > 0$$

c'est-à-dire

$$(34) \qquad\qquad \frac{\partial h_i}{\partial p} > 0.$$

Cette remarque conduit à étendre au volume, à l'entropie, et même à l'énergie des corps engagés dans un mélange la notion de l'individualité, déjà appliquée au potentiel.

En opérant sur h_i, comme on opère sur H pour en déduire le volume, l'entropie et l'énergie du mélange, on obtiendra des quantités que, par définition, on appellera le volume, l'entropie et l'énergie individuels du corps auquel ce potentiel se rapporte, et pris sous son poids moléculaire. Toutes les conditions voulues pour que ces définitions soient acceptables seront d'ailleurs remplies.

Le volume moléculaire et individuel v_i sera défini par la formule

$$(35) \qquad\qquad v_i = \frac{dh_i}{\partial p}.$$

Si l'on différentie l'équation (21) par rapport à p, il vient

$$(36) \qquad\qquad V = x_1 v_1 + x_2 v_2 + \dots + x_n v_n,$$

Chacun des termes du second membre est positif ; il représente le volume individuel d'un des corps engagés dans le mélange ; et le volume occupé par un mélange entier est égal à la somme des volumes individuels que les corps composants occupent dans ce mélange.

L'entropie moléculaire et individuelle d'un corps dans le mélange sera définie par la formule

$$s_i = - \frac{\partial h_i}{\partial T}.$$

Si l'on différentie l'équation (21) par rapport à T, il vient

$$S = x_1 s_1 + x_2 s_2 + \ldots + x_n s_n.$$

L'entropie d'un mélange est égale à la somme des entropies individuelles des corps composant ce mélange.

CHAPITRE III

—

LOIS ET ÉQUATIONS DE L'ÉQUILIBRE CHIMIQUE

1. L'équilibre chimique ; ses caractères. — Pendant longtemps la notion scientifique de l'équilibre a été considérée comme du domaine de la Mécanique pure. Aujourd'hui l'étude des phénomènes naturels conduit à envisager cette notion sous des aspects beaucoup plus généraux.

Ce que l'on appelle un cycle réversible n'est autre chose qu'une succession continue d'états d'équilibre qu'un système, considéré dans son ensemble, peut prendre dans deux sens opposés, moyennant des variations convenables des tensions extérieures, la température et la pression.

En dehors de cet état d'équilibre d'un système par rapport au milieu qui l'environne, et qu'on pourrait appeler l'*équilibre externe*, il importe aussi de considérer l'*équilibre interne* ou *chimique* de ses constituants les uns vis-à-vis des autres, et en vertu duquel ces constituants ont une composition et une distribution variables, fonctions des forces agissantes, la température et la pression.

Quand un système comprend ainsi des corps dont les proportions, réparties le plus souvent en différentes couches solides, liquides ou gazeuses, que l'on appelle *des phases*, viennent à varier avec la pression et la température, on dit que ces corps se font équilibre. Cette conception répond bien à l'idée que l'on doit se faire de l'état d'équilibre, et qu'il ne faut pas confondre avec l'état de *repos*. L'équilibre, en chimie comme en mécanique, implique la possibilité d'un changement par l'intervention de forces ou de tensions infiniment petites

Si un composé et ses constituants se trouvent dans des conditions telles que toute variation des tensions extérieures produira un changement, dissociation ou combinaison, les proportions respectives des corps en présence seront en équilibre ; elles resteront déterminées à chaque température et à chaque pression ; mais cela ne veut pas dire que le composé et ses éléments, pris dans des proportions quelconques, et mis en relation à des tensions quelconques, subiront spontanément un changement chimique fini, pour réaliser un état d'équilibre compatible avec ces tensions. Les corps en présence pourront rester au repos chimique ; et cette prévision n'est pas en contradiction avec les principes de la thermodynamique qui apprennent seulement que si ce changement venait à se produire, il devrait faire diminuer le potentiel.

Mais si plusieurs systèmes, d'abord isolés les uns des autres, sont mis en relation à tensions fixes, et s'il se produit, dans ces conditions, des changements chimiques dans le système unique ainsi formé, tous les corps qui y auront contribué, et ceux-là seuls, seront finalement en équilibre chimique entre eux.

Pour ne citer qu'un exemple, si plusieurs gaz sont mis en contact, à une température et à une pression constantes, avec un mélange liquide, les gaz vont se dissoudre partiellement dans ce liquide ; l'excès de chacun d'eux formera une atmosphère au-dessus du mélange liquide, qui émettra de son côté dans cette atmosphère, les vapeurs des liquides qui le composent. Il s'établira une distribution déterminée des divers corps entre les deux phases obtenues, autrement dit un état d'équilibre interne que nous avons appelé, d'une façon générale, l'équilibre chimique. Si les tensions extérieures viennent à varier, si peu que ce soit, tous les corps compris dans ce système vont s'en ressentir ; les quantités de gaz dissous et de liquides vaporisés vont éprouver une variation tendant à réaliser un nouvel état d'équilibre.

2. Des liaisons dans un système chimique. Modifications virtuelles. Constituants indépendants. — L'état d'un système ne équilibre est défini par les proportions des corps qui en forment les diverses phases ; ces proportions sont des fonctions de la température et de la pression. Le but de la statique chimique est de trouver les relations analytiques qui déterminent ces fonctions, et d'en dégager les lois générales de l'équilibre.

Considérons un système en équilibre et partagé en φ phases. Les changements réversibles qu'il peut subir obéissent, avant tout, à certaines *équations de liaisons*, qui expriment que les corps en jeu passent d'une phase à l'autre sans changer de masse, ou se transforment les uns dans les autres, en suivant les règles des proportions définies de la chimie.

On appelle *modification virtuelle* du système, tout changement compatible avec les liaisons, et ayant pour objet de faire varier *par la pensée*, les proportions des corps engagés dans les diverses phases.

Parmi ces modifications, on peut en concevoir qui consistent à rendre minimum le nombre q des corps coexistants, chacun de ces derniers ne pouvant plus être obtenu aux dépens des autres. Ce nombre est toujours le même, quelle que soit la modification choisie. Ces q corps que nous désignerons par a_1, a_2, .., a_q sont les *constituants indépendants* du système. Les r autres corps A_1, A_2, .., A_r existants dans le système en équilibre ne pourront être produits qu'aux dépens des autres.

ϖ_1, ϖ_2, ..., ϖ_q et Π_1, Π_2, ..., Π_r étant respectivement les poids moléculaires des corps a et A, leur équivalence qualitative et quantitative s'exprimera au moyen de r équations *distinctes* de la forme

$$(1) \qquad \Pi_i = k_i^1 \varpi_1 + k_i^2 \varpi_2 + \dots + k_i^q \varpi_q \qquad (i = 1, 2, \dots r).$$

Les k sont des valeurs numériques généralement simples, dépendant de la composition des corps en jeu.

Les équations (1) n'existent plus et r est nul, si le système ne subit aucune réaction proprement dite. C'est ce qui arrive, s'il ne comprend que des mélanges de divers liquides, séparés en plusieurs couches.

Souvent chacun des corps A pourra être un composé de corps a ; les nombres k sont alors positifs ou nuls ; mais certains des corps A

peuvent aussi résulter d'une réaction plus complexe, et provenir, par exemple, d'une double décomposition ; certains des nombres k seront alors négatifs.

3. Principe de Lejeune-Dirichlet appliqué à la statique chimique. — Un système quelconque sera défini, si l'on connaît les proportions M_1, M_2. ., M_q des poids moléculaires de ses constituants indépendants, quand ceux-ci, par suite d'une modification virtuelle, sont seuls à y exister.

x_i' ou x_{q+i}' représentant respectivement, d'une façon générale, la proportion moléculaire du corps a_i ou du corps A_i existant à l'état de mélange dans la s^e phase, le potentiel H_s de cette place est, d'après la formule (21) du chapitre II, de la forme

$$H_s = \sum x_i h^i \qquad (i = 1, 2, \ldots q + 1 \ldots q + r)$$

h_i^s est le potentiel moléculaire et individuel de l'un des $q + r$ corps actifs dans la s^e phase ; il est du degré zéro par rapport aux x.

Le potentiel total H du système est d'ailleurs

$$H = \sum H_s \qquad (s = 1, 2, \ldots, \varphi).$$

Si le système est en équilibre dans un milieu de température et de pression données, sans que des changements compatibles avec les liaisons aient une tendance à se produire, c'est que l'entropie de l'ensemble constitué par le milieu et par le système ne peut plus augmenter, et que, par conséquent, le potentiel du système ne peut plus diminuer. Il est minimum, d'accord avec le principe de Lejeune-Dirichlet que l'on retrouve dans la statique chimique ; et l'on doit avoir, quelles que soient les variations dx compatibles avec les liaisons

$$(2) \qquad \left\{ \begin{array}{l} dH = 0 \\ d^2H > 0. \end{array} \right.$$

4. Principe des modifications virtuelles ; lois sur les potentiels individuels qui découlent de ce principe. — D'après l'équation différentielle (2), le potentiel d'un système en équilibre chimique reste constant pour toute modification virtuelle élémentaire du système. C'est le *principe des modifications* ou des vitesses *virtuelles* appliqué à la statique chimique.

ce rincipe on déduit, sans avoir autrement besoin de former les équations de liaisons, les lois données par Gibbs. et qu'observent les potentiels h_i^s, lois fondamentales qui suffisent à poser toutes les équations de l'équilibre.

Si l'on considère la modification virtuelle consistant simplement à faire passer d'une phase s à une phase s' la proportion dx de l'un des $q + r$ corps, l'équation (2) se réduira à

$$dH = (h_i^s - h_i^{s'})\, dx = 0.$$

D'où l'on tire

$$(3) \qquad\qquad h_i^s = h_i^{s'}.$$

Le potentiel d'une même masse de l'un quelconque des corps a la même valeur dans toutes les phases que ce corps occupe. L'indice supérieur qui affecte la lettre h devient sans objet, on pourra le supprimer.

Si l'on considère la modification qui consiste à faire varier de dx, dans l'une des phases, la proportion moléculaire du corps A_i, cette variation devra être compensée, dans des phases quelconques, par des variations correspondantes des proportions de ses constituants $a_1, a_2, .., a_q$ Ces dernières variations seront, d'après la formule (1)

$$- k_i^1 dx, \quad - k_i^2 dx, \quad .., \quad - k_i^q dx.$$

Et l'équation (2) deviendra

$$dH = (h_{q+i} - k_i^1 h_1 - k_i^2 h_2 - ... - k_i^q h_q)\, dx = 0.$$

D'où l'on tire

$$(4) \qquad h_{q+i} = k_i^1 h_1 + k_i^2 h_2 + ... + k_i^q h_q \qquad (i = 1, 2, .. \, r)$$

Toute réaction chimique se produit avec la même équivalence entre potentiels moléculaires qu'entre poids moléculaires. Si plu-

sieurs corps se transforment en d'autres corps, la somme des potentiels des masses des premiers engagés dans la transformation est égale à la somme des potentiels des masses équivalentes des derniers; et, notamment, le potentiel de tout corps composé est égal à la somme des potentiels de ses constituants.

Les deux propositions qui traduisent les équations (3) et (4) peuvent se réunir d'une façon simple dans l'énoncé suivant.

Dans un système en équilibre chimique, le potentiel d'une masse active quelconque a la même valeur, quelle que soit la forme chimique revêtue par cette masse, et quelle que soit sa distribution dans le système.

5. Équations générales de l'équilibre chimique. — Les équations (3) sont en nombre égal au nombre des x diminué de $q + r$; il existe r équations (4), en sorte qu'il manquerait encore q équations, pour déterminer tous les x en fonction de p et de T, étant admis que la fonction H est connue; mais les dérivées h'_i de cette fonction sont du degré zéro par rapport aux x; les équations (3) et (4) qui sont à proprement parler *les équations générales de l'équilibre*, suffisent donc à fixer la composition de chaque phase, qui reste indépendante des proportions M_1, M_2, ..., M_q servant à définir entièrement le système. Tous les systèmes formés des mêmes constituants indépendants, et qui ne diffèrent que par les quantités de ces constituants, sont des *systèmes de même espèce*, et ont leurs phases de même composition. On en conclut que, dans un système en équilibre, on peut retrancher une partie quelconque de la masse homogène formant une phase, sans rompre l'équilibre.

Les proportions M_1, M_2, .., M_q qui définissent un système donnent lieu à q équations de liaisons qui n'interviennent que pour déterminer d'une façon absolue toutes les quantités x et les masses des diverses phases de ce système.

Pour poser les équations de liaisons, concevons dans chaque phase une modification virtuelle qui n'y laisse subsister que les constituants indépendants. Le constituant a_i, par exemple, se trouvera dans la s^e phase sous une proportion moléculaire m'_i qui sera, en vertu des relations (1) reliant les poids moléculaires des corps en jeu

$$(5) \quad m_i^s = a_i^s + k_1^i x_{q+1}^s + k_2^i x_{q+2}^s + \dots + k_r^i x_{q+r}^s \quad \begin{cases} (i = 1, 2, \dots, q) \\ (s = 1, 2, \dots, \varphi). \end{cases}$$

Pour le corps a_i, considéré dans chaque phase, il existe φ équations de cette forme ; si on les ajoute membre à membre, le premier membre devient la quantité donnée M_i ; car on a

$$(6) \quad M_i = m_i^1 + m_i^2 + \dots + m_i^\varphi \qquad (i = 1, 2, \dots q).$$

Le second membre reste une fonction linéaire des x. Il existe q équations de cette dernière forme ; ce sont les équations de liaisons qui, jointes aux équations (3) et (4), définissent complètement l'état d'équilibre.

Pour que les valeurs des x ainsi trouvées répondent bien à un état d'équilibre, il faut d'abord qu'elles soient positives ; il faut en outre, d'après l'inégalité (2), que d^2H soit positif ou nul pour les valeurs dx résultant de toute modification virtuelle élémentaire compatible avec les liaisons du système.

Si cette modification donne $d^2H > 0$, elle correspond à un deuxième état dans lequel l'équilibre est rompu. Si elle donne $d^2H = 0$, le deuxième état est aussi un état d'équilibre, mais il n'est possible qu'à la condition que la composition des phases ne change pas ; c'est ce qui arrive, si les accroissements dx peuvent être proportionnels aux x correspondants ; et l'on a, non-seulement $d^2H = 0$, mais on a aussi, séparément

$$d^2H_1 = d^2H_2 = . = d^2H_\varphi = 0$$

ainsi qu'il résulte de ce qui a été vu au chapitre II. On dit alors que le système est dans un état d'*équilibre indifférent*.

D'une façon générale et absolue, d^2H est positif, même dans un système à l'état indifférent, pour toute modification virtuelle élémentaire, compatible avec les liaisons, quand cette modification change la composition des phases. Si, en effet, d^2H pouvait être nul pour l'une de ces modifications, il en serait de même pour la modification inverse obtenue en donnant aux accroissements dx des valeurs égales et de signes contraires. On réaliserait ainsi deux systèmes auxiliaires qui seraient à l'état d'équilibre comme le système primitif. Mais alors celui-ci pris sous une masse double, pourrait être considéré comme provenant de deux systèmes auxiliaires par simple diffusion des phases correspondantes, prises deux à deux, lesquelles sont de composition différente. D'après ce que nous avons vu au chapitre II, $d^2\Pi_1, d^2\Pi_2, ., d^2\Pi_{\varphi}$ doivent être positifs ; il en est de même de leur somme $d^2\Pi$, ce qui montre l'impossibilité de l'hypothèse faite, que $d^2\Pi$ serait nul.

6. Potentiel d'une phase exprimé en fonction des proportions des constituants indépendants. — Le potentiel Π, d'une phase étant mis sous la forme

$$(7) \qquad \Pi_s = \sum_1^{q+r} x_i' h_i \qquad (i = 1, 2, .., q + r)$$

tout changement chimique élémentaire du système donnera lieu, d'après la formule (23) du chapitre II, à l'équation différentielle

$$(8) \quad d\Pi_s = V_s dp - S_s dT + \sum^{q+r} h_i dx_i' \quad (i = 1, 2, ..., q + r).$$

Dans les deux formules qui précèdent, on peut remplacer le potentiel moléculaire et individuel de chacun des corps A, dérivant des constituants indépendants a, par sa valeur exprimée en fonction des potentiels $h_1, h_2, ., h_q$, valeur que donne l'équation d'équilibre (4) ; et l'on a

$$(9) \qquad \Pi_s = m_1^s h_1 + m_2^s h_2 + . + m_i^s h_i + . + m_q^s h_q$$

$$(10)\ d\Pi_s = V_s dp - S_s dT + h_1 dm_1^s + h_2 dm_2^s + . + h_i dm_i^s + . + h_q dm_q^s.$$

L'équation différentielle (10) prouve que le potentiel Π, peut s'exprimer en fonction de la pression, de la température et des proportions des constituants indépendants du système virtuellement amenés à exister seuls dans la phase considérée. L'état chimique réel que l'on peut attribuer aux corps mélangés dans chaque phase, est sans influence sur l'expression du potentiel de cette phase.

La dérivée de la fonction Π_s par rapport à la pression représente
le volume de la phase ; sa dérivée par rapport à la température,
changée de signe, représente son entropie ; sa dérivée par rapport à
la proportion, définie comme ci-dessus, du poids moléculaire de
chacun de ses constituants indépendants, représente le potentiel
moléculaire de ce constituant, en sorte que l'on a

$$(11) \qquad V_s = \frac{\partial \Pi_s}{\partial p}$$

$$(12) \qquad - S_s = \frac{\partial \Pi_s}{\partial T}$$

$$(13) \qquad h_i = \frac{\partial \Pi_s}{\partial m_i^s}.$$

Π_s est une fonction homogène et du premier degré en m_1^s, m_2^s, …,
m_q^s ; et l'équation (9) n'est qu'une application de la formule classique
des fonctions homogènes, comme dans l'équation (1) du chapitre II.
L'application des autres identités d'Euler donnera également

$$(14) \quad \left\{ \begin{aligned}
& m_1^s \frac{\partial^2 \Pi_s}{\partial m_1^{s\,2}} + m_2 \frac{\partial^2 \Pi_s}{\partial m_1^s \partial m_2^s} + \ldots + m_q^s \frac{\partial^2 \Pi_s}{\partial m_1^s \partial m_q^s} = 0 \\
& m_1^s \frac{\partial^2 \Pi_s}{\partial m^s \partial m_1^s} + m_2^s \frac{\partial^2 \Pi_s}{\partial m_2^{s\,2}} + \ldots + m_q^s \frac{\partial^2 \Pi_s}{\partial m_2^s \partial m_q^s} = 0 \\
& \cdots\cdots\cdots\cdots\cdots\cdots\cdots\cdots\cdots\cdots\cdots\cdots \\
& m_1^s \frac{\partial^2 \Pi_s}{\partial m_q^s \partial m_1^s} + m_2^s \frac{\partial^2 \Pi_s}{\partial m^s \partial m_2^s} + \ldots + m_q^s \frac{\partial^2 \Pi_s}{\partial m_q^{s\,2}}.
\end{aligned} \right.$$

Les q identités (14) étant satisfaites par des valeurs de m_1^s, m_2^s, …, m_q^s
qui ne sont pas toutes nulles, le déterminant symétrique D_s, formé
par les coefficients différentiels du second ordre de ces variables,
c'est-à-dire le Hessien de la fonction Π_s, est nul.

$$(15) \qquad D_s = 0.$$

**7. Potentiel d'une partie quelconque d'un système, exprimé
en fonction des proportions des constituants indépendants.**
— Si l'on forme les équations (9) et (10) relatives à un certain

nombre de phases du système, et qu'on les ajoute membre à membre, on est conduit à des conclusions semblables, s'appliquant au potentiel total de l'ensemble des phases considérées, s, s', s'', par exemple. Ce potentiel $\Pi_{s+s'+s'}$ est une fonction de la température, de la pression et des proportions

$$m_1 = m_1' + m_1'' + m_1'''$$
$$m_2 = m_2' + m_2'' + m_2'''$$
$$\cdots\cdots\cdots\cdots\cdots$$
$$m_q = m_q' + m_q'' + m_q'''$$

elle est homogène et du premier degré pour rapport m_1, m_2, .., m_q.

Sa dérivée par rapport à la pression donne le volume de l'ensemble considéré ; sa dérivée par rapport à la température, changée de signe, donne l'entropie ; sa dérivée par rapport à la proportion moléculaire m_i de l'un quelconque des constituants indépendants de cet ensemble de phases donne le potentiel moléculaire de ce constituant a_i.

Les identités (14) dans lesquelles on remplacera Π_s, m_1', m_2', .., m_q' respectivement par $\Pi_{s+s'+s'}$, m_1, m_2, ..., m_q seront applicables. Le Hessien $D_{s+s'+s'}$ du potentiel $\Pi_{s+s'+s'}$ sera nul

$$(16) \qquad\qquad D_{s+s'+s'} = 0.$$

Si nous considérons le système pris dans son entier, $\Pi_{s+s'+s'}$ devient le potentiel que nous avons déjà désigné par Π, son Hessien pourra se représenter plus simplement en supprimant l'indice $s+s'+s'$ dans la formule (16), et nous pourrons poser, dM_1, dM_2, ..., dM_q étant tous nuls

$$(17) \qquad\qquad \Pi = M_1 h_1 + M_2 h_2 + \ldots + M_q h_q$$
$$(18) \qquad\qquad d\Pi = V dp - S dT$$
$$(19) \qquad\qquad V = \frac{\partial \Pi}{\partial p} \qquad S = -\frac{\partial \Pi}{\partial T}$$
$$(20) \qquad\qquad D = 0.$$

Comme cela devait être, les formules (18) et (19) reproduisent des formules du chapitre Ier, dans lequel nous avons étudié un système de composition déterminée, pris dans son ensemble.

Mais si la composition de ce système est modifiée infiniment peu, en faisant varier les M de quantités infinitésimales dM, on pourra poser en prenant la différentielle totale de l'équation (17)

$$(21) \qquad d\Pi = Vdp - SdT + h_1 dM_1 + h_2 dM_2 + .. + h_q dM_q.$$

Il importe cependant de remarquer qu'il n'est pas dit que cette opération laissera toujours subsister dans les deux systèmes le même nombre de phases.

Des considérations qui précèdent, il résulte que le potentiel total d'une partie quelconque d'un système chimique en équilibre, est une seule et même fonction de p de T et des proportions moléculaires $m_1, m_2, ..., m_q$ des constituants indépendants qui forment cette partie ; pour avoir le potentiel de la phase s, il suffit de remplacer dans cette fonction $m_1, m_2, ..., m_q$ respectivement par $m'_1, m'_2, ..., m_q$.

8. Propriétés de la différentielle et des dérivées du second ordre du potentiel exprimé en fonction des proportions des constituants indépendants. — Cette fonction Π_{s+t+u} obéit à cette loi que sa différentielle du second ordre $d^2\Pi_{s+t+u}$, la température et la pression étant supposées constantes, est positive, quels que soient les accroissements $dm_1, dm_2, ..., dm_q$ donnés aux proportions moléculaires des constituants indépendants, sauf toutefois le cas où ces accroissements ne feraient pas varier la composition de l'ensemble considéré, c'est-à-dire, sauf le cas où ces accroissements satisferaient aux relations

$$(22) \qquad \frac{dm_1}{m_1} = \frac{dm_2}{m_2} = .. = \frac{dm_q}{m_q}.$$

et pour lequel $d^2\Pi_{s+t+u}$ est nul.

Considérons, en effet, à l'état d'équilibre, à la même température et à la même pression, deux systèmes auxiliaires de composition infiniment voisine de l'ensemble dont il s'agit, et comprenant respectivement les proportions moléculaires $m_1 + dm_1, m_2 + dm_2, .., m_q + dm_q$ et $m_1 - dm_1, m_2 - dm_2, ..., m_q - dm_q$ des constituants indépendants. Ces deux systèmes, de même espèce, n'auront certainement pas les mêmes phases et de même composition, si les dm ne satisfont pas aux relations (22) ; mis en relation, à température et à pression constantes, ils vont prendre un nouvel état d'équilibre qui produira le système primitif sous une masse double ; et on verrait, par un raisonnement déjà fait au chapitre II que le potentiel total de ce couple de systèmes ayant dû diminuer dans l'opération, on doit avoir $d^2\Pi_{s+s'+s''}$ positif. Si les dm obéissent aux relations (22), les deux systèmes auxiliaires ne diffèrent entre eux et du système primitif que par les masses de leurs phases correspondantes qui sont de même composition, en sorte que ces deux systèmes ne donnent lieu à aucune variation de potentiel quand ils sont mis en relation, et $d^2\Pi_{s+s'+s''}$ est nul. On a donc, en général,

$$(23) \qquad d^2\Pi_{s+s'+s''} \geqslant 0$$

le signe d'égalité ne s'appliquant qu'au cas où les accroissements des variables m sont proportionnels à ces variables elles-mêmes.

Si donc, dans le déterminant $D_{s+s'+s''}$, on supprime symétriquement par rapport à la diagonale un même nombre n de rangées de termes suivant des lignes horizontales et suivant des lignes verticales, on obtiendra, comme on l'a vu au chapitre II, un déterminant que nous désignerons par $D^n_{s+s'+s''}$ et qui satisfera à l'inégalité

$$(24) \qquad D^n_{s+s'+s''} > 0.$$

D'ailleurs les déterminants mineurs de premier ordre, obtenus en effaçant une ligne horizontale quelconque et une ligne verticale quelconque de termes, obéissent à des égalités analogues aux égalités (4) et (5) du chapitre II.

9. Nombre maximum des phases d'un système. — Ce qui détermine la formation des phases, ce sont les lois de l'équilibre chimique qui veulent que les dérivées du potentiel Π par rapport à $M_1, M_2, .., M_q$, qui sont des fonctions distinctes $h_1, h_2, .., h_q$ des mêmes variables, aient la même valeur dans les différentes phases formées.

h_i étant le potentiel moléculaire et individuel du constituant indépendant a_i, on a, d'une façon générale

$$(25) \qquad h_i = \frac{\partial \mathrm{H}}{\partial \mathrm{M}_i} = f_i(p,\, \mathrm{T},\, \mathrm{M}_1,\, \mathrm{M}_2,\, ..,\, \mathrm{M}_q).$$

Si le système comporte φ phases, les lois de l'équilibre chimique conduisent à poser

$$(26) \qquad f_i(p,\, \mathrm{T},\, m_1^1,\, m_2^1,\, ..,\, m_q^1) = f_i(p,\, \mathrm{T},\, m_1^2,\, m_2^2,\, ..,\, m_q^2)$$
$$= f_i(p,\, \mathrm{T},\, m_1^3,\, m_2^3,\, ..,\, m_q^3)$$
$$\cdots\cdots\cdots\cdots\cdots\cdots\cdots$$
$$= f_i(p,\, \mathrm{T},\, m_1^\varphi,\, m_2^\varphi,\, ..,\, m_q^\varphi).$$

On a ainsi $\varphi - 1$ équations concernant le corps a_i; et si l'on considère les q constituants indépendants, on obtiendra ainsi $(\varphi - 1)\,q = \varphi q - q$ équations.

Ces équations étant du degré zéro par rapport aux proportions moléculaires des corps qui y figurent, on peut regarder m_1^q, m_2^q, ..., m_q^q, par exemple, comme des quantités données. Les autres proportions moléculaires, au nombre de $(q - 1)\,\varphi = \varphi q - \varphi$, jointes à la température T et à la pression p, constituent $\varphi q - \varphi + 2$ variables qui, dans la transformation du système chimique, obéissent aux $\varphi q - q$ équations de la forme (26).

Le nombre des variables ne peut être inférieur au nombre des équations qui les lient; on doit donc avoir

$$\varphi q - q \leqslant \varphi q - \varphi + 2$$

c'est-à-dire

$$(27) \qquad \varphi \leqslant q + 2.$$

Le nombre des phases que peut comporter un système en équilibre chimique est limité; il a un maximum, qui est le nombre des constituants indépendants de ce système, augmenté de deux unités. Ce nombre maximum de phases ne se présente qu'à des tensions déterminées et isolées.

10. Variance d'un système. — Si φ est inférieur à $q + 2$ de w unités, on peut, en dehors des proportions moléculaires déjà indiquées m_1^1, m_2^1, .., m_q^φ, se donner arbitrairement w des quantités

$$p, T$$
$$m_1^1, m_2^1, ..., m_{q-1}^1$$
$$m_1, m_2^1, ..., m_{q-1}^2$$
$$. . . . .$$
$$m_1^\varphi, m_2^\varphi, ..., m_{q-1}^\varphi$$

et l'on pourra déterminer les valeurs que les autres quantités devront avoir, pour que le système soit en équilibre ; w est ce que l'on appelle la *variance* du système ; nous verrons au chapitre V l'importance de cette notion.

Si, maintenant, on tient compte des q équations (6), on arrive à déterminer, pour un système particulier, les quantités m_1^1, m_2^1, ., m_q^φ, que nous avons considérées comme des quantités données. La composition de chaque phase en ses constituants indépendants, ainsi que sa masse seront alors entièrement définies par la considération du potentiel H exprimé en fonction des proportions m de ses constituants indépendants.

Mais il reste à savoir comment, dans chaque phase, ces constituants indépendants seront départagés pour former les r autres corps qui peuvent y exister aussi.

On revient ainsi au problème de l'équilibre tel que nous l'avons d'abord résolu. Considérant le potentiel exprimé en fonction des proportions x des corps a et A qui peuvent exister réellement à l'état de mélange dans chaque phase, nous aurons à poser $(\varphi - 1)r$ équations (3) et r équations (4), en tout φr équations, qui jointes aux φq équations (5) donnent $\varphi(q + r)$ équations nécessaires et suffisantes pour déterminer tous les x.

CHAPITRE IV

—

LOIS DE DÉPLACEMENT DE L'ÉQUILIBRE CHIMIQUE

1. Loi générale sur les variations des tensions et sur les variations correspondantes de volume et d'entropie, dues à l'action chimique. — Le potentiel total Π d'un système chimique en équilibre, partagé en φ phases, peut être mis sous la forme

$$\Pi = \sum{}' \Pi_s \qquad (s = 1, 2, .. \varphi)$$

Π_s étant le potentiel de la s^e phase, exprimé en fonction de la pression p, de la température absolue T, et des proportions moléculaires des corps mélangés qui constituent la phase, proportions qui sont elles-mêmes, en vertu des équations de l'équilibre, des fonctions de p et de T.

Nous représenterons d'une façon générale par x_i^s, la proportion moléculaire s'appliquant, dans la s^e phase, à l'un des q constituants indépendants du système, ou à l'un des r corps qui en dérivent, en sorte que l'indice i peut varier de 1 à $q + r$.

Le volume V_s, l'entropie S_s de la s^e phase, et le potentiel moléculaire et individuel h_i^s de l'un quelconque des corps entrant en jeu dans cette même phase sont donnés par les formules

$$(1) \qquad V_s = \frac{\partial \Pi_s}{\partial p} \qquad - S_s = \frac{\partial \Pi_s}{\partial T}$$

$$(2) \qquad h_i^s = \frac{\partial H_s}{\partial x_i^s}.$$

Si par suite d'une variation élémentaire de la pression ou de la température, ou des deux à la fois, le système passe à un nouvel état d'équilibre infiniment voisin du premier, on aura en différentiant les équations (1)

$$\left. \begin{aligned} dV_s &= \frac{\partial^2 H_s}{\partial p^2}\, dp + \frac{\partial^2 H_s}{\partial p \partial T}\, dT + \sum \frac{\partial h_i^s}{\partial p}\, dx_i^s \\ - dS_s &= \frac{\partial^2 H_s}{\partial T \partial p}\, dp + \frac{\partial^2 H_s}{\partial T^2}\, dT + \sum \frac{\partial h_i^s}{\partial p}\, dx_i^s \end{aligned} \right\} \quad (i = 1, 2 \ldots q + r)$$

Multipliant la première de ces équations par dp, la seconde par dT, puis ajoutant membre à membre, il vient

$$(3) \quad dV_s dp - dS_s dT = \frac{\partial^2 H_s}{\partial p^2}\, dp^2 + 2 \frac{\partial^2 H_s}{\partial p \partial T}\, dp\, dT + \frac{\partial^2 H_s}{\partial T^2}\, dT^2$$
$$+ \sum \left(\frac{\partial h_i^s}{\partial p}\, dp + \frac{\partial h_i^s}{\partial T}\, dT \right) dx_i^s.$$

Si l'on représente par dV_s' et dS_s' les variations de volume et d'entropie qui se seraient produits, si les modifications élémentaires dp et dT n'avaient été accompagnées d'aucun changement chimique, on on aura, en faisant tous les dx nuls dans l'équation précédente

$$dV_s' dp - dS_s' dT = \frac{\partial^2 H_s}{\partial p^2}\, dp^2 + 2 \frac{\partial^2 H_s}{\partial p \partial T}\, dp\, dT + \frac{\partial^2 H_s}{\partial T^2}\, dT$$

équation qui résulte, du reste, de ce qui a été dit au chapitre Ier.

Si l'on appelle dv_s et ds_s les variations de volume et d'entropie de la s^e phase, *dues à l'action chimique*, en posant

$$dv_s = dV_s - dV_s' \qquad ds_s = dS_s - dS_s'$$

l'équation (3) deviendra

$$(4) \quad dv_s dp - ds_s dT = \sum \left(\frac{\partial h_i^s}{\partial p}\, dp + \frac{\partial h_i^s}{\partial T}\, dT \right) dx_i^s.$$

D'autre part, la variation du potentiel h_i^s, quand le système passe de son premier à son deuxième état d'équilibre, s'obtient en différentiant l'équation (2), ce qui donne

$$dh_i^s = \frac{\partial h_i^s}{\partial p}\, dp + \frac{\partial h_i^s}{\partial T}\, dT + \sum \frac{\partial h_i^s}{\partial r_j^s}\, dx_j^s \qquad (j = 1, 2, \dots q + r).$$

Multipliant chaque membre par dx_i^s, et ajoutant membre à membre les $q + r$ équations obtenues en donnant à l'indice i les valeurs successives 1, 2, …, $q + r$, il vient

$$(5) \qquad \sum dh_i^s dx_i^s = \sum \left(\frac{\partial h_i^s}{\partial p}\, dp + \frac{\partial h_i^s}{\partial T}\, dT \right) dr_i^s + d^2H_s$$

d^2H_s désignant la différentielle du second ordre du potentiel H_s, quand on y suppose p et T constants.

La comparaison des formules (4 et (5) donne

$$(6) \qquad \sum dh_i^s dx_i^s = dv_s dp - ds_s dT + d^2H_s \qquad (i = 1, 2 \dots q + v).$$

Reportons nous maintenant au système tout entier, en ajoutant membre à membre, les φ équations semblables, relatives aux différentes phases ; le premier membre se réduira à zéro : c'est en effet, la différence de deux quantités nulles, d'après la loi fondamentale de l'équilibre chimique, exprimée par l'équation différentielle (2) du chapitre III. Ces quantités sont les variations du potentiel total du système, dans les deux états d'équilibre considérés

$$\sum_{s=1}^{s=\varphi} \sum_{i=1}^{i=q+r} h\, dx_i^s \qquad \text{et} \qquad \sum_{s=1}^{s=\varphi} \sum_{i=1}^{i=q+r} (h_i^s + dh_i^s)\, dx_i^s.$$

quand on suppose la température et la pression constantes, et que l'on fait subir aux x des variations compatibles avec les liaisons du système, variations qui, dans le cas actuel, ne sont autres que celles nécessaires au passage du premier au second état d'équilibre.

Le second membre est donc nul, ce qui donne

$$dv dp - ds dT + d^2H = 0.$$

en désignant par dv et ds la variation du volume et la variation d'entropie du système tout entier, *dues à l'action chimique*, et par d^2H

la différentielle du second ordre de H, considéré comme une fonction des x seulement, les variations de ces x étant d'ailleurs celles obtenues, quand le système passe du premier au second état d'état d'équilibre.

Mais d'après une autre loi fondamentale de l'équilibre chimique, exprimée par l'inégalité (2) du chapitre III, d^2H est positif; nous avons vu qu'il ne peut être nul que pour un état d'équilibre indifférent, les dx se rapportant à une transformation à tensions fixes, et alors dp comme dT sont nuls, ce qui n'est pas le cas supposé ici. On a donc

$$dvdp - dsdT < 0.$$

Cette inégalité, suivant que l'on y fait $dT = 0$ ou $dp = 0$, exprime les deux lois de déplacement de l'équilibre chimique attribuées à MM. Le Châtelier et Van't Hoff; elles peuvent s'énoncer très simplement comme il suit.

2. Loi de déplacement de l'équilibre chimique à température constante, ou loi de M. H. Le Châtelier. — *A température constante, le changement chimique qui se produit sous une augmentation de pression est celui qui entraine une condensation de la matière.*

Le gaz chlorhydrique, corps composé sans condensation de chlore et d'hydrogène, est décomposé par l'oxygène pour donner de la vapeur d'eau, corps composé avec condensation d'hydrogène et d'oxygène; donc le système gaz chlorhydrique, oxygène, vapeur d'eau et chlore, en équilibre à une température donnée, et soumis à une pression croissante, sera d'autant plus riche en chlore que la pression sera plus élevée.

La solubilité d'un gaz dans un liquide, à une température donnée croît toujours, quand on fait croître la pression; car un gaz, en se dissolvant dans un liquide, ne fait jamais gagner à ce liquide tout le volume qu'il abandonne.

La solubilité d'un sel, à une température invariable, augmente ou diminue, quand on fait croître la pression, suivant que le passage de l'état solide à l'état dissous d'une masse élémentaire du sel en prosence de la solution infiniment voisine de la saturation, fera diminuer ou augmenter le volume du système. C'est en vertu de cette loi que la solubilité du chlorure de sodium, à la température ordinaire, croît avec la pression jusqu'à 1530 atmosphères pour décroître ensuite. La dissolution de ce sel dans une solution aqueuse presque saturée entraîne, en effet, d'abord une contraction, puis une expansion de volume du système, dès que la pression dépasse 1530 atmosphères.

3. Loi de déplacement de l'équilibre chimique à pression constante, ou loi de M. J.-H. Van' t Hoff. — *A pression constante, le changement chimique qui se produit sous une augmentation de la température est celui qui absorbe de la chaleur.*

Sous une pression invariable, la vapeur d'eau, corps exothermique, subit une dissociation d'autant plus complète que la température est plus élevée, le système absorbant à chaque instant plus de chaleur que si la dissociation venait à s'arrêter, c'est à-dire plus de chaleur que si les trois gaz étant séparés continuaient à être soumis à la même élévation de température.

A pression constante, la solubilité d'un sel augmente ou diminue, quand on fait croître la température, suivant que le passage de l'état solide à l'état dissous d'une masse élémentaire du sel, en présence de la solution infiniment voisine de la saturation, se fera avec absorption ou avec dégagement de chaleur. En général, la solubilité augmente avec la température, parce que la dissolution refroidit le dissolvant.

4. Système en équilibre indifférent soumis à des variations simultanées de pression et de température. — Revenons à ce qui se passe dans une phase, la s^e par exemple, pendant un changement élémentaire qui puisse faire varier, non-seulement la pression et la température, mais aussi la composition du système tout entier, c'est-à-dire les proportions M_1, M_2, ... M_q des constituants indépendants.

En différentiant les équations (11), (12) et (13) du chapitre III, il vient

$$(7) \quad dV_s = \frac{\partial^2 \Pi_s}{\partial p^2}\, dp + \frac{\partial^2 \Pi_s}{\partial p\, \partial T}\, dT + \frac{\partial h_1}{\partial p}\, dm_1^s + \frac{\partial h_2}{\partial p}\, dm_2^s + .. + \frac{\partial h_q}{\partial p}\, dm_q^s$$

$$(8) \quad - dS_s = \frac{\partial^2 \Pi_s}{\partial T\, \partial p}\, dp + \frac{\partial^2 \Pi_s}{\partial T^2}\, dT + \frac{\partial h_1}{\partial T}\, dm_1^s + \frac{\partial h_2}{\partial T}\, dm_2^s + .. + \frac{\partial h_q}{\partial T}\, dm_q^s$$

$$(9) \quad dh_i = \frac{\partial h_i}{\partial p}\, dp + \frac{\partial h_i}{\partial T}\, dT + \frac{\partial h_i}{\partial m_1^s}\, dm_1^s + \frac{\partial h_i}{\partial m_2^s}\, dm_2^s + .. + \frac{\partial h_i}{\partial m_q^s}\, dm_q^s.$$

Dans les q équations de la forme (9), obtenues en donnant à l'indice i les valeurs successives 1, 2, .., q, les coefficients de m_1^s, dm_2^s, .. dm_q^s forment un déterminant qui n'est que le Hessien que nous avons déjà appelé D_s; il est nul, d'après la formule (15) du chapitre III. On tirera donc des q équations (9), par l'élimination de dm_1^s, dm_2^s, ..., dm_q^s.

$$(10) \qquad \sum_{i=1}^{i=q} D_s^{(i,j)} \left(dh_i - \frac{\partial h_i}{\partial p}\, dp - \frac{\partial h_i}{\partial T}\, dT \right) = 0.$$

Considérons maintenant, en particulier, le cas où le système qui est capable de subir la transformation élémentaire définie par les équations différentielles (7), (8) et (9), est à l'état indifférent, et peut aussi par conséquent subir une transformation à température et à pression constantes, M_1, M_2, .., M_s restant invariables.

Représentons par ΔV_s, ΔS_s, Δm_1^s, Δm_2^s, .., Δm_q^s, les variations, dans la s^e phase, du volume, de l'entropie et des proportions moléculaires des constituants indépendants, pendant la transformation à tension fixes; substituées respectivement à dV_s, dS_s, dm_1^s, dm_2^s, .., dm_q^s, ces variations satisferont aux équations (7), (8) et (9), dans lesquelles on fera dp, dT, dh_1, dh_2, ..., dh_q, tous nuls.

On tirera ainsi des équations (7) et (8).

$$(11) \qquad \left\{ \begin{aligned} \Delta V_s &= \sum_{i=1}^{i=q} \frac{\partial h_i}{\partial p}\, \Delta m_i^s \\[2ex] - \Delta S_s &= \sum_{i=1}^{i=q} \frac{\partial h_i}{\partial T}\, \Delta m_i^s. \end{aligned} \right.$$

Les q équations de la forme (9) devenues homogènes par rapport $\Delta m_1'$, $\Delta m_2'$, ., $\Delta m_q'$, donneront

$$\frac{\Delta m_1'}{D_1^{(1 \cdot 1)}} = \frac{\Delta m_2'}{D_2^{(1 \cdot 2)}} = \cdot\cdot = \frac{\Delta m_i'}{D_i^{(1 \cdot i)}} = \cdot\cdot = \frac{\Delta m_q'}{D_q^{(1 \cdot q)}}.$$

Dans les dénominateurs de ces équations, on peut intervertir l'ordre des indices supérieurs, mis entre parenthèses, puisque le Hessien D_1 est symétrique ; et l'équation (10) étant elle-même homogène en $D_1^{(1 \cdot 1)}$, $D_2^{(1 \cdot 2)}$, ., $D_i^{(1 \cdot i)}$, ., $D_q^{(1 \cdot q)}$, on peut y remplacer ces coefficients par les quantités proportionnelles $\Delta m_1'$, $\Delta m_2'$, ., $\Delta m_q'$, ce qui donne, en définitive, eu égard aux équations (11)

$$(12) \qquad \Delta S_1 dT - \Delta V_1 dp + \Delta m_1' dh_1 + \Delta m_2' dh_2 + \cdot + \Delta m_q' dh_q = 0.$$

5. La formule de Clapeyron étendue à tous les états indifférents. — Il existe une équation de cette dernière forme pour chaque phase ; si l'on ajoute membre à membre ces q équations, les coefficients de dh_1, dh_2, ., dh_q sont tous nuls, le coefficient de dh_i, par exemple, n'est, d'après l'équation (6) du chapitre III, que ΔM_i ; or M_i est une constante dans la transformation à tensions fixes dont il s'agit, et l'on a

$$\Delta m_i^1 + \Delta m_i^2 + \cdot\cdot + \Delta m_i^q = 0.$$

Si donc ΔS et ΔV représentent les variations d'entropie et de volume subies par le système tout entier pendant une transformation à tensions fixes, il viendra

$$\Delta S dT - \Delta V dp = 0$$

d'où

$$(13) \qquad \frac{\partial p}{\partial T} = \frac{\Delta S}{\Delta V}.$$

Cette formule peut encore se mettre sous la forme

$$\frac{\partial p}{\partial T} = \frac{\Delta L}{T \Delta V}$$

ΔL représentant la chaleur latente de transformation absorbée par le système pour un changement de volume ΔV. C'est la formule de Clapeyron généralisée, et qui s'applique à tous les états indifférents.

Elle prouve que quand un système, qui est à l'état indifférent, subit une modification qui fait varier sa pression, sa température, et, au besoin, les quantités de ses constituants indépendants, la pression croît ou décroît, quand la température augmente, suivant qu'à tensions fixes le système absorbe ou dégage de la chaleur pour augmenter de volume. Il prend alors des états successifs dans lesquels la pression reste liée à la température par une relation que l'on peut figurer au moyen d'une courbe, chaque élément de cette courbe ayant une direction définie par les quantités ΔS et ΔV qui ne dépendent que de son état actuel.

CHAPITRE V

—

LOIS DES PHASES

1. Conditions de l'état indifférent. — L'étude de l'état indifférent présente un intérêt très particulier. Elle conduit à formuler, au sujet des phases que peut comporter un système, un certain nombre de lois, dites *lois des phases*, énoncées depuis près de trente ans par Gibbs, et qui sont restées longtemps ignorées; signalées par M. Van der Waals, elles ont permis à M. H. W. Bakhuis Roozeboom et à toute une école de savants qui s'est formée sous son impulsion de jeter une vive clarté sur certains phénomènes, en apparence les plus complexes de la Statique Chimique.

Le présent chapitre a pour objet l'étude détaillée des lois des phases.

Quand un système est à l'état indifférent, il peut subir une modification à tensions fixes, qui fait varier seulement les masses de ses phases sans en changer la composition; les ω se rapportant à une même phase, et les m correspondants, qui, d'après l'équation (5) du chapitre III, en sont des fonctions linéaires et homogènes, varieront proportionnellement à leurs valeurs, et l'on aura, notamment, en désignant, comme dans le chapitre précédent, par Δm_1^s, Δm_2^s, ... Δm, les variations simultanées des proportions des constituants indépendants dans la s^e phase

$$(1) \qquad \frac{\Delta m_1^s}{m_1^s} = \frac{\Delta m_2^s}{m_2^s} = \dots = \frac{\Delta m_q^s}{m_q^s} = \lambda_s.$$

λ_s étant une quantité à déterminer.

En faisant l'indice s successivement égal à 1, 2, ..., φ, on trouve les relations à remplir pour que toutes les phases du système conservent une composition invariable, et l'on introduit ainsi φ quantités λ_1, λ_2, .., λ_φ qui sont à déterminer à un facteur commun près.

Mais les variations des masses du constituant indépendant a_i dans les φ phases qu'il peut occuper, obéissent à la relation

$$(2) \quad \Delta m_i^1 + \Delta m_i^2 + ... + \Delta m_i^\varphi = 0 \qquad (i = 1, 2,...,q).$$

Si dans les q équations de cette forme, on remplace les Δm par les valeurs en λ tirées des relations (1), il vient

$$(3) \quad \begin{cases} \lambda_1 m_1^1 + \lambda_2 m_1^2 + ... + \lambda_\varphi m_1^\varphi = 0. \\ \lambda_1 m_2^1 + \lambda_2 m_2^2 + ... + \lambda_\varphi m_2^\varphi = 0. \\ \cdot \cdot \cdot \cdot \cdot \cdot \cdot \cdot \cdot \cdot \cdot \cdot \cdot \cdot \cdot \cdot \\ \lambda_1 m_q^1 + \lambda_2 m_q^2 + ... + \lambda_\varphi m_q^\varphi = 0. \end{cases}$$

On obtient ainsi q équations linéaires et homogènes en λ_1, λ_2, .., λ_φ.

Pour que le système soit dans un état indifférent, il faut et il suffit que l'on puisse déterminer φ quantités λ_1, λ_2, ..., λ_φ vérifiant les équations (3), et alors l'une des phases au moins pourra être formée par le mélange en proportions convenables des autres phases.

Si φ est supérieur à q tout état d'équilibre sera indifférent : les équations (3) permettront de trouver au moins une détermination des quantités λ.

Si φ est égal à q, pour que le système soit dans un état indifférent, il faut et il suffit que le déterminant δ, formé par les coefficients de λ_1, λ_2, ..., λ_q dans les équations (3) soit nul

$$(4) \qquad \delta = 0.$$

Et l'on aura

$$(5) \qquad \frac{-\lambda_1}{\delta_1^i} = \frac{+\lambda_2}{\delta_2^i} = ... = \frac{(-1)^q \lambda_q}{\delta_q^i}$$

δ_1^i, δ_2^i,...., δ_q^i représentant les déterminants mineurs dérivant du déterminant δ, quand on supprime la i^e rangée horizontale, arbitrairement choisie, et successivement la 1ᵉ, la 2ᵉ,..., la q^e rangée verticale de ses termes.

Si φ est égal à $q - 1$, pour que le système soit dans un état indifférent, il faut et il suffit que les q équations (3) entre les inconnues $\lambda_1, \lambda_2, ..., \lambda_{-1}$ soient compatibles pour des valeurs des inconnus qui ne soient pas toutes nulles, ce qui impose les deux conditions

$$
\begin{vmatrix}
m_1^1 & m_1^2 & \dots & m_1^{q-1} \\
m_2^1 & m_2^2 & \dots & m_2^{q-1} \\
\cdot & \cdot & \cdot & \cdot \\
m_{q-2}^1 & m_{q-2}^2 & \dots & m_{q-2}^q \\
m_{q-1}^1 & m_{q-1}^2 & \dots & m_{q-1}^q
\end{vmatrix} = 0
\qquad
\begin{vmatrix}
m_1^1 & m_1^2 & \dots & m_1^{q-1} \\
m_2^1 & m_2^2 & \dots & m_2^{q-1} \\
\cdot & \cdot & \cdot & \cdot \\
m_{q-2}^1 & m_{q-2}^2 & \dots & m_{q-2}^q \\
m^1 & m_q^2 & \dots & m_q^{q-1}
\end{vmatrix} = 0
$$

soit, avec les notations adoptées

$$(6) \qquad\qquad \delta_q^q = 0 \qquad\qquad\qquad \delta_{q-1}^q = 0$$

On verrait facilement que le nombre des phases étant égal à $q - 2$, $q - 3$, .., 2, il y aura 3, 4, ..., $q - 1$ équations de condition à poser entre les quantités m, pour que le système soit à l'état indifférent. En particulier si $\varphi = 2$, ces conditions se réduisent à

$$
\frac{m_1^1}{m_1^2} = \frac{m_2^1}{m_2^2} = . = \frac{m_q^1}{m_q^2} .
$$

2. Equation fondamentale entre les tensions et les potentiels. — Un système qui comprend deux phases au moins et q phases au plus, ne sera pas, en général, dans un état indifférent, mais nous allons démontrer qu'il sera toujours possible de lui imposer les conditions indiquées ci-dessus, en sorte que l'état indifférent est, en principe, réalisable, quel que soit le nombre des phases que le système puisse comporter.

Revenons aux équations (9) et (10) du chapitre III. Tirant de la la première la différentielle totale de U_t, et comparant la valeur ainsi obtenue à la valeur que donne la seconde, il vient

$$(7) \qquad V_t dp - S_t dT = m_1^t dh_1 + m_2^t dh_2 + . + m_q^t dh_q.$$

Cette dernière équation différentielle conduit aux mêmes conclusions que l'équation (24) du chapitre II. Elle montre que, dans chaque phase, la pression est une fonction de la température ainsi que des potentiels moléculaires et individuels des constituants indépendants du système ; il en est de même des rapports de m'_1, m'_2, ..., m'_q à V_s, qui fixent la composition de la s^e phase. On peut donc poser, entre les $q + 2$ variables p, T, h_1, h_2, ., h_q, φ relations distinctes de la forme

$$(8) \qquad F_s (p,\, T,\, h_1,\, h_2,\, .,\, h_q) = 0 \qquad (s = 1,\, 2,\, .,\, \varphi)$$

Ce sont les *équations fondamentales* de Gibbs. Elles sont indépendantes des masses des constituants, et n'établissent de relation qu'entre variables qui doivent avoir la même valeur dans les diverses phases d'un système en équilibre chimique. Il est donc naturel d'étendre au potentiel moléculaire individuel la dénomination générale de *tension* que nous appliquons avec certains auteurs à la température absolue et à la pression.

3. Etat toujours indifférent des systèmes invariants et des systèmes univariants. — Posons, d'après ce qui a été déjà dit au chapitre III

$$(9) \qquad q + 2 - \varphi = w.$$

w est ce que l'on appelle la variance du système.

Considérons un système pour lequel on aurait $w = 0$.

On a déjà vu que ce système serait à l'état indifférent. Les $q + 2$ équations (8) déterminent la température, la pression du système, ainsi que les potentiels de ses constituants. Ce système ne pourra donc exister sous $q + 2$ phases qu'à des tensions isolées, et l'on ne peut concevoir qu'il puisse comporter un nombre supérieur de phases. On retrouve ici ce qui a été déjà dit au chapitre III. On dit, dans ce cas, que le système est *invariant*.

Si $w = 1$, $\varphi = q + 1$; le système est encore à l'état indifférent ; mais il est capable d'éprouver, sans qu'un échange de matière avec l'extérieur soit nécessaire, un changement élémentaire défini par les $q + 1$ équations (7) ; l'accroissement de l'une des variables déterminant tous les autres accroissements, on dit que le système est *univariant*. L'élimination de dh_1, dh_2, .., dh_q entre ces équations donne

$$(10) \quad \begin{vmatrix} V_1 & m_1^1 & m_2^1 & \ldots m_q^1 \\ V_2 & m_1^2 & m_2^2 & \ldots m_q^2 \\ \ldots & \ldots & \ldots & \ldots \\ V_{q+1} & m_1^{q+1} & m_2^{q+1} & \ldots m_q^{q+1} \end{vmatrix} dp = \begin{vmatrix} S_1 & m_1^1 & m_2^1 & \ldots m_q^1 \\ S_2 & m_1^2 & m_2^2 & \ldots m_q^2 \\ \ldots & \ldots & \ldots & \ldots \\ S_{q+1} & m_1^{q+1} & m_2^{q+1} & \ldots m_q^{q+1} \end{vmatrix} dT.$$

C'est la formule Clapeyron sous une de ses formes variées.

4. Possibilité de l'état indifférent pour tout système plurivariant. — Si $w = 2$, $\varphi = q$; le système est *bivariant*. On peut se donner arbitrairement deux des accroissements qui définissent un changement élémentaire, dp et dT, par exemple ; les équations (7) donneront les autres accroissements. On en tirera notamment

$$(11) \qquad \delta_i(V)\,dp = \delta_i(S)\,dT + \delta dh_i$$

$\delta_i(V)$ et $\delta_i(S)$ dérivant du déterminant δ de la formule (4), dans lequel les termes de la i^e ligne sont remplacés respectivement par V_1, V_2, ..., V_q, ou par S_1, S_2, ..., S_q.

Le système ne sera pas, en général, à l'état indifférent ; mais les équations (8) laissant deux variables indépendantes, on peut lier ces variables par une nouvelle relation qui peut être la relation (4), et le système sera alors assujetti moyennant des échanges de matière avec l'extérieur, à prendre une succession d'états indifférents, dans lesquels sa pression et sa température obéiront à la loi suivante

$$(12) \qquad \frac{\partial p}{\partial T} = \frac{\delta_i(S)}{\delta_i(V)}$$

que l'on tire de l'équation (11), quand on y suppose δ nul. C'est encore une forme de la formule de Clapeyron.

Si $w = 3$, $\varphi = q - 1$; le système est *trivariant*. On peut se don-

ner arbitrairement trois des accroissements qui définissent un changement possible ; et on tirera, par exemple, des équations (7)

$$(13) \qquad \delta_q^q (V)\, dp = \delta_q^q (S)\, dT + \delta_{q-1}^q\, dh_q + \delta_q^q\, dh_{q-1}$$

δ_q^q et δ_{q-1}^q ayant les mêmes significations que dans les équations (6),
et $\delta_q^q (V)$, $\delta_q^q (S)$ dérivant du déterminant δ_q^q, quand on y remplace les
termes de la dernière ligne par $V_1, V_2, ., V_{q-1}$ ou par $S_1, S_2, ., S_{q-1}$.

Le système ne sera pas, en général, à l'état indifférent ; mais les
équations (8) laissant trois variables indépendantes, on peut lier les
variables par deux nouvelles relations, les relations (6), et assujettir
ainsi le système à prendre, toujours moyennant des échanges de
matière avec l'extérieur, une succession d'états indifférents qui
obéiront à la loi de Clapeyron, représentée ici par la formule

$$(14) \qquad \frac{\partial p}{\delta T} = \frac{\delta_q^q (S)}{\delta_q^q (V)}.$$

On voit sans peine, d'après ce qui précède, que si le nombre des
phases est inférieur à $q - 1$, les équations (7) laisseront toujours un
nombre suffisant de variables indépendantes pour permettre de poser
les équations de condition de l'état indifférent, en imposant au système
une succession d'états lesquels la pression et la température obéiront
à la loi de Clapeyron. C'est le résultat que nous avons annoncé
plus haut.

On arrive à ce même résultat en se rapportant aux équations (26)
du chapitre III, qui lient les proportions m à la pression et à la température. Nous avons alors vu qu'un système étant dans un état
d'équilibre, et que w étant sa variance déterminée par l'équation (9),
on était libre de donner à w des quantités m, p, T, une valeur arbitraire, ce qui définissait d'une façon absolue l'état du système formé
de φ phases. Cela revient à dire que l'on peut choisir arbitrairement
$w - 1$ des quantités m et l'une des tensions, ce qui déterminera l'autre
tension, ou bien encore que le choix arbitraire de $w - 1$ des quantités m, fixera la loi de dépendance entre la pression et la température du système plurivariant.

Or, donner une valeur arbitraire à $w - 1$ des quantités m, c'est, si l'on veut, établir $w - 1$ relations arbitraires entre les m. Le nombre des conditions à remplir entre ces variables pour que le système soit dans un état indifférent est justement égal à $w - 1$; si ces conditions sont constamment imposées au système en introduisant, à chaque instant, dans les φ phases, les quantités convenables de ses constituants indépendants, ce système restera à l'état indifférent, sa température demeurant liée à sa pression par une loi qui n'est que la loi de Clapeyron. C'est ce que nous avons déjà démontré.

5. Sur les différentes formes de la formule de Clapeyron. — Les formules (10), (12) et (14) trouvées dans ce chapitre pour la loi de Clapeyron peuvent être ramenées à la forme générale (13) du chapitre précédent applicable à tous les états indifférents.

La formule (10), relative aux systèmes univariants, peut s'écrire comme il suit

$$\frac{\partial p}{\partial T} = \frac{- S_1 \delta_1 + S_2 \delta_2 - \dots + (- 1)^{q-1} \delta_{q+1}}{- V_1 \delta_1 + V_2 \delta_2 - \dots + (- 1)^{q-1} \delta_{q+1}}$$

$\delta_1, \delta_2, \dots, \delta_{q+1}$ étant les déterminants formés des coefficients des λ dans les équations (3), quand on supprime successivement dans chacune d'elles, le premier, le deuxième, .., le $(q + 1)^e$ terme ; en sorte que l'on a

$$(15) \qquad \frac{- \lambda_1}{\delta_1} = \frac{+ \lambda_2}{\delta_2} = \dots = \frac{(- 1)^{q+1} \lambda_{q+1}}{\delta_{q+1}}$$

et que la formule (10) peut s'écrire

$$(16) \qquad \frac{\partial p}{\partial T} = \frac{S_1 \lambda_1 + S_2 \lambda_2 + \dots + S_{q+1} \lambda_{q+1}}{V_1 \lambda_1 + V_2 \lambda_2 - \dots - V_{q+1} \lambda_{q+1}}.$$

Mais on tire de l'équation (0) du chapitre III

$$S_s = m_1^s s_1^s + m_2^s s_2^s + \dots + m_q^s s_q^s$$

$s_1^s, s_2^s, .., s_q^s$ étant les entropies moléculaires et individuelles des constituants indépendants dans la s^e phase.

On déduit de cette dernière équation, d'après les formules (1)

$$S_s\lambda_s = \Delta m_1' s_1' + \Delta m_2' s_2' + . + \Delta m_q' s_q'.$$

Le second membre exprime la variation d'entropie ΔS_s, résultant de la variation de masse de la s^e phase dans une transformation à tensions fixes

$$S_s\lambda_s = \Delta S_s.$$

On démontrerait de même que l'on a

$$V_s\lambda_s = \Delta V_s.$$

En sorte que l'équation (16) devient

$$\frac{\partial p}{\partial T} = \frac{\sum \Delta S_s}{\sum \Delta V_s} = \frac{\Delta S}{\Delta V}.$$

C'est l'équation (13) du chapitre précédent.

La formule (12), relative aux systèmes bivariants peut s'écrire

$$\frac{\partial p}{\partial T} = \frac{- S_1\delta_1' + S_2\delta_1'' - ... + (- 1)^q \delta_1^q}{- V_1\delta_1' + V_2\delta_1'' - ... + (- 1)^q \delta_1^q},$$

δ^1, δ^2, .., δ_i ayant les mêmes significations que dans les équations (5). Si l'on remplace les déterminants en δ par les valeurs en λ qui leur sont proportionnelles, on trouve successivement

$$\frac{\partial p}{\partial T} = \frac{\sum S_s\lambda_s}{\sum V_s\lambda_s} = \frac{\sum \Delta S_s}{\sum \Delta V_s} = \frac{\Delta S}{\Delta V}.$$

C'est encore l'équation (13) du chapitre précédent. On verrait facilement que l'on y arrive aussi, en partant de la formule (14) ou de toute autre, relative aux états indifférents d'un système plurivariant quelconque.

6. Courbe des états indifférents. Point multiple. Exemples d'états invariants. — Ces différentes formules peuvent-être représentées graphiquement par une courbe rapportée à deux axes, l'axe

des pressions et l'axe des températures. Ces courbes jouissent les unes vis à vis des autres de propriétés remarquables. Toute courbe relative aux états indifférents d'un système à φ phases peut être considérée comme prenant son origine sur une courbe relative aux états indifférents du système immédiatement supérieur, c'est-à-dire à $\varphi + 1$ phases, la première courbe se détachant de la seconde en un point ou elles sont tangentes l'une à l'autre.

La courbe relative aux états invariants se réduisant à un ou à plusieurs points isolés, toute courbe relative à un état univariant passera par ce point, ou par l'un de ces points s'il y en a plusieurs. L'état invariant est caractérisé par $q + 2$ phases, et alors le nombre des équations (3) est inférieur d'une unité au nombre nécessaire pour que $\lambda_1, \lambda_2, ., \lambda_{q+2}$ soient complètement déterminés, en sorte que la transformation que le système peut subir à tensions fixes n'est pas absolument définie. Il n'en sera plus ainsi, si l'une des phases arbitrairement choisie est assujettie à conserver une masse constante.

Si l'on suppose que cette dernière soit écartée, on obtiendra un nouveau système en équilibre comprenant $q + 1$ phases ; ce sera un système univariant capable de subir une succession d'états indifférents. En écartant chacune des phases du système primitif, on formera $q + 2$ systèmes univariants, qui donneront lieu, chacun, à une courbe représentative des états d'équilibre du système. Ces $q + 2$ courbes passent toutes par un même point, qu'on appellera *point multiple* d'ordre $q + 2$, caractéristique de l'état invariant.

Ce sera le triple point pour l'eau coexistant sous les trois états physiques, origine des trois courbes de liquéfaction de la glace, de vaporisation de la glace, et de vaporisation de l'eau liquide. C'est l'exemple le plus simple d'un système invariant, q étant égal à l'unité.

Un même corps peut prendre non seulement trois états physiques, mais aussi plusieurs états allotropiques, comme le soufre ; q étant toujours, dans ce cas, égal à l'unité, le nombre des phases coexistantes à l'état d'équilibre ne peut dépasser trois. Le soufre, en particulier, présente, sans doute, à des températures et à des pressions déterminées, plusieurs triples points correspondant, chacun, à des états physiques ou allotropiques différents, séparés en trois phases.

Un exemple de $q = 2$ avec $\varphi = 4$ est fourni par deux hydrates solides d'un même sel, une solution aqueuse de ces hydrates, et une atmosphère de vapeur d'eau. Si un pareil système peut exister à l'état d'équilibre, cet équilibre sera indifférent, et se présentera à une température ainsi qu'à une pression définies. Il est facile de concevoir le changement de masse de trois phases quelconques, dont la composition resterait constante, tandis que la quatrième phase ne subirait aucune variation de masse ni de composition. Cette dernière phase peut être constituée, si l'on veut, par l'un des hydrates solides; l'autre, en se dissolvant dans l'eau, changera en partie de constitution, pour former une proportion convenable du premier hydrate, ce qui tendra à modifier la concentration de la solution ; la variation de la quantité de vapeur d'eau composant l'une des phases, permettra de maintenir constante cette concentration.

7. Exemples d'états univariants et d'états bivariants. — L'exemple le plus simple d'un système univariant est fourni par un corps chimiquement défini, en voie de changement d'état physique, corps solide qui se liquéfie, corps solide ou liquide qui se vaporise : on a alors $q = 1$, $\varphi = 2$. L'équation (10) se réduit à :

$$(V_1 m_1^2 - V_2 m_1^1)\, dp = (S_1 m_1^2 - S_2 m_1^1)\, dT,$$

ou, si l'on fait $m_1^1 = m_1^2 = 1$,

$$\frac{\partial p}{\partial T} = \frac{S_1 - S_2}{V_1 - V_2} = \frac{L}{T(V_1 - V_2)}.$$

L étant la chaleur latente de transformation à tensions fixes, quand le poids moléculaire du corps passe de la deuxième dans la première phase. C'est la formule classique et bien connue de Clapeyron.

Un exemple d'état univariant avec $q = 2$ et $\varphi = 3$ est donné par l'hydrate de chlore solide, séparé d'une solution aqueuse de chlore, cette solution émettant elle-même une vapeur mixte composée de chlore et de vapeur d'eau. C'est aussi le cas d'un mélange de deux liquides séparé en deux couches, et surmonté de la vapeur émise par les liquides. C'est encore le cas du carbonate de chaux se dissociant en chaux et en acide carbonique.

Le carbonate de chaux peut être juxtaposé à un autre sel solide qui, comme lui, se décomposerait en un corps solide et un gaz, ce dernier se mélangeant à l'acide carbonique ; dans un pareil système $q = 4$ et $\varphi = 5$. Le système est dans un état indifférent ; la décomposition des deux sels peut s'opérer dans des proportions relatives qui laissent constante la composition de chacune des cinq phases.

Tout système bivariant contient au moins deux constituants indépendants. Un exemple est fourni par un mélange simple de deux liquides en contact avec la vapeur que ce mélange émet. Dans ce cas, $q = 2$ et la condition (4) devient

$$\frac{m_1^1}{m_2^1} = \frac{m_1^2}{m_2^2} = \frac{M_1}{M_2}.$$

La composition des deux phases devient identique quand l'état indifférent est réalisé. Cette composition dépend d'ailleurs des tensions supportées par le système. Le rapport des quantités totales des deux corps existant dans le système doit être égal au rapport commun des quantités existant dans chaque phase ; il en résulte que, dans un système donné pour lequel M_1 et M_2 sont déterminés, l'état d'équilibre indifférent n'est réalisable qu'à une température et en même temps à une pression déterminées. Si l'on porte ce système à une autre température et à une autre pression répondant à un état indifférent, il ne pourra y exister sous les deux phases prévues.

Un exemple de $\varphi = q = 3$ est donné par un mélange de trois liquides, séparé en deux couches, et en contact avec la vapeur mixte émise par le mélange double.

6. Points de contact des courbes des états indifférents. — L'état indifférent d'un système bivariant, peut être considéré comme prenant son origine dans un état univariant à $q + 1$ phases, par la suppression d'une phase, de même que l'état univariant peut être considéré comme prenant son origine dans un état invariant, par la suppression de l'une des $q + 2$ phases qui peuvent coexister dans cet état.

En général, dans une transformation à tensions fixes d'un système univariant, les masses de toutes les phases varient à la fois ; car les équations (15) donneront pour λ_1, λ_2, λ_{q+1} des valeurs différentes de zéro.

Pour que l'une de ces valeurs, λ_{q+1} par exemple, s'annule, il faut et il suffit que le déterminant δ_{q+1} des équations (15), qui n'est autre que le déterminant δ de l'équation (4), s'annule ; et alors, le système univariant pourra se transformer à tensions fixes, les masses des q premières phases variant, tandis que la masse de la $(q+1)^e$ phase restera constante. On pourra donc supposer que la $(q+1)^e$ phase soit supprimée, sans troubler pour cela la transformation des autres. C'est qu'alors l'état du système sera défini par un point commun aux deux courbes représentant les états indifférents, et du système univariant, et du système bivariant qui en dérive. Ces deux courbes sont tangentes l'une à l'autre en ce point, car les valeurs de $\frac{\partial p}{\partial T}$, données par la formule de Clapeyron, sont les mêmes, qu'il s'agisse de la courbe des états univariants ou de la courbe des états bivariants.

Il existe ainsi sur la courbe des états univariants des points particuliers qui sont les points de contact des diverses courbes représentant les états indifférents des systèmes bivariants que l'on peut obtenir par la suppression de chacune des $q+1$ phases du système univariant considéré.

L'état indifférent d'un système trivariant peut être considéré comme prenant son origine dans un état indifférent d'un système bivariant par la suppression d'une de ses q phases.

Les valeurs λ_1, λ_2, ..., λ_q relatives à ces q phases obéissent aux relations (5). Si λ_p s'annule, la masse de la p^e phase reste constante dans une transformation à tensions fixes du système bivariant, et alors δ_1^p, δ_2^p, ..., δ_q^p sont nuls : les deux équations (6) sont notamment satisfaites. On pourra supprimer la p^e phase, sans troubler la transformation des autres, et on réalisera ainsi une transformation à tensions fixes du système trivariant, dont l'état indifférent est caractérisé par les équations (6), ainsi qu'on l'a déjà vu. Les tensions auxquelles se passera ce phénomène, sont celles d'un point commun aux deux courbes des états indifférents, et du système bivariant, et du système trivariant. Les deux courbes sont d'ailleurs tangentes l'une à l'autre en ce point, d'après la formule de Clapeyron. Les mêmes raisonnement s'appliquent évidemment aussi bien aux $q - 1$ autres phases d'un système bivariant, pris à l'état indifférent.

Sans qu'il soit nécessaire d'insister davantage, on voit que toute courbe des états indifférents d'un système plurivariant quelconque est tangente à la courbe des états indifférents du système immédiatement supérieur.

9. Région des états bivariants. Ses limites. — Si l'on prend un système univariant dans l'un quelconque de ses états, et qu'on vienne à y supprimer l'une de ses phases, toute tendance à faire varier dans un sens ou dans le sens opposé l'une de ses tensions, l'autre restant constante, aura pour effet, suivant le cas, soit de faire renaître cette phase dans une transformation à tensions fixes, soit de faire passer le système à l'état bivariant, en transportant le point figuratif de l'état d'équilibre d'un côté déterminé de la courbe dés tensions fixes. Chacune des $q + 1$ phases obéit à cette loi, et le point figuratif de l'état bivariant obtenu en supprimant une phase déterminée, ne peut occuper que l'un des côtés du plan que divise la courbe des tensions fixes. Ce côté est le même pour toutes les phases qui, dans une même transformation à tensions fixes, donnent lieu à une variation de masse de même signe : le côté opposé appartiendra aux états bivariants qui correspondent à la suppression des autres phases.

Si l'on vient à supprimer non plus une seule mais plusieurs phases d'un système univariant, deux cas sont à considérer, suivant que les masses de toutes ces phases, dans une même transformation à tensions fixes, varieront dans le même sens ou non. Dans le premier cas, toute tendance à faire varier dans un sens ou dans le sens opposé l'une des tensions, aura pour effet, soit de faire renaître toutes ces phases dans une transformation à tensions fixes, soit de faire passer le système dans un état plurivariant, dont le point représentatif ne pourra occuper que l'un de côtés de la courbe des tensions fixes. Dans le second cas, le point figurant l'état d'équilibre pourra indifféremment passer d'un côté ou de l'autre de la courbe des tensions fixes, mais suivant le côté occupé, commenceront à apparaître l'une des deux espèces de phases supprimées.

Supposons que le point représentant un état d'équilibre bivariant soit pris en dehors de la courbe de ses états indifférents, et faisons subir au système une transformation isotherme représentée par une ligne droite parallèle à l'axe des pressions, et se dirigeant vers la courbe des états indifférents.

L'équation (11) deviendra

$$(17) \qquad\qquad \delta_i(V)\, dp = \delta .\, dh_i.$$

La pression est fonction de h_i, et elle sera maxima ou minima, quand on aura $\frac{\partial p}{\partial h_i} = 0$, c'est-à-dire, d'après (17), quand on aura $\delta = 0$, et, par conséquent, quand le point figuratif de l'état d'équilibre, arrivera sur la courbe des tensions fixes.

On démontrerait de même que si la pression reste constante, la température d'un système bivariant sera maxima ou minima, quand le système arrivera à l'état indifférent.

La courbe des états indifférents limite donc la région du plan dans laquelle sont comprises toutes les températures et toutes les pressions qui donnent lieu à l'état bivariant, c'est-à-dire à la coexistence de q phases. Pour les tensions rejetées au-delà de cette limite, le système ne peut plus avoir que $q - 1$ phases coexistantes, et devient trivariant.

On conclut de tout ce qui précède que la courbe des états bivariants ne traverse pas, en la touchant, la courbe des états univariants ; chacune de ces courbes reste, en général, d'un même côté du plan par rapport à l'autre, et la région des états bivariants est limitée entre les deux courbes, de part et d'autre de leur point de contact, pour les phases communes aux deux courbes en ce point.

10. Région et limites des états de même variance. — Supposons que le point figuratif d'un état trivariant soit pris en dehors de la courbe de ses états indifférents, et faisons subir au système une transformation isotherme, l'équation (13) deviendra

$$(18) \qquad \delta_q^q (V)\, dp = \delta_{q-1}^q \qquad + \delta_q^q\, dh_{q-1}.$$

La pression est fonction de h_q et de h_{q-1} ; elle sera maxima ou minima, quand on aura $\delta_{q-1}^q = 0$, et $\delta_q^q = 0$, et, par conséquent, quand le point figuratif de l'état d'équilibre arrivera sur la courbe des tensions fixes. Il en est de même pour la température, dans une transformation effectuée à pression constante. Cette courbe des tensions fixes limite donc la région du plan dans laquelle sont comprises les températures et pressions qui donnent lieu à l'état trivariant, c'est-à-dire à la coexistence de $q - 1$ phases. Pour toutes les tensions rejetées au-delà de cette limite, le système ne peut plus avoir que $q - 2$ phases, et devient quadrivariant.

Cette loi est évidemment générale, et toute courbe relative à un état plurivariant quelconque limite la région du plan au-delà de laquelle les points figuratifs de l'état d'équilibre ne peuvent plus s'appliquer qu'à un système dont la variance a augmenté d'une unité.

11. État critique. Première équation caractéristique de cet état. — Il peut arriver que dans une transformation la composition de deux phases se rapproche de plus en plus de l'identité, jusqu'au point que toute distinction entre elles finira par disparaître. Le ménisque de séparation entre ces deux phases s'évanouira, et pourra se reformer par la plus faible variation dans les conditions du système, en divisant la masse homogène en deux parties finies, de composition infiniment voisine. C'est l'état critique.

Considérons une phase critique à la température T, à la pression p, et dont la composition sera déterminée par les proportions moléculaires $m_1, m_2, \ldots, m_q$ des constituants indépendants. À la même pression et à la même température, cette phase pourra se subdiviser en deux phases dont on peut déterminer la composition en supposant qu'elles contiennent la même proportion m_q du constituant a_q que dans la phase critique. Les proportions moléculaires des constituants indépendants seront, dès lors,

$$m_1 + dm_1, \quad m_2 + dm_2, \quad ..., \quad m_{q-1} + dm_{q-1}, \quad m_q,$$
$$m_1 + d'm_1, \quad m_2 + d'm_2, \quad ..., \quad m_{q-1} + d'm_{q-1}, \quad m_q.$$

Il faut, d'après les équations (26) du chapitre III, pour que les deux phases ainsi composées puissent coexister à l'état d'équilibre, que l'on ait

$$f_1(p, T, \quad m_1 + dm_1, \quad m_2 + dm_2, \quad ..., \quad m_{q-1} + dm_{q-1}, \quad m_q)$$
$$= f_1(p, T, \quad m_1 + d'm_1, \quad m_2 + d'm_2, \quad ..., \quad m_{q-1} + d'm_{q-1}, \quad m_q)$$
$$\cdots \cdots \cdots \cdots \cdots \cdots \cdots \cdots$$
$$f_q(p, T, \quad m_1 + dm_1, \quad m_2 + dm_2, \quad ..., \quad m_{q-1} + dm_{q-1}, \quad m_q)$$
$$= f_q(p, T, \quad m_1 + d'm_1, \quad m_2 + d'm_2, \quad ..., \quad m_{q-1} + d'm_{q-1}, \quad m_q)$$

c'est-à-dire

$$(19) \begin{cases} \dfrac{\partial^2 \Pi}{\partial m_1^2}(dm_1 - d'm_1) + ... + \dfrac{\partial^2 \Pi}{\partial m_1 \partial m_{q-1}}(dm_{q-1} - d'm_{q-1}) = 0 \\[2ex] \dfrac{\partial^2 \Pi}{\partial m_2 \partial m_1}(dm_1 - d'm_1) + ... + \dfrac{\partial^2 \Pi}{\partial m_2 \partial m_{q-1}}(dm_{q-1} - d'm_{q-1}) = 0 \\[2ex] \cdots \cdots \cdots \cdots \cdots \cdots \cdots \cdots \\[2ex] \dfrac{\partial^2 \Pi}{\partial m_q \partial m_1}(dm_1 - d'm_1) + ... + \dfrac{\partial^2 \Pi}{\partial m_q \partial m_{q-1}}(dm_{q-1} - d'm_{q-1}) = 0. \end{cases}$$

$dm_1 - d'm_1, dm_2 - d'm_2, ..., dm_{q-1} - d'm_{q-1},$ ne sont pas tous nuls, sans quoi les deux phases issues de la phase critique ne seraient pas seulement infiniment peu différentes l'une de l'autre, mais bien identiques, et ne pourraient se séparer.

Il faut donc que le déterminant formé des coefficients de ces différences dans $q - 1$ quelconques des équations linéaires ci-dessus, soit nul.

Si l'on considère les $q - 1$ premières équations, le déterminant dont il s'agit n'est autre que le déterminant D du chapitre III, formule (20), dont les termes de la dernière rangée verticale et ceux de la dernière rangée horizontale ont été supprimés. Nous le désignerons par D_q^q, et nous poserons

$$(20) \qquad D^q = 0.$$

Si ce déterminant s'annule, comme $m_1, \ldots, m_q$ sont différents de zéro, tous les déterminants mineurs de même classe dérivant du déterminant D s'annuleront d'eux mêmes d'après les identités (4) et (5) du chapitre II, et notamment ceux qui doivent s'annuler avec D_q^q, pour que les équations (19) soient compatibles.

12. Deuxième et dernière équation caractéristique de l'état critique. — L'équation (20) est donc une des équations de l'état critique, mais elle ne suffit pas.

Remarquons en effet que si D_q^q vient à s'annuler, c'est pour prendre une valeur limite en passant par un minimum, car ce déterminant est en général positif ; il doit en être ainsi, quand les constituants indépendants ont les valeurs $m_1 + dm_1,\ m_2 + dm_2,\ \ldots,\ m_{q-1} + dm_{q-1},\ m_q$ dans l'une des phases ou $m_1 + d'm_1,\ m_2 + d'm_2,\ \ldots,\ m_{q-1} + d'm_{q-1},\ m_q,$ dans l'autre phase ; toutefois les valeurs de D_q^q, dans ces deux cas, sont infiniment petites du second ordre. Si l'on se bornait à poser l'équation (20), D_q^q pourrait passer par zéro en changeant de signe, et ces deux phases supposées de composition infiniment voisine, possibles à un certain point de vue analytique, ne correspondraient pas à un état d'équilibre réel.

Nous devons donc d'abord exprimer que $D_q^q = 0$ est un maximum ou un minimum, en posant

$$(21) \qquad \begin{cases} \dfrac{\partial D_q^q}{\partial m_1}\, dm_1 + \dfrac{\partial D_q^q}{\partial m_2}\, dm_2 + \ldots + \dfrac{\partial D_q^q}{\partial m_{q-1}}\, dm_{q-1} = 0 \\[2ex] \dfrac{\partial D_q^q}{\partial m_1}\, d'm_1 + \dfrac{\partial D_q^q}{\partial m_2}\, d'm_2 + \ldots + \dfrac{\partial D_q^q}{\partial m_{q-1}}\, d'm_{q-1} = 0 \end{cases}$$

d'où l'on tire

$$(22) \quad \frac{\partial D_q^q}{\partial m_1}\,(dm_1 - d'm_1) + \ldots + \frac{\partial D_q^q}{\partial m_{q-1}}\,(dm_{q-1} - d'm_{q-1}) = 0.$$

Cette dernière équation doit être compatible avec $q - 1$ quelconques des équations (19), avec les $q - 1$ premières, par exemple, ce que l'on exprimera en égalent à zéro le déterminant obtenu en remplaçant les $q - 1$ termes d'une rangée horizontale quelconque du déterminant D_q^q par les coefficients correspondants de l'équation (23). D'_q^q étant ce dernier déterminant, nous devons poser

$$(23) \qquad\qquad D'_q^q = 0.$$

Les deux équations (20) et (23) sont les équations caractéristiques de l'état critique.

Tout état critique satisfait à ces équations, mais la réciproque n'est pas nécessairement vraie ; il faut encore pour que les valeurs p, T, m_1, m_2. ., m_q satisfaisant aux équations (20) et (23) correspondent à un état critique réel, que ces mêmes valeurs satisfassent aussi aux inégalités exprimant que D_q^q, en s'annulant, passe par un minimum.

—

CHAPITRE VI

CHANGEMENTS D'ÉTAT PHYSIQUE ET PHÉNOMÈNES ANALOGUES

1. Equation de l'équilibre. Courbe de transformation. — Parmi les *systèmes hétérogènes*, c'est-à-dire, composés de plusieurs phases, on distingue les systèmes que l'on appelle parfois, d'ailleurs d'une façon assez impropre, les *systèmes totalement hétérogènes*. Ce sont ceux dont les phases ont une composition absolument invariable. Tout changement chimique n'a pour résultat que de faire varier les masses des phases suivant les proportions imposées par les liaisons. Ces changements pourront donc se produire à tensions fixes comme les changements d'état physique qui n'en sont que des cas particuliers. Ces systèmes sont toujours dans un état indifférent ; ils sont univariants.

Considérons le cas simple de deux corps susceptibles de se combiner pour produire un nouveau corps, aucun de ces trois corps n'étant capable de se mélanger à chacun des deux autres ; le système comprendra trois phases.

Représentons par m_1 et m_2 les poids moléculaires des deux constituants, et par m_0 le poids moléculaire du composé ; k_1 et k_2 étant les proportions des poids correspondants m_1 et m_2 qui forment le poids moléculaire m_0, on a

$$m_0 = k_1 m_1 + k_2 m_2.$$

H_0, H_1, H_2 étant les potentiels moléculaires du composé et de ses constituants, isolés dans les trois phases, si le système est en voie de changement chimique, la seule équation d'équilibre à établir, s'obtiendra en posant, suivant la loi générale énoncée au chapitre III

$$(1) \qquad k_1 H_1 + k_2 H_2 - H_0 = 0.$$

Les potentiels ne contenant comme variables que la pression et la température, ces deux tensions sont reliées par une loi que définit l'équation (1).

Cette équation rapportée à deux axes, op des pressions et oT des températures, représente une courbe qui est la *courbe de transformation* du système.

2. Propriété du plan de chaque côté de la courbe de transformation. Condensation de volume. Chaleur latente. — Tout point du plan représente une pression et une température qui définissent la valeur correspondante des potentiels H_0, H_1, H_2 pour chacun des trois corps considéré isolément. La courbe de transformation divise ce plan en deux régions ; pour tout point de l'une d'elles, on a

$$(2) \qquad k_1 H_1 + k_2 H_2 - H_0 > 0.$$

Et pour tout point de l'autre région, on a

$$(3) \qquad k_1 H_1 + k_2 H_2 - H_0 < 0.$$

Le premier membre de ces deux inégalités est une fonction dont la dérivée δ par rapport à la pression est

$$(4) \qquad \delta = k_1 \frac{\partial H_1}{\partial p} + k_2 \frac{\partial H_2}{\partial p} - \frac{\partial H_0}{\partial p} = k_1 v_1 + k_2 v_2 - v_0$$

v_0, v_1 et v_2 étant les volumes moléculaires du composé et de ses constituants pris isolément ; δ est donc, pour un point m de la courbe de transformation, la *condensation* de volume que subissent les constituants, à tensions fixes, pour former le poids moléculaire du composé.

$k_1 H_1 + k_2 H_2 - H_0$ est une fonction croissante ou décroissante de p, suivant que sa dérivée δ est positive ou négative. Cette fonction est nulle pour le point m ; si donc par ce point m, on mène une parallèle à l'axe op des pressions, en la dirigeant vers les pressions croissantes ou vers les pressions décroissantes suivant que δ sera positif ou négatif, cette parallèle tombera dans la région pour laquelle l'inégalité (2) est satisfaite ; dirigée en sens opposé, elle tombera dans la région pour laquelle l'inégalité (3) est satisfaite. Le signe de la condensation, relative à un point quelconque de la courbe de transformation détermine le signe constant de la fonction $k_1\Pi_1 + k_2\Pi_2 - \Pi_0$ dans chacune des deux régions dont cette courbe est la limite commune.

En général, un corps composé absorbe de la chaleur pour se dissocier à tensions fixes ; on dit alors qu'il est *exothermique*, parce qu'il dégage de la chaleur pour se former. S'il dégageait de la chaleur pour se dissocier, il en absorberait pour se former et serait *endothermique*.

On appelle chaleur latente de dissociation d'un corps composé, la quantité de chaleur L nécessaire pour dissocier le poids moléculaire de ce corps.

Cette quantité L est égale à la température absolue T multipliée par l'augmentation de l'entropie résultant de la dissociation ; on a donc

$$(5) \qquad L = T\left(\frac{\partial \Pi_0}{\partial T} - k_1 \frac{\partial \Pi_1}{\partial T} - k_2 \frac{\partial \Pi_2}{\partial T}\right).$$

Le second membre se présente sous la forme d'une fonction de p et de T ; mais ces deux variables sont liées par la relation (1), en sorte que L est une fonction de la température seule.

On tire de la relation (1)

$$k_1 \frac{\partial \Pi_1}{\partial T} + k_2 \frac{\partial \Pi_2}{\partial T} - \frac{\partial \Pi_0}{\partial T} + \frac{\partial p}{\partial T}\left(k_1 \frac{\partial \Pi_1}{\partial p} + k_2 \frac{\partial \Pi_2}{\partial p} - \frac{\partial \Pi_0}{\partial p}\right) = 0$$

ou, eu égard aux égalités (4) et (6)

$$(6) \qquad L = T \frac{\partial p}{\partial T} \delta.$$

C'est la formule de Clapeyron. Elle indique la forme générale de la courbe de transformation, et montre que la température du changement chimique croît ou décroît, quand la pression augmente, suivant que la chaleur latente L et la condensation δ sont de même signe ou de signes contraires.

D'après la formule (5), la fonction $k_1\Pi_1 + k_2\Pi_2 - \Pi_0$ est une fonction croissante ou décroissante de T, suivant que L est négatif ou positif. Cette fonction est nulle, quand elle correspond à un point m de la courbe de transformation ; si donc par ce point on mène une parallèle à l'axe oT, en la dirigeant vers les températures décroissantes ou vers les températures croissantes, suivant que la chaleur latente correspondant à ce point sera positive ou négative, cette parallèle tombera dans la région pour laquelle l'inégalité (2) est satisfaite. Le signe de la chaleur latente est donc apte, comme le signe de la condensation, à déterminer le signe de la fonction $k_1\Pi_1 + k_2\Pi_2 - \Pi_0$ dans chacune des deux régions que sépare la courbe de transformation ; il est facile de voir que, par les deux règles, on arrive, ainsi que cela doit être, au même résultat.

3. Exemples confirmant la théorie. Changements allotropiques. — L'expérience confirme toutes les prévisions de la théorie qui vient d'être exposée.

Tout le monde connaît l'exemple classique de la dissociation du carbonate de chaux, dans le vide, en chaux et acide carbonique. Debray a trouvé que la tension de l'acide carbonique dépend uniquement de la température, et qu'elle n'est pas altérée par la présence d'un excès de chaux.

Le même savant a étudié les sels métalliques qui cristallisent en se combinant avec un certain nombre de molécules d'eau. Sous l'influence de la chaleur, ces sels abandonnent, en partie ou en totalité, ces molécules d'eau à l'état de vapeur, à une tension fixe pour chaque température ; on obtient, soit un sel anhydre, soit un hydrate moins riche en eau.

Les recherches d'Isambert sur la dissociation des chlorures ammoniacaux de chaux, de zinc, de magnésium, ont conduit aux mêmes résultats, et d'une façon d'autant plus nette, que la décomposition de ces corps en chlorures métalliques solides et en ammoniaque, s'effectue à des températures assez basses avec des tensions de l'ammoniaque assez élevées.

Les modifications allotropiques d'un corps sous deux formes, dont l'une au moins est solide, obéissent à la même loi. Le système en transformation ne contient plus alors que deux corps distincts, et la formule (1) est à simplifier en y faisant $k_2 = 0$. Elle devient

$$(7) \qquad k_1 \Pi_1 - \Pi_0 = 0.$$

Le soufre peut exister sous deux formes cristallines, soufre octaédrique et soufre prismatique. Il passe de l'une à l'autre d'une façon réversible à température et à pression constantes. M. Reicher a déterminé les températures de transformation pour quelques valeurs de la pression. La loi des tensions fixes étant observée, le changement ne s'opère pas simultanément dans toute la masse solide; pendant l'opération, on peut distinguer la ligne de démarcation qui sépare nettement les deux formes cristallines juxtaposées.

Le paracyanogène, corps solide, est une modification allotropique du cyanogène, corps gazeux. Le passage de l'un des états à l'autre a lieu à pression constante pour une température donnée. MM. Troost et Hautefeuille ont déterminé par l'expérience, sur une certaine étendue de l'échelle des températures, la loi de variation de la pression.

Ce dernier cas prête à l'équivoque; il est susceptible de deux interprétations. On peut, en effet, se demander si le fluide aériforme qu'on dit être du cyanogène, ne serait pas simplement la vapeur du corps solide qu'on dit, d'autre part, être du paracyanogène.

4. Changements d'état physique. Triple point.

— Pour élucider cette question, nous sommes naturellement conduits à étudier les changements d'état physique, qui ont une si grande analogie avec tous les changements chimiques que nous venons d'examiner, et, d'une façon plus particulière, avec les modifications allotropiques et polymérisations d'un même corps.

Π_0 et Π_1 étant les potentiels d'une même masse d'un corps sous deux états physiques différents, solide et liquide, solide et vapeur, liquide et vapeur, ces potentiels seront égaux, si cette masse est en voie de changement d'état physique, et la loi reliant les températures et pressions dans ce phénomène, sera exprimée par la formule

$$(8) \qquad \Pi_1 - \Pi_0 = o$$

qui, rapportée aux axes op et oT, se traduit par la courbe du changement d'état physique.

Si Π_0, Π_1, Π_2 sont respectivement les potentiels relatifs aux états solide, liquide, vapeur, le passage de l'état solide à l'état liquide, la fusion, est représenté par la courbe (8). Le passage de l'état solide à l'état de vapeur est représenté par la courbe

$$\Pi_2 - \Pi_0 = o.$$

Enfin le passage de l'état liquide à l'état de vapeur, la vaporisation est représentée par la courbe

$$\Pi_2 - \Pi_1 = o.$$

Ces trois courbes passent par un même point. Il existe donc une température et une pression pour lesquelles le corps peut exister simultanément sous les trois états. C'est ce que l'on appelle le *triple point*.

5. Continuité des états physiques d'un même corps. Point critique. — La formule (8) ne diffère qu'en apparence de la formule (7) par le coefficient k, qui n'a, dans celle-ci, qu'une signification toute relative et de convention. Des considérations d'ordre chimique seulement, conduisent à introduire ce coefficient numérique k, dont le but est d'indiquer simplement que le poids moléculaire du solide, le paracyanogène par exemple, est différent du poids moléculaire de la vapeur qu'il produit, le cyanogène.

Dans la formule (3), au contraire, nous supposons que la constitution moléculaire d'un corps, passant d'un état physique à l'autre, n'a pas varié. Si nous n'avions pas de raisons de faire ces distinctions, les changements allotropiques, quand il y a en même temps, changement d'état physique, se confondraient dans notre esprit avec les simples changements d'état physique. Quel est donc le critérium qui permet de différencier nettement ces deux ordres de phénomènes, si semblables en apparence.

Supposons qu'il s'agisse du passage de l'état liquide à l'état de vapeur. Il n'existe, croyons-nous, aucun changement de cette nature qui soit considéré comme un changement allotropique, c'est toujours un changement d'état physique. Mais observons, que les mémorables travaux d'Andrews, ont mis en évidence la continuité de l'état liquide et de l'état vapeur pour un même corps. L'acide carbonique peut passer de l'un à l'autre état, sans cesser de conserver dans toute sa masse l'homogénité la plus parfaite. N'est-ce-pas là un signe bien certain que sa constitution moléculaire n'a pu varier. L'existence de ce que l'on appelle le *point critique* est donc l'indice certain d'un changement d'état physique.

Le point critique est le point d'arrêt de la courbe de vaporisation qui ne peut se prolonger indéfiniment vers les pressions élevées, et qui prend fin quand les propriétés du liquide et de la vapeur tendant vers l'identité, la condensation et la chaleur latente viennent à s'annuler.

Si le point critique n'existait pas, le passage de l'état liquide à l'état de vapeur, ne pouvant se faire que successivement, ne serait qu'une transformation allotropique; mais cette transformation présenterait vraisemblablement d'autres caractères distinctifs ; elle n'aurait, sans doute, pas lieu à tensions fixes, comme un changement d'état physique.

En effet, quand un liquide est en contact avec une vapeur ou un gaz de *nature différente*, cette vapeur ou ce gaz se dissout en partie dans le liquide qui peut émettre lui-même, une vapeur susceptible de se diffuser dans le premier fluide aériforme. Dans ces conditions qui seront examinées plus tard, la transformation n'est plus possible à tensions fixes, comme pour les systèmes totalement hétérogènes.

L'existence d'un point critique correspondant à la fusion n'a pu être mise en évidence jusqu'ici ; mais il est vraisemblable qu'à une température et sous une pression déterminées pour chaque corps, la différence entre le solide et le liquide finit par disparaître, et que le corps arrive à un état amorphe semi-liquide, semi-solide. Spring paraît avoir réussi à dépasser ce point : en soumettant des poudres métalliques solides à des pressions de plus de 1000 atmosphères, il a obtenu des masses qui, par leur homogénité, semblaient avoir été fondues [cristaux de Lehman] (¹). A défaut de données précises de l'expérience sur ce sujet, il est logique d'admettre que ce qui caractérise l'identité de constitution d'un corps dans deux états physiques différents, c'est la possibilité de faire passer ce corps de l'un à l'autre état sans discontinuité, sans qu'il cesse de conserver une entière homogénéité dans toutes ses parties.

6. Influence de l'état physique ou moléculaire d'un corps sur la tension de sa vapeur. — Le cyanogène que nous avons laissé plus haut à l'état de vapeur au dessus du paracyanogène peut être liquéfié et solidifié. Dans les basses températures, le cyanogène solide est beaucoup plus volatil que le paracyanogène. Un même corps solide, sous deux états moléculaires différents, peut donc émettre, à une même température, une seule et même vapeur, mais, en général, avec deux tensions inégales.

Tel est encore le cas du phosphore qui se présente sous deux états allotropiques, phosphore blanc et phosphore rouge, et qui a été autrefois l'objet de bien des controverses, alors que, d'après les expériences de Regnault, on ne pensait pas que l'état moléculaire ou physique d'un corps pût influer sur la tension de sa vapeur.

La glace et l'eau liquide, disait-on, doivent toujours émettre, à une même température, des vapeurs ayant la même tension. Il appartenait à la thermodynamique de donner un démenti à cette croyance si naturelle : successivement, Kirchoff, James Thomson, J. Moutier, établissaient l'existence du triple point. L'eau et la glace d'une part, le phosphore blanc et le phosphore rouge d'autre part, admettent des courbes de tensions de vapeur saturée qui sont absolument distinctes. Les deux courbes se coupent, dans le premier cas,

---

(¹) J. H. VAN T'HOFF — *Leçons de chimie physique*, 1ʳᵉ partie. Traduction de M. Corvisq, 1898. Librairie scientifique A Hermann, p 14

sur la courbe de fusion de la glace, dans l'autre cas, sur la courbe de transformation du phosphore blanc en phosphore rouge. Ce n'est que pour la température et la pression du triple point que la tension de vapeur est la même, que cette vapeur provienne de la glace ou de l'eau liquide, du phosphore blanc ou du phosphore rouge.

7. Courbe de la transformation qui entraîne le plus grand changement de volume, sa position par rapport aux deux autres. — La formule (6) s'applique évidemment aux changements d'état physique.

Soient $L_{0,1}$, $L_{0,2}$ les chaleurs latentes de fusion et de vaporisation d'un corps solide; $L_{1,2}$ la chaleur latente de vaporisation du même corps pris à l'état liquide.

Soient $\delta_{0,1}$, $\delta_{0,2}$, $\delta_{1,2}$ les condensations correspondant aux chaleurs latentes ci-dessus.

Avec les notations déjà adoptées pour le potentiel d'un même corps dans ses trois états, les formules (4) (5) et (6) deviennent

$$(9) \quad \begin{cases} \delta_{0,1} = v_1 - v_0 \\ \delta_{0,2} = v_2 - v_0 \\ \delta_{1,2} = v_2 - v_1 \end{cases}$$

$$(10) \quad \begin{cases} L_{0,1} = T\left(\dfrac{\partial H_0}{\partial T} - \dfrac{\partial H_1}{\partial T}\right) \\[2mm] L_{0,2} = T\left(\dfrac{\partial H_0}{\partial T} - \dfrac{\partial H_2}{\partial T}\right) \\[2mm] L_{1,2} = T\left(\dfrac{\partial H_1}{\partial T} - \dfrac{\partial H_2}{\partial T}\right) \end{cases}$$

$$(11) \quad \begin{cases} L_{0,1} = T\left(\dfrac{\partial p}{\partial T}\right)_{0,1} \cdot \delta_{0,1} \\[2mm] L_{0,2} = T\left(\dfrac{\partial p}{\partial T}\right)_{0,2} \cdot \delta_{0,2} \\[2mm] L_{1,2} = T\left(\dfrac{\partial p}{\partial T}\right)_{1,2} \cdot \delta_{1,2} \end{cases}$$

Il importe de remarquer que, dans les équations (9) et (10), $\frac{\partial \Pi_0}{\partial T}$, $\frac{\partial \Pi_1}{\partial T}$, $\frac{\partial \Pi_2}{\partial T}$, v_0, v_1, v_2, n'ont simultanément la même valeur qu'au point triple ; mais, dans ce cas, ces équations montrent que l'on a

$$(12) \qquad \mathrm{L}_{0,2} = \mathrm{L}_{0,1} + \mathrm{L}_{1,2}$$

$$(13) \qquad \delta_{0,2} = \delta_{0,1} + \delta_{1,2}$$

La première de ces deux relations établit, qu'au point triple, la chaleur latente de vaporisation d'un solide est égale à la somme des chaleurs latentes relatives au passage du corps de l'état solide à l'état liquide et de l'état liquide à l'état de vapeur, ce qu'il était facile de prévoir.

La relation (13) est évidente.

Les formules (9), (10) et (11) conduisent à des règles simples pour déterminer les positions relatives des trois courbes de tensions fixes, au point triple.

En ajoutant, membre à membre, la première et la troisième des équations (11), on a, eu égard à (12)

$$\mathrm{L}_{0,2} = \mathrm{T}\left(\frac{\partial p}{\partial T}\right)_{0,1} \delta_{0,1} + \mathrm{T}\left(\frac{\partial p}{\partial T}\right)_{1,2} \delta_{1,2}.$$

Ou bien, d'après la deuxième des équations (11), et eu égard à (13).

$$\left(\frac{\partial p}{\partial T}\right)_{0,2} (\delta_{0,1} + \delta_{1,2}) = \left(\frac{\partial p}{\partial T}\right)_{0,1} \delta_{0,1} + \left(\frac{\partial p}{\partial T}\right)_{1,2} \delta_{1,2}$$

Si $\delta_{0,1}$ et $\delta_{1,2}$ sont tous les deux positifs, comme il arrive d'ordinaire, puisqu'une expansion de volume accompagne, en général, la fusion d'un solide ou la vaporisation d'un liquide, la formule qui précède montre que $\left(\frac{\partial p}{\partial T}\right)_{0,2}$ aura une valeur intermédiaire entre $\left(\frac{\partial p}{\partial T}\right)_{0,1}$ et $\left(\frac{\partial p}{\partial T}\right)_{1,2}$. L'intersection de la courbe de vaporisation du solide avec une droite parallèle à l'axe des pressions se trouvera entre les intersections de cette droite avec les deux autres courbes. A une même température la tension de la vapeur émise par un corps solide sera comprise entre la pression de fusion du solide et la tension de vaporisation du liquide.

Cette règle n'est pas applicable au cas de l'eau et de quelques autres corps qui se contractent par la fusion, car $\delta_{0,1}$ devient alors négatif ; mais il est facile d'en modifier l'énoncé pour la rendre absolument générale.

Les états physiques jusqu'ici indiqués par les indices 0, 1, 2 n'ont rien d'absolu. Si ces indices correspondent respectivement aux états physiques du point triple rangés par ordre de densité décroissante, $\delta_{0,1}$, $\delta_{1,2}$ et, par suite, $\delta_{0,2}$ deviennent tous les trois positifs. Dans le cas de l'eau, par exemple, l'état représenté par l'indice 0 sera l'état liquide, l'état représenté par l'indice 1 sera la glace, et l'état représenté par l'indice 2 sera la vapeur d'eau. La courbe de tensions dont la position est fixée par rapport aux deux autres, devient la courbe de vaporisation de l'eau liquide. La règle donnée plus haut s'exprime alors comme il suit :

La courbe des tensions fixes qui se trouve entre les deux autres par rapport à une parallèle à l'axe des pressions est celle qui correspond au changement d'état entraînant la plus grande variation de volume.

8. Position relative des deux autres courbes. — Pour déterminer la position relative des deux autres courbes, il n'existe pas de règle aussi générale. Si les chaleurs latentes $L_{0,1}$ et $L_{1,2}$ sont de même signe, il faudra connaître leurs valeurs absolues ainsi que les valeurs de $\delta_{0,1}$ et de $\delta_{0,2}$ pour déduire de la formule de Clapeyron les valeurs de $\left(\dfrac{\partial p}{\partial T}\right)_{0,1}$ et $\left(\dfrac{\partial p}{\partial T}\right)_{1,2}$, c'est-à-dire, les directions de ces courbes au point triple, et, par conséquent, leurs positions relatives. Mais il suffit que $L_{0,1}$ et $L_{1,2}$ soient de signes contraires pour lever toute difficulté.

Soit $L_{0,1}$ la chaleur latente négative.

On tire de (12) quel que soit le signe de $L_{0,2}$

$$L_{0,2} < L_{1,2}$$

On a d'ailleurs d'après (13) où les trois condensations sont positives

$$\lambda_{0,2} > \lambda_{1,2}$$

De ces deux inégalités résulte forcément la suivante

$$\frac{L_{0,2}}{\lambda_{0,2}} < \frac{L_{1,2}}{\lambda_{1,2}}$$

et par suite d'après les deux dernières équations (11)

$$\left(\frac{\partial p}{\partial T}\right)_{0,2} < \left(\frac{\partial p}{\partial T}\right)_{1,2}$$

$\left(\frac{\partial p}{\partial T}\right)_{0,2}$ est le coefficient angulaire de la courbe médiane, au triple point ; $\left(\frac{\partial p}{\partial T}\right)_{1,2}$ est le coefficient angulaire de celle des deux autres courbes qui correspond au changement d'état absorbant de la chaleur. Ce dernier coefficient angulaire est plus grand que le premier. Il en découle la règle suivante :

Les trois états physiques d'un corps étant rangés dans l'ordre des densités décroissantes, quand les chaleurs latentes relatives aux passages du premier au deuxième état et du deuxième au troisième état sont de signes contraires, les deux courbes des tensions fixes sont rencontrées par une parallèle à l'axe vertical des pressions dans un ordre tel que, si cette parallèle est située au delà du triple point par rapport à l'axe des pressions, le point d'intersection supérieur appartiendra à la courbe du changement d'état qui absorbe de la chaleur.

L'eau rentre dans le cas visé par cette règle ; la chaleur latente positive désignée par $L_{1,2}$ est la chaleur de vaporisation de la glace. Les trois courbes ont, dès lors, les positions relatives indiquées par la figure. La parallèle $o_1 p_1$ à op, marquant une température supérieure à celle du triple point, rencontre les courbes des

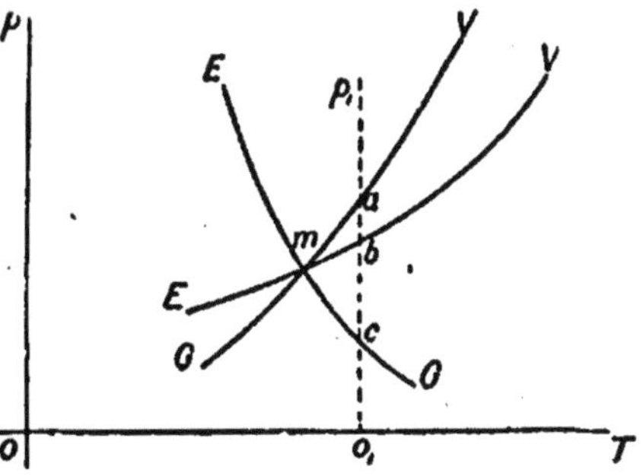

tensions fixes en trois points *a*, *b*, *c*. Le point intermédiaire *b* est sur la courbe EV de transformation de l'eau liquide en vapeur, transformation qui entraîne le plus grand changement de volume. Pour distinguer celle des deux autres courbes qui passe en *a*, il suffit de savoir qu'elle est, des deux transformations, de l'eau liquide en glace et de la glace en vapeur, celle qui absorbe de la chaleur. C'est la courbe relative à cette transformation qui passera en *a*; c'est donc la courbe GV de vaporisation de la glace qui passera en *a*, puisque la glace absorbe de la chaleur pour se vaporiser. Et c'est la courbe EG de congélation de l'eau qui dégage de la chaleur, autrement dit, la courbe de fusion de la glace, qui passera en *c*.

On remarquera du reste que, pour l'eau, comme il est indiqué dans la figure, et comme l'apprend la formule de Clapeyron, la courbe de fusion de la glace s'élève quand la température décroît, tandis que les deux autres s'élèvent quand la température croît.

CHAPITRE VII

—

1. Dissociation du carbonato de chaux et des composés analogues dans une atmosphère gazeuse. — Nous examinerons dans ce chapitre quelques types de dissociation, qui sont devenus classiques par les expériences de laboratoire auxquelles ils ont donné lieu.

Considérons d'abord un système formé de carbonate de chaux se dissociant, non plus dans le vide, mais dans l'atmosphère formée par une masse fixe d'un corps inerte tel que l'azote.

Le système sera divisé en trois phases, l'une contenant le carbonate de chaux, l'autre la chaux, enfin la troisième un mélange d'acide carbonique et d'azote.

Soit λ la proportion fixe du poids moléculaire du corps inerte, l'azote, mélangé, dans la troisième phase, à la proportion variable x du poids moléculaire de l'acide carbonique ; adoptons les notations du chapitre précédent. Le potentiel H_1 se rapportant à l'acide carbonique *isolé*, le potentiel moléculaire et individuel h_1 de ce gaz dans la troisième phase sera une fonction de p, T, x, λ qui se réduit à H_1 pour $\lambda = 0$.

Il est parfois utile, on le verra souvent dans la suite, de mettre en évidence dans l'expression du potentiel individuel d'un corps engagé dans un mélange, la valeur du potentiel de ce même corps, quand il est isolé. Nous poserons donc, d'après la formule (11) du chapitre II.

$$h_1 = \frac{\partial H}{\partial x} = H_1 + \frac{\partial}{\partial x}(\Delta H)$$

H étant le potentiel total de la troisième phase et ΔH la différence entre ce potentiel et la somme des potentiels des deux gaz, azote et acide carbonique, supposés isolés.

ΔH étant une fonction de p, T, x, λ nous poserons

$$\Delta H = F(p,\ T,\ x,\ \lambda).$$

Cette fonction homogène et du premier degré en x et λ est négative; elle décroît, quand x ou λ croissent. Les dérivés du second ordre par rapport à ces deux variables sont les mêmes que les dérivées correspondantes de H, et jouissent, par conséquent, des mêmes propriétés que celles qui ont été établies au chapitre II pour la fonction H. Nous retrouverons souvent cette fonction, appliquée aux corps, en nombre quelconque, mélangés dans une phase; il importe de ne pas perdre de vue les remarques qui précèdent, et qui seront encore valables.

D'après cela, le potentiel h_1 de l'acide carbonique dans la troisième phase sera

$$h_1 = H_1 + \frac{\partial F}{\partial x}.$$

On obtient immédiatement l'équation de l'équilibre en posant que le potentiel H_0 du poids moléculaire du composé, dans la première phase, est égal à la somme des potentiels, respectivement dans la deuxième et dans la troisième phase des composants du même poids moléculaire, ce qui donne, $k_2 H_2$ et $k_1\left(H_1 + \frac{\partial F}{\partial x}\right)$ étant ces derniers potentiels

$$(1) \qquad k_1 H_1 + k_2 H_2 - H_0 + k_1 \frac{\partial F}{\partial x} = 0.$$

2. Courbes d'isodissociation. Leurs propriétés. — Cette équation établit la loi de dépendance des trois variables p, T et x. La proportion x d'acide carbonique libre est fonction de la pression et de la température. Pour que cette proportion demeure constante, les deux tensions doivent rester liées l'une à l'autre par la relation (1), dans laquelle x est à considérer comme constant. Pour chaque valeur de x, cette relation représente une courbe rapportée aux axes op et

oT des pressions et des températures ; cette courbe est ce que l'on peut appeler une *courbe d'isodissociation*.

$\dfrac{\partial F}{\partial v}$ est une fonction homogène et du degré zéro en x et λ ; elle ne dépend que du rapport $\dfrac{x}{\lambda}$. La courbe d'isodissociation, quelle que soit la proportion du corps étranger dans le système, ne dépend que de la composition du mélange qui se forme dans la troisième phase.

$\dfrac{\partial F}{\partial x}$ est négatif ; il en résulte, d'après l'équation (1), que pour tout système de valeurs de x, p, T satisfaisant à l'équilibre, on doit avoir

$$(2) \qquad k_1 H_1 + k_2 H_2 - H_0 > 0.$$

En se rapportant au mode de représentation de la température et de la pression dans le plan, cette inégalité signifie que tout point correspondant à un état d'équilibre, se trouve d'un même côté de la courbe

$$(3) \qquad k_1 H_1 + k_2 H_2 - H_0 = 0$$

qui représente la loi des tensions de dissociation à laquelle obéirait le système, s'il ne contenait pas le corps inerte.

On a vu au chapitre précédent comment le signe de la condensation ou de la chaleur latente, relatif à un point quelconque de la courbe (3), permet de déterminer celle des deux régions séparées par cette courbe, qui correspond à l'inégalité (2), et, par conséquent, à un état d'équilibre quelconque. C'est dans cette région que sont entièrement contenues toutes les courbes d'isodissociation.

Deux courbes d'isodissociation ne peuvent se couper ; car, d'après l'inégalité (19) du chapitre II, pour une même valeur de p et de T, $\dfrac{\partial F}{\partial x}$ est une fonction croissante de x, et ne peut avoir une même valeur pour deux valeurs différentes de x.

Ainsi donc, en faisant varier x de zéro à l'infini, les courbes d'isodissociation se déplacent et se déforment sans se couper, en progressant toujours dans le même sens, et en restant d'un même côté de la courbe qui, en l'absence du corps inerte, représenterait la loi des tensions fixes. Elles tendent, du reste, vers cette courbe pour $x = \infty$, car alors évidemment l'influence du corps étranger tend elle-même à disparaître.

D'après la règle donnée au chapitre précédent, en menant, par un point quelconque de la courbe (3) des tensions fixes, une droite dirigée vers les pressions positives si la condensation $k_1 v_1 + k_2 v_2 - v_0$ est positive, dirigée vers les pressions négatives, si cette condensation est négative, on tombe sur le côté du plan occupé par toutes les courbes d'isodissociation.

Le tracé de ces courbes suivant les principes qui viennent d'être donnés, permet de discuter d'une façon complète, les conditions du changement chimique.

3. Corps composés avec condensation de volume, avec dégagement de chaleur. — En admettant que l'expérience ait nettement établi l'existence de pressions et de températures maxima ou minima dans les courbes de transformation à tensions fixes, la condensation et la chaleur latente changeraient de signe à certains points de ces courbes présentant des tangentes parallèles soit à l'axe op des pressions, soit à l'axe oT des températures. Quoiqu'il en soit, et pour simplifier notre examen, nous ne considérerons que les parties d'une courbe de transformation à tensions fixes qui ne présentent ni l'une ni l'autre de ces particularités.

En supposant que les courbes d'isodissociation, à mesure qu'elles s'éloignent de la courbe représentée par l'équation (3), puissent elles-mêmes, en se déformant, arriver à présenter des maxima et des minima, nous ne considérerons aussi que les régions du plan dans lesquelles cette circonstance ne se présentera pas.

On tire de l'équation d'équilibre (1), en supposant une transformation isotherme

$$k_1\left(\frac{\partial H_1}{\partial p} + \frac{\partial^2 F}{\partial x \partial p}\right) + k_2 \frac{\partial H_2}{\partial p} - \frac{\partial H_0}{\partial p} = - k_1 \frac{\partial^2 F}{\partial x^2}\frac{\partial v}{\partial p}.$$

D'après l'inégalité (19) du chapitre II, $\dfrac{\partial^2 F}{\partial x^2}$ est positif. Posons

$$(4) \qquad \partial = k_1\left(\frac{\partial H_1}{\partial p} + \frac{\partial^2 F}{\partial x \partial p}\right) + k_2 \frac{\partial H_2}{\partial p} - \frac{\partial H_0}{\partial p}$$

soit

$$\delta = k_1 v_1 + k_2 v_2 - v_0.$$

v_0 et v_2 se rapportent à des corps isolés ; v_1 est le volume moléculaire occupé individuellement par l'un des constituants diffusé dans un mélange, ce volume étant conçu comme il a été expliqué au chapitre II. Si le mélange dont il s'agit peut être considéré comme un mélange de gaz parfaits, le volume v_1 est, comme on le verra plus loin dans la théorie des gaz, le même que celui qui serait occupé par le poids moléculaire du corps auquel il s'applique, ce corps étant pris *isolément* à la même pression et à la même température.

δ est donc la condensation à faire subir aux volumes individuels occupés par les constituants libres pour former le volume occupé par le composé ; et l'on a

$$(5) \qquad \delta = - k_1 \frac{\partial^2 F}{\partial v^2} \frac{\partial v}{\partial p}.$$

Quand $\frac{\partial x}{\partial p}$ s'annule, δ s'annule aussi. Cette circonstance ne peut se présenter dans les limites de tensions que nous nous sommes imposées ; $\frac{\partial x}{\partial p}$ a donc un signe constant comme δ, et ces deux signes sont opposés. D'ailleurs, quand le point représentatif de l'état d'équilibre s'approche de la courbe de transformation à tensions fixes jusqu'à se confondre avec elle, la valeur de δ tend vers la valeur de la condensation représentée par la formule (4) du chapitre VI ; δ a donc le même signe que cette condensation, et, par conséquent, $\frac{\partial v}{\partial p}$ est de signe contraire. Il en résulte que, si un corps composé tel que le carbonate de chaux se dissocie dans le vide avec expansion de volume, la partie dissociée quand le changement chimique se produit, dans une enceinte contenant un corps inerte avec lequel l'un des constituants vient se mélanger, augmente ou diminue, à température constante, suivant que la pression diminue ou augmente. Ce n'est là, du reste, qu'une application de la loi de M. H. Le Châtelier sur le déplacement de l'équilibre chimique.

. On tire encore de l'équation (1), en considérant une transformation à pression constante,

$$k_1\left(\frac{\partial \Pi_1}{\partial T} + \frac{\partial^2 F}{\partial x \partial T}\right) + k_2\,\frac{\partial \Pi_2}{\partial T} - \frac{\partial \Pi_0}{\partial T} = -\,k_1\,\frac{\partial^2 F}{\partial x^2}\,\frac{\partial r}{\partial T},$$

soit

$$(6) \qquad\qquad \tau = k_1\,\frac{\partial^2 F}{\partial x^2}\,\frac{\partial v}{\partial T},$$

en posant

$$(7) \qquad\qquad \tau = \frac{\partial \Pi_0}{\partial T} - k_1\left(\frac{\partial \Pi_1}{\partial T} + \frac{\partial^2 F}{\partial x \partial T}\right) - k_2\,\frac{\partial \Pi_2}{\partial T}.$$

τ et $\frac{\partial r}{\partial T}$ sont de même signe, et σ a un signe constant dans les limites de tensions que nous nous sommes imposées. D'ailleurs, quand le point représentatif de l'état d'équilibre vient à se confondre avec la courbe de transformation à tensions fixes, la valeur de $T\sigma$ devient la chaleur latente représentée par la formule (5) du chapitre précédent : $\frac{\partial r}{\partial T}$ a donc le même signe que cette chaleur latente. A pression constante, la dissociation augmente ou diminue, quand la température augmente, suivant que la chaleur latente de dissociation dans le vide est positive ou négative. C'est encore là une application de l'une des lois du déplacement de l'équilibre chimique, la loi de M. Van't Hoff.

On tire encore de l'équation (1), en faisant varier les tensions, x étant supposé constant

$$(8) \qquad\qquad \frac{\partial p}{\partial T} = \frac{\sigma}{\delta}.$$

C'est la formule de Clapeyron appliquée à une courbe d'isodissociation quelconque. Elle détermine la direction de cette courbe en chacun de ses points. Cette direction dépend des valeurs de σ et de δ, c'est-à-dire des valeurs des condensations d'entropie et de volume.

4. Dissociation du carbamate d'ammoniaque et des composés analogues — Le corps composé peut être un corps solide ou liquide se dissociant en deux corps gazeux. Tels sont le carbamate, le bisulphydrate, le cyanhydrate d'ammoniaque, le bromhydrate d'hydrogène phosphoré·

La vapeur émise par ces sels peut se dégager dans une enceinte contenant à la fois la proportion λ du poids moléculaire d'un gaz étranger et un excès de l'un des deux constituants gazeux : soit α la proportion en excès du poids moléculaire du constituant dont le potentiel moléculaire est H_1 ; si x représente la proportion dissociée du composé, y_1 et y_2 étant les proportions totales de ces constituants libres, on aura avec les notations déjà adoptées

$$(9) \qquad \begin{cases} y_1 = k_1 x + \alpha \\ y_2 = k_2 x \end{cases}$$

Les potentiels moléculaires et individuels des deux constituants libres seront respectivement

$$h_1 = H_1 + \frac{\partial}{\partial y_1} F(p, T, y_1, y_2, \lambda)$$

$$h_2 = H_2 + \frac{\partial}{\partial y_2} F(p, T, y_1, y_2, \lambda)$$

ou plus simplement,

$$h_1 = H_1 + \frac{\partial F}{\partial y_1}$$

$$h_2 = H_2 + \frac{\partial F}{\partial y_2}.$$

L'équation de l'équilibre s'obtient en écrivant que le potentiel moléculaire H_0 du composé est égal à la somme des potentiels individuels, dans la phase gazeuse, des composants pris respectivement dans les proportions k_1 et k_2 de leurs poids moléculaires, ce qui donne

$$(10) \qquad k_1 H_1 + k_2 H_2 - H_0 + k_1 \frac{\partial F}{\partial y_1} + k_2 \frac{\partial F}{\partial y_2} = 0,$$

ou encore d'après les relations (9)

$$(11) \qquad k_1 H_1 + k_2 H_2 - H_0 + \frac{\partial F}{\partial x} = 0.$$

·Si λ et α sont à la fois nuls, c'est-à-dire, si la dissociation s'opère dans le vide, cette équation se réduit à

$$(12) \qquad k_1 H_1 + k_2 H_2 - H_0 + F(p, T, k_1, k_2) = 0.$$

Elle ne contient plus x. Le phénomène de la dissociation obéit alors à la loi des tensions fixes, ce qui était à prévoir, et on retombe dans le cas examiné au chapitre VI.

Les deux dérivées $\dfrac{\partial F}{\partial y_1}$ et $\dfrac{\partial F}{\partial y_2}$ sont négatives ; il en est de même de $\dfrac{\partial F}{\partial x}$ donné par la formule

$$(13) \qquad \frac{\partial F}{\partial x} = k_1 \frac{\partial F}{\partial y_1} + k_2 \frac{\partial F}{\partial y_2},$$

$\dfrac{\partial F}{\partial x}$ est une fonction croissante de x, car $\dfrac{\partial^2 F}{\partial x^2}$ est positif. On tire, en effet, de (13), eu égard aux relations (9)

$$\frac{\partial^2 F}{\partial x^2} = k_1^2 \frac{\partial^2 F}{\partial y_1^2} + 2 k_1 k_2 \frac{\partial^2 F}{\partial y_1 \partial y_2} + k_2^2 \frac{\partial^2 F}{\partial y_2^2}.$$

Or, d'après la formule (16) du chapitre II, quels que puissent être k_1 et k_2, le second membre de cette équation ne peut être négatif.

On tire de l'équation (10) ou (11), en différentiant par rapport à p et par rapport à x, T étant supposé constant

$$(14) \qquad \delta = - \frac{\partial^2 F}{\partial x^2} \frac{\partial x}{\partial p}$$

en posant

$$\delta = k_1 \left(\frac{\partial H_1}{\partial p} + \frac{\partial^2 F}{\partial p \partial y_1} \right) + k_2 \left(\frac{\partial H_2}{\partial p} + \frac{\partial^2 F}{\partial p \partial y_2} \right) - \frac{\partial H_0}{\partial p},$$

ou encore

$$(15) \qquad \delta = k_1 v_1 + k_2 v_2 - v_0,$$

v_0, v_1, v_2, étant les volumes moléculaires occupés individuellement par le composé et les constituants.

L'équation (14) se discute comme l'équation (5). Si δ est positif, comme il arrive pour un corps solide ou liquide se dissociant dans le vide en deux corps gazeux, x et p varient en sens inverse. A une température constante, tout accroissement de pression entraîne une combinaison des éléments gazeux mélangés, dans des proportions quelconques, à un corps inerte.

Les courbes d'isodissociation données par l'équation (11) ne se coupent pas. Elles s'abaissent à mesure que la dissociation s'accroît, et comme elles atteignent la courbe de transformation à tensions fixes (12), quand la masse décomposée est assez grande pour que x et λ puissent être négligés, il s'ensuit que toutes les courbes d'iso-dissociation sont, comme dans le premier cas étudié à ce chapitre, au-dessus de la courbe de transformation, dans le vide, du composé solide ou liquide.

Les composés solides ou liquides qui se dissocient en deux éléments gazeux, se formant dans le vide, non seulement avec condensation de volume, mais encore avec dégagement de chaleur, on en conclut facilement en différentiant l'équation d'équilibre (10) ou (11) par rapport à T et par rapport à x, que toute élévation de température à pression constante, provoquera une dissociation du composé, même en présence d'un gaz étranger et d'un excès de l'un des constituants.

5. Dissociation de l'acide sélénhydrique et des composés analogues. — Arrivons encore à un autre type de dissociation. Le corps composé peut être un corps gazeux se décomposant en un corps également gazeux et en un autre corps solide ou liquide. Tels sont l'acide sélénhydrique qui se décompose en sélénium liquide et en hydrogène, l'hexachlorure de silicium qui se décompose en silicium et en tétrachlorure de silicium, l'acide iodhydrique qui se forme aux dépens de l'iode liquide et de l'hydrogène.

On peut encore supposer que le système comprend un gaz étranger, et, en outre, un excès du composant gazeux.

Soit m la proportion moléculaire du composé gazeux avant toute dissociation, alors qu'il ne peut se trouver mélangé qu'à la proportion λ du corps étranger et à la proportion x du constituant gazeux dont le potentiel moléculaire serait Π_1.

Si x représente, à l'état d'équilibre, la proportion dissociée du composé, y_0 et y_1 étant les proportions du composé et de son constituant gazeux qui se trouvent réellement mélangés au gaz inerte, on aura

$$(16) \quad \begin{cases} y_0 = m - x \\ y_1 = k_1 x + \alpha \end{cases}$$

Les potentiels moléculaires individuels des deux gaz actifs seront

$$h_0 = H_0 + \frac{\partial}{\partial y_0} F(p, T, y_0, y_1, \lambda)$$

$$h_1 = H_1 + \frac{\partial}{\partial y_1} F(p, T, y_0, y_1, \lambda)$$

soit, d'une façon plus abrégée

$$h_0 = H_0 + \frac{\partial F}{\partial y_0}$$

$$h_1 = H_1 + \frac{\partial F}{\partial y_1}.$$

En écrivant que le potentiel moléculaire du composé dans la phase gazeuse est égal à la somme des potentiels des composants pris respectivement sous les proportions moléculaires k_1 et k_2 dans la phase gazeuse et dans la phase solide ou liquide, on obtient l'équation d'équilibre

$$(17) \quad k_1 H_1 + k_2 H_2 - H_0 + k_1 \frac{\partial F}{\partial y_1} - \frac{\partial F}{\partial y_0} = 0$$

ou encore, d'après les relations (16)

$$(18) \quad k_1 H_1 + k_2 H_2 - H_0 + \frac{\partial F}{\partial x} = 0.$$

Les courbes d'isodissociation représentées par l'une ou l'autre de ces équations, quand on y suppose y_0 et y_1 ou x constants, ne se coupent pas, par la raison que $\frac{\partial F}{\partial x}$ est une fonction croissante de x:

car $\dfrac{\partial^2 F}{\partial x^2}$ est positif. On trouve, en effet.

$$\frac{\partial^2 F}{\partial x^2} = k_1^2 \frac{\partial^2 F}{\partial y_1^2} - 2 k_1 \frac{\partial^2 F}{\partial y_0 \partial y_1} + \frac{\partial^2 F}{\partial y_0^2}$$

quantité qui ne peut être négative, d'après la formule (16) du chapitre II, dans laquelle les dx représentent des valeurs quelconques positives ou négatives. Cette formule étant réduite à deux variables, si l'on y remplace les x par y_0 et y_1, dy_0 par -1 et dy_1 par k_1 on trouve l'expression ci-dessus de $\dfrac{\partial^2 F}{\partial x^2}$.

6. Corps composés avec condensation, sans changement ou avec expansion de volume. — En posant, comme dans le cas précédent, l'équation (15), v_0, v_1 et v_2 représentant toujours les volumes moléculaires individuels du composé et de ses constituants, on retrouve encore l'équation (14) en différentiant l'équation d'équilibre (17) ou (18), la température T étant supposée constante.

Dans l'expression de δ on peut négliger le volume v_2 occupé par le constituant solide ou liquide, à côté des volumes gazeux v_0 et v_1 qui sont sensiblement les mêmes que les volumes moléculaires occupés séparément par le composé et par son constituant gazeux. Nous poserons donc

$$(19) \qquad \delta = k_1 v_1 - v_0 = k_1 \frac{\partial H_1}{\partial p} - \frac{\partial H_0}{\partial p}$$

δ peut être positif, négatif ou nul. Il est sensiblement nul, si le système comprend de l'acide sélénhydrique formé aux dépens du sélénium solide ou liquide et de l'hydrogène, de l'acide tellurhydrique formé aux dépens du tellure solide et de l'hydrogène, car chacun de ces acides contient son propre volume d'hydrogène. Il est positif, s'il s'agit de la dissociation de l'hexachlorure de silicium en tétrachlorure et en silicium. Il est enfin négatif, si c'est de l'acide iodhydrique qui se décompose en iode et en hydrogène.

La formule (14) apprend que δ et $\dfrac{\partial x}{\partial p}$ sont de signes contraires.

Si δ est positif, x et p varient en sens inverse. Les courbes d'isodissociation s'abaissent à mesure que la dissociation augmente. A température constante, tout accroissement de pression entraîne une combinaison. Le tétrachlorure de silicium, par exemple, se combine au silicium pour donner de l'hexachlorure, même en présence d'un gaz étranger et d'un excès de tétrachlorure.

Si δ est négatif, x et p varient dans le même sens; les courbes d'isodissociation s'élèvent à mesure que la dissociation augmente. A température constante, tout accroissement de pression entraîne une augmentation de la masse des composants mis en liberté; l'acide iodhydrique, par exemple, se dissocie en iode liquide et en hydrogène; le sens du phénomène est le même, s'il se passe en présence d'un gaz étranger et d'un excès d'hydrogène.

Dans un même système, δ ne peut être considéré comme rigoureusement et constamment nul, à une même température pour différentes pressions; δ peut être très petit, positif ou négatif, comme lorsque le corps dissociable est de l'acide sélénhydrique ou de l'acide tellurhydrique. Si δ s'annule par l'effet des variations de pression, ce ne peut être qu'accidentellement pour changer de signe ou pour passer par un maximum ou un minimum; la tangente à la courbe d'isodissociation devient alors verticale. Admettre que dans une certaine étendue des pressions δ est nul, c'est admettre que la courbe d'isodissociation se confond avec cette tangente, ce qui peut être sensiblement exact. Dans toute cette étendue, aucun changement chimique ne se produit d'une façon appréciable par l'effet des variations de pression. C'est ce qui arrive, quand le corps composé est l'acide sélénhydrique ou l'acide tellurhydrique qui ont été étudiés par M. Ditte.

CHAPITRE VIII

—

LES DISSOLUTIONS

1. Changement d'état physique d'un corps isolé en présence d'un fluide avec lequel il va se mélanger. — La théorie exposée au début du précédent chapitre, et dont la dissociation du carbonate de chaux en présence d'un gaz inerte est un exemple, s'applique évidemment au changement d'état physique d'un corps en présence d'un fluide avec lequel ce corps va se mélanger en changeant d'état.

Pour discuter ce cas particulier, il suffit de faire $k_2 = 0$ et $k_1 = 1$ dans la formule (1), ce qui donne

$$(1) \qquad \qquad H_1 - H_0 + \frac{\partial F}{\partial x} = 0.$$

H_0 et H_1 se rapporteront au poids moléculaire du corps expérimenté, supposé dans les deux états que l'on se propose d'étudier, états représentés respectivement par les indices 0 et 1. La proportion x est celle du corps qui, se trouvant dans l'état marqué par l'indice 1, se mélange à la fraction moléculaire λ d'un fluide inerte. Les courbes d'isodissociation deviennent, dans ce cas, les courbes qui déterminent la loi de variation de la pression et de la température, pour maintenir constantes les proportions du corps dans les deux états physiques considérés. Elles sont définies par l'équation (1) ci-dessus, dans laquelle x est à considérer comme constant.

En faisant varier x, ces courbes se déplacent et se déforment sans se couper, en progressant toujours dans le même sens, et en restant d'un même côté de la courbe des tensions fixes.

$$(2) \qquad\qquad \Pi_1 - \Pi_0 = 0.$$

Le côté du plan que les courbes (1) occupent par rapport à la courbe des tensions fixes est celui dans lequel tombe une droite partant d'un point quelconque de cette dernière courbe, et dirigée vers les pressions croissantes ou vers les pressions décroissantes, suivant que le passage de l'état marqué par l'indice 0 à l'état marqué par l'indice 1, s'opère avec expansion ou avec contraction de volume.

Ce côté du plan est aussi celui dans lequel tombe une droite partant du même point, et dirigée vers les températures décroissantes ou vers les températures croissantes, suivant que le même changement d'état s'opère avec absorption ou avec dégagement de chaleur.

L'équilibre obéit, en conséquence, aux deux lois générales qui suivent :

Première Loi. — A température constante, quand la pression augmente, x diminue ou augmente, suivant que le passage du premier au second état physique s'opère avec expansion ou avec contraction de volume.

Deuxième Loi. — A pression constante, quand la température augmente, x augmente ou diminue, suivant que le passage du premier au second état physique s'opère avec absorption ou avec dégagement de chaleur.

Ces deux lois, qui ne sont que des applications des lois générales du déplacement de l'équilibre, sont d'accord avec tous les faits observés.

2. Vapeur émise par un liquide volatil mélangé à un liquide fixe. — Considérons d'abord un mélange de deux liquides dont l'un fixe et l'autre volatil, tel qu'un mélange d'acide sulfurique et d'eau, ce mélange étant en présence de la vapeur du liquide volatil, l'eau.

L'acide sulfurique jouera le rôle de fluide inerte, l'eau représentera le corps passant d'un premier état, l'état de vapeur, à un deuxième état, l'état liquide, dans lequel il se mélange au fluide inerte, l'acide sulfurique.

Dans ce cas, le passage du premier au second état s'opère avec contraction de volume et avec dégagement de chaleur.

Dans les limites connues, la courbe des tensions fixes a la forme générale EV ou GV (figure du chapitre VI) pour tous les liquides se vaporisant. D'après les deux lois ci-dessus énoncées, tout point figuratif d'un état d'équilibre sera situé en dessus et à droite de la courbe EV ou GV.

Cette première conséquence de la théorie a été confirmée par les recherches de Babo. Pour une température déterminée, la tension de la vapeur d'eau saturée, émise par un mélange d'eau et d'acide sulfurique est plus faible que la tension de la vapeur émise par l'eau pure. Pour une tension déterminée, la température de cette vapeur est plus élevée que la température de la même vapeur émise par l'eau pure.

Une diminution de pression, à température constante, aura pour effet de séparer à l'état de vapeur, l'eau mélangée à l'acide sulfurique. La pression d'équilibre capable d'opérer cette séparation par la distillation de l'eau, dépend de la composition du mélange liquide, et décroît, à une température donnée, quand la proportion d'acide sulfurique dans le mélange vient à augmenter. C'est ce qui résulte des recherches de M. Raoult sur la tension de vapeur des liquides volatiles contenant en dissolution une certaine quantité d'une substance fixe (Tonométrie).

Une augmentation de température à pression constante aura encore pour effet de séparer à l'état de vapeur, une partie de l'eau contenue dans le mélange liquide. A une pression déterminée, la température de vaporisation de l'eau croît, quand la proportion d'acide sulfurique vient à augmenter dans le mélange. Plus un liquide est pur, plus basse est sa température d'ébullition à une même pression. Tout liquide étranger mélangé à un corps liquide chimiquement défini en retarde l'ébullition, et d'autant plus que ce liquide se trouve en plus grande quantité.

3. Vaporisation d'un liquide dans une atmosphère gazeuse.

— Envisageons maintenant un système qui renferme un corps dont
une partie est à l'état liquide, et dont le reste, à l'état de vapeur, est
mélangé à un gaz. Supposons, par exemple, qu'il s'agisse d'eau pure
se vaporisant dans une atmosphère limitée d'azote. Il existera pour
ce système une température et une pression d'équilibre dépendant à
chaque instant, de la composition de l'atmosphère.

La courbe des tensions fixes a la même forme que dans le cas
précédent. Le passage du premier au second état, c'est-à-dire de
l'état liquide à l'état de vapeur, s'opérant avec expansion de volume
et absorption de chaleur, tout point figuratif d'un état d'équilibre
sera situé, d'après les deux lois précédemment énoncées au-dessus
et à gauche de la courbe des tensions fixes. Quand de la vapeur d'eau
se forme dans l'atmosphère d'un gaz étranger très peu soluble dans
l'eau, la tension du mélange est supérieure à la tension de la vapeur
d'eau pure, émise à la même température dans le vide. La température du mélange est inférieure à la température de la vapeur d'eau
pure, émise sous la même pression, dans le vide.

Une augmentation de pression, à température constante, fera condenser de la vapeur d'eau. La pression capable de provoquer la vaporisation de l'eau pure dans une atmosphère de vapeur d'eau et
d'azote, croît, à température donnée, à mesure que la quantité du
gaz étranger augmente.

A pression constante, suivant que la température augmentera ou
diminuera à partir d'un état d'équilibre, il y aura vaporisation ou
condensation d'eau. La température capable de vaporiser de l'eau
liquide dans une atmosphère de vapeur d'eau et d'un gaz étranger,
décroît quand la masse du gaz augmente. A une pression déterminée,
moins une vapeur contient d'impuretés, plus élevée est la température de condensation.

On verra dans la suite que ces dernières lois sont les conséquences
d'une loi de Dalton.

4. Solidification d'un liquide mélangé à un autre liquide.

— La fusion d'un solide en présence d'un liquide avec lequel le corps fondu va se mélanger complètement, donne lieu à des particularités qu'il est aussi facile de prévoir. Observons d'abord que ce phénomène et la dissolution d'un solide dans un liquide jusqu'à saturation, sont deux manières d'envisager un seul et même phénomène.

La fusion d'un solide s'opérant toujours avec absorption de chaleur, tout point figuratif d'un état d'équilibre entre ce solide et le liquide qu'il produit, mélangé à un autre liquide, sera situé à gauche de la courbe de fusion (deuxième loi). La température du mélange est inférieure à la température du liquide pur provenant de la fusion du solide à la même pression.

A pression constante, suivant que la température s'élève ou s'abaisse à partir d'un état d'équilibre, il y a fusion ou solidification. Plus la proportion du liquide étranger est forte dans la liqueur, plus basse est la température d'équilibre à une pression donnée.

La température de solidification d'un liquide s'abaisse donc, quand ce liquide se charge d'un liquide étranger. Cette loi est générale, elle a été vérifiée par M. Raoult, dans ses nombreuses expériences sur la congélation des solutions aqueuses (Cryoscopie).

La fusion d'un solide est ordinairement accompagnée d'une expansion de volume ; aussi tout point figurant un état d'équilibre est-il, en général, situé au-dessus de la courbe de fusion (première loi). La tension du mélange liquide est supérieure à la tension du liquide pur provenant de la fusion normale du solide à la même température.

Une augmentation de pression, à température constante, fera solidifier le liquide. Une diminution de pression, au contraire, provoquera la fusion du solide. Plus la proportion du liquide étranger est forte dans la liqueur, plus s'abaisse la pression de solidification à une température donnée.

Mais il existe des corps solides qui se contractent en prenant l'état liquide ; c'est ainsi que se comporte la glace pour se transformer en eau. Dans ce cas, le point figuratif d'un état d'équilibre est situé au-dessous de la courbe de fusion (première loi). La pression d'équilibre sera inférieure à la pression de fusion normale du solide à la même température, et cette pression décroîtra à mesure que la masse du liquide étranger augmentera dans la liqueur. Tout corps liquide en se dissolvant dans un corps défini-liquide, capable comme l'eau de se solidifier avec expansion de volume, en abaisse la pression de solidification à une température donnée, et d'autant plus [que la dissolution est plus concentrée.

5. Séparation d'un liquide d'une solution solide. — Les corps solides sont susceptibles de se mélanger. L'un des deux corps peut se séparer du mélange à l'état liquide. La température de fusion, à une pression donnée, à la pression normale, par exemple, dépend de la composition du solide.

Si le corps qui se sépare fond avec expansion de volume, les particularités du phénomène seront les mêmes que pour la vaporisation d'un mélange liquide.

Pour une température déterminée, la pression d'équilibre est inférieure à la pression de fusion normale du corps qui se sépare à l'état liquide. Pour une pression déterminée, la température d'équilibre est plus élevée que la température de fusion de ce même corps.

Une augmentation de pression, à température constante, un abaissement de température, à pression constante, auront pour effet de dissoudre le liquide dans le solide. Une diminution de pression, au contraire, ou une élévation de température augmentera la masse liquide.

CHAPITRE IX

—

1. Définition de ces systèmes. — Les systèmes examinés dans les trois chapitres qui précèdent, appartiennent à une classe générale de systèmes se rapportant à un grand nombre de cas particuliers. Cette classe est caractérisée par cette circonstance qu'une seule des phases du système peut être de composition variable. Cette phase, si elle existe, contient à l'état de mélange homogène, liquide ou gazeux, un certain nombre des corps entrant en jeu dans le système. Chacune des autres phases ne comprend qu'un seul corps, solide ou liquide, chimiquement défini et complètement isolé. Ces dernières phases peuvent ne pas exister, et le système se réduit alors au type encore très important des systèmes homogènes à une seule phase.

Ce chapitre sera consacré à la théorie générale de cette classe de systèmes. On en trouvera plus loin d'intéressantes applications au cas où la phase de composition variable peut être considérée comme un mélange de gaz parfaits.

2. Modifications virtuelles qui déterminent le changement chimique. — Tout changement du système à étudier est constitué par un ensemble de modifications virtuelles, définies par des équations d'équivalence chimique, de la forme

$$k_1 \varpi_1 + k_2 \varpi_2 + \ldots = k'_1 \varpi'_1 + k'_2 \varpi'_2 \ldots$$

$\varpi_1, \varpi_2, \ldots, \varpi'_1, \varpi'_2, \ldots$ étant les poids moléculaires des corps réagissants.

Il y aura autant de ces équations que de réactions distinctes à considérer, au nombre desquelles il convient de comprendre les changements d'état physique. Soit n le nombre de ces équations.

Désignons par a_1, a_2, ..., a_q les corps, au nombre de q, qui, indépendamment d'un corps inerte, se trouvent à l'état de mélange dans une des phases du système. On peut supposer que chaque équation de la forme ci-dessus soit écrite en transportant dans un même membre tous les termes relatifs aux corps a_1, a_2, ..., a_q, les termes relatifs à tous les autres corps se trouvant dans l'autre membre. On aura ainsi, en définitive, n équations de la forme

$$(1) \quad k'_1\varpi_1 + k'_2\varpi_2 + \ldots + k'_q\varpi_q = k''_1\varpi'_1 + k''_2\varpi'_2 + \ldots \quad (i = 1, 2 \ldots n)$$

les k pouvant être positifs ou négatifs.

3. Equations de l'équilibre.

— A un état initial, pris comme terme de comparaison, et qui peut n'être qu'un état virtuel, le système sera supposé contenir, à l'état de liberté, les proportions moléculaires α_1, α_2, ..., α_q des corps a_1, a_2, ..., a_q. Appelons y_1, y_2, ..., y_q ce que deviennent ces proportions pour réaliser l'état d'équilibre à étudier.

Cet état d'équilibre sera défini par n modifications virtuelles dont l'une d'elles, caractérisée par l'indice i, correspondra à la transformation d'une même proportion x_i, positive ou négative des poids $k''_1\varpi'_1$, $k''_2\varpi'_2$, ... des corps qui restent isolés, en la même proportion x^i des poids $k'_1\varpi_1$, $k'_2\varpi_2$, ..., $k'_q\varpi_q$ des corps mélangés dans la phase unique, et on aura

$$(2) \quad \begin{cases} y_1 = k'^1_1 x_1 + k'^2_1 x_2 + \ldots + k'^n_1 x_n + \alpha_1 \\ y_2 = k'^1_2 x_1 + k'^2_2 x_2 + \ldots + k'^n_2 x_n + \alpha_2 \\ \cdot \cdot \cdot \cdot \cdot \cdot \cdot \cdot \cdot \cdot \cdot \cdot \cdot \cdot \cdot \cdot \cdot \cdot \\ y_q = k'^1_q x_1 + k'^2_q x_2 + \ldots + k'^n_q x_n + \alpha_n. \end{cases}$$

Soient maintenant h_1, h_2, ..., h_q les potentiels moléculaires et individuels des corps mélangés a_1, a_2, ..., a_q dans le système en équilibre, et Π_1, Π_2, ..., Π_q les potentiels des mêmes corps supposés isolés à la même pression et à la même température : en représentant pour abréger par F la fonction

$$F(p, T, y_1, y_2, ..., y_q, \lambda)$$

dans laquelle $y_1, y_2, ..., y_q$ sont des fonctions de $x_1, x_2, ..., x_n$ définies par les équations (2), et λ la proportion moléculaire du corps inerte qui reste mélangé aux corps a, on aura

$$(3) \quad \begin{cases} h_1 = H_1 + \dfrac{\partial F}{\partial y_1} \\[2mm] h_2 = H_2 + \dfrac{\partial F}{\partial y_2} \\[2mm] \cdots \cdots \cdots \\[2mm] h_q = H_q + \dfrac{\partial F}{\partial y_q}. \end{cases}$$

Les équations de l'équilibre, au nombre de n, seront de la forme

$$k_1^i h_1 + k_2^i h_2 + ... + k_q^i h_q = k_1^i H_1'^i + k_2^i H_2'^i + ...$$

$H_1'^i$, $H_2'^i$, ... étant les potentiels moléculaires des corps prenant part à la réaction caractérisée par l'indice i, et qui restent séparés. On peut poser pour simplifier les écritures

$$(4) \qquad H_i' = k_1^i H_1'^i + k_2^i H_2'^i + ...$$

Les équations de l'équilibre deviendront

$$(5) \quad k_1^i h_1 + k_2^i h_2 + ... + k_q^i h_q = H_i' \qquad (i = 1, 2 ... n).$$

H_i' est une fonction de la pression et de la température seulement, tandis que $h_1, h_2, ..., h_q$ sont, en outre, des fonctions de $y_1, y_2, ..., y_q, \lambda$.

4. Systèmes dans lesquels le nombre des modifications qui déterminent le changement chimique est supérieur au nombre des corps actifs mélangés. — n ne peut surpasser q de plus de deux unités ; quand $n = q + 2$, l'état d'équilibre n'existe qu'à des tensions isolées. Ces tensions et les valeurs y_1, y_2, ... y_q sont déterminées par les $q + 2$ équations (5); le système est invariant.

Si $n = q + 1$, q des équations (5) déterminent les valeurs y_1, y_2, ..., y_q, et ces valeurs transportées dans la dernière équation donnent une relation entre la pression et la température suivant lesquelles l'état d'équilibre s'établit, si les corps a sont mélangés à un corps inerte. Cette relation s'obtient immédiatement en éliminant h_1, h_2, ..., h_q entre les $q + 1$ équations (5), ce qui donne

$$(6) \qquad \begin{vmatrix} k_1^1 & k_2^1 & ... k_q^1 & \Pi_1' \\ k_1^2 & k_2^2 & ... k_q^2 & \Pi_2' \\ . & . & . & . \\ k_1^{q+1} & k_2^{q+1} & ... k_q^{q+1} & \Pi_{q+1}' \end{vmatrix} = 0.$$

Le système est univariant et, par suite, à l'état indifférent. Dans la transformation qui peut s'opérer à tensions fixes, la masse de la phase qui comprend les corps mélangés doit rester constante, en raison de la présence, dans cette phase, de la masse invariable d'un corps inerte, en sorte que les corps solides ou liquides isolés coopèrent seuls à cette transformation.

La formule (6) est indépendante de α_1, α_2, α_q, λ; c'est qu'en effet l'état d'équilibre est entièrement défini par la pression et par la température soulement, quelles que soient ces valeurs, qui n'ont aucune influence sur la composition de la phase contenant les corps mélangés. Les équations (5), compatibles en vertu de la relation (6) fixent les valeurs relatives de y_1, y_2, ..., y_q et λ, et, par suite, y_1, y_2, ..., y_q pour une valeur donnée de λ. Ces valeurs de y_1, y_2, ..., y_q transportées dans les q équations (2), permettent, quels que soient α_1, α_2, ... α_q, de déterminer x_1, x_2, ..., x_{q+1}, c'est-à-dire, les modifications virtuelles capables de placer le système dans les conditions propres à l'équilibre, et même, on peut se donner arbitrairement une de ces modifications, ce qui explique l'état indifférent que nous avons déjà constaté.

Si le corps inerte disparaît, les équations (5) deviennent du degré zéro en y_1, y_2, ..., y_q, le nombre des inconnues à déterminer diminue d'une unité, et il ne peut plus s'établir qu'un état d'équilibre indifférent à des tensions isolées ; le système redevient invariant.

5. Système de deux corps dégageant un même gaz. — Comme exemple se rapportant au cas de $n = q + 1$, considérons deux corps susceptibles de dégager un seul et même gaz ou une seule et même vapeur.

Soit le corps solide A_0 se dissociant en deux autres, le corps a gazeux et le corps A_1 solide. H_0, h, H_1 étant les potentiels moléculaires respectifs de ces trois corps, celui qui est gazeux se répandant dans l'atmosphère constituée par un gaz différent, on aura une première équation d'équilibre

$$(7) \qquad kh + k_1 H_1 - H_0 = 0.$$

Soit un autre corps solide A_0' se dissociant également en deux éléments, dont le même corps a et le corps solide A_1'. La dissociation du corps A_0' donnera lieu à une deuxième équation d'équilibre

$$(8) \qquad k'h + k_1' H_1' - H_0' = 0.$$

Ces deux équations représentent, d'après ce qui a été dit au chapitre VII, les courbes d'isodissociation des corps A_0 et A_0' se dissociant séparément, dans l'enceinte qui contient le corps inerte sous la proportion λ. H étant le potentiel moléculaire du corps a et y sa proportion contenue dans cette enceinte, on a

$$h = H + \frac{\partial F}{\partial y}$$

L'élimination de y, c'est-à-dire de h entre les équations (7) et (8), donne l'équation d'équilibre

$$(9) \qquad k'(k_1 H_1 - H_0) - k(k_1' H_1' - H_0') = 0$$

qui résulte de la dissociation simultanée des deux corps A_0 et A_0'.

Cette équation représente la courbe, lieu des intersections des deux courbes d'isodissociation (7) et (8) pour une même valeur de y.

Elle passe par l'intersection M des deux courbes.

$$(10) \quad \begin{cases} kH + k_1 H_1 - H_0 = 0 \\ k'H + k'_1 H'_1 - H'_0 = 0 \end{cases}$$

qui sont les courbes de dissociation des corps A_0 et A'_0 dans le vide.

Si, comme nous le supposons, les corps A_0 et A'_0 se forment avec condensation de volume, la partie de la courbe (9) située, à partir du point M, au-dessus des deux courbes (10), représente seule des états d'équilibre réel, le point limite M correspondant au cas ou, y étant infini et λ négligeable, les deux corps peuvent être considérés comme se dissociant simultanément dans le vide. A mesure que le point représentatif de l'état d'équilibre indifférent s'éloigne de M, par l'effet d'une augmentation de pression, la proportion y du corps a mis en liberté va en diminuant, ce qui est bien conforme aux lois de déplacement de l'équilibre. A tensions fixes, toute dissociation de l'un des corps est accompagnée d'une reconstitution de l'autre corps maintenant constante la proportion du corps a dans l'enceinte gazeuse.

Si le système ne comporte pas de gaz inerte, l'état d'équilibre n'est possible que pour les tensions marquées par le point M_i et alors les deux corps A_0, A'_0 peuvent se transformer individuellement dans des proportions relatives indéterminées. Pour toutes autres tensions, une transformation de l'un de ces corps ne peut se concevoir que si l'autre reste au repos chimique.

Il est facile de voir que c'est le corps le plus volatil qui se transformera. Supposons, en effet, que les deux corps émettent, tout d'abord, leur vapeur commune dans deux enceintes séparées, que l'on peut mettre, après coup, en communication à l'aide d'un robinet. Au moment ou ce robinet sera ouvert, la vapeur du corps a ayant la plus grande tension, par exemple, dans la première enceinte qui contient le corps A_0, se précipitera dans la seconde enceinte pour en accroître la tension, ce qui provoquera la reconstitution du corps A'_0 employé à la formation de la vapeur primitivement contenue dans la seconde enceinte. Quand le corps A'_0 sera complètement reconstitué, l'excès de pression produit par l'afflux de la vapeur sera sans effet sur lui, et le corps A_0 partiellement transformé, prendra son état d'équilibre comme dans le vide. Il est du reste évident que si, à ce moment, on introduit dans la seconde enceinte une certaine quantité du corps A, capable de produire le corps A'_0 par sa combinaison avec la vapeur a, cette vapeur viendra se fixer sur le corps A'_1. Ces phénomènes ne sont que la conséquence de cette loi que le potentiel total du système, à la température donnée, tend vers la plus petite valeur qu'il puisse avoir.

6. Vapeur d'eau émise par la glace et par l'eau. Changements allotropiques. Efflorescence et déliquescence. — Les corps en jeu peuvent être de la glace, de l'eau liquide et de la vapeur d'eau qui peuvent coexister au triple point. A une température inférieure à celle du triple point, la tension de la vapeur émise par la glace est inférieure à la tension de la vapeur émise par l'eau. Si le système eau-liquide et vapeur peut être réalisé par le phénomène qu'on appelle la surfusion, il suffit d'introduire dans ce système la plus petite parcelle de glace pour provoquer la disparition du liquide; la glace se développera aux dépens de l'eau, et restera finalement seule en présence de sa vapeur. A une température inférieure à celle du triple point, l'équilibre est stable entre la glace et sa vapeur, instable entre l'eau liquide et sa vapeur. A une température supérieure à celle du triple point, l'équilibre est instable entre la glace et sa vapeur, et stable, au contraire, entre l'eau et sa vapeur.

C'est ainsi qu'un corps susceptible de prendre deux états allotropiques, peut passer lentement d'un état à l'autre. C'est le corps le moins volatil qui se forme; et ce phénomène se produit à l'air libre aussi bien que dans le vide, comme on le verra dans la suite, en vertu de la loi de Dalton sur le mélange des gaz et des vapeurs.

C'est encore par des considérations de même ordre que s'explique l'efflorescence ou la déliquescence d'un sel exposé à l'air, suivant que la tension de dissociation de l'hydrate est supérieure ou inférieure à la tension de la vapeur d'eau dans l'atmosphère ambiante.

7. Systèmes dans lesquels le nombre des modifications virtuelles déterminant le changement chimique est égal au nombre des corps actifs mélangés. — Considérons maintenant le cas de $n = q$. Le système est bivariant. Les q équations (5) peuvent, en général, être remplacées par autant d'équations équivalentes obtenues en résolvant ces équations par rapport à $h_1, h_2, ... h_q$.

Considérons le déterminant K formé des coefficients de $h_1, h_2, ... h_q$ dans les équations (5).

$$(11) \qquad K = \begin{vmatrix} k_1^1 & k_2^1 & ... & k_q^1 \\ k_1^2 & k_2^2 & ... & k_q^2 \\ . & . & . & . \\ k_1^q & k_2^q & ... & k_q^q \end{vmatrix}$$

et supposons d'abord ce déterminant différent de zéro. $K \lessgtr 0$.

Si l'on désigne, d'une façon générale, par K_j^i le déterminant mineur déduit du précédent en supprimant les termes compris dans la i^e ligne verticale et la j^e ligne horizontale, on aura q nouvelles équations.

$$(12) \quad Kh_i + (-1)^i K_1^i H' + (-1)^{i+1} K_2^i H_2' + ... + (-1)^{i+q-1} K_q^i H_q' = 0$$

que l'on peut encore écrire

$$(13) \quad \left\{ \begin{aligned} &KH_i + (-1)^i K_1^i H_1' + (-1)^{i+1} K_2^i H_1' + ... \\ &\qquad + (-1)^{i+q-1} K_q^i H_q' + K \frac{\partial F}{\partial y_i} = 0. \end{aligned} \right.$$

$\frac{\partial F}{\partial y_i}$ devant être négatif, tout point représentant un état d'équilibre se trouvera d'un même côté des q courbes représentées par les équations

$$(14) \quad KH_i + (-1)^i K_1^i H_1' + (-1)^{i+1} K_2^i H_2' + ... + (-1)^{i+q-1} K_q^i H_q' = 0$$

8. Limites des tensions répondant à un état d'équilibre. — Pour déterminer, par rapport à chacune de ces courbes, la région du plan contenant les points représentatifs de l'état d'équilibre, il suffit de connaître à une pression et à une température prises sur la courbe

(14), et figurées par un point M, les volumes moléculaires occupés isolément par les différents corps entrant dans le système.

Si l'on considère, en effet, la fonction représentée par le premier membre de (14), et si l'on en prend la dérivée par rapport à la pression, on obtient une sorte de *condensation de volume* δ facile à calculer, quand on connaît tous les coefficients k et k' entrant dans les q formules (1). Le signe de cette condensation indique si cette fonction est une fonction croissante ou décroissante de p. On en conclut facilement que tout point voisin du point M, et pris sur une parallèle à l'axe des pressions, dans le sens des pressions croissantes ou dans le sens des pressions décroissantes, suivant que $K\delta$ sera positif ou négatif, tombera dans la région des états d'équilibre.

Si les corps a_1, a_2, ... a_q sont des gaz, on peut négliger, dans l'expression de la condensation, les volumes moléculaires des corps solides ou liquides, et la valeur de δ, tirée de la formule (14), se réduit à $K v_i$, v_i étant le volume moléculaire du gaz a_i; $K\delta$ est donc nécessairement positif, et les points figuratifs de l'état d'équilibre sont au-dessus des q courbes représentées par les équations (14). On verra au chapitre XV que ces courbes ne sont autres que les courbes représentant les tensions individuelles, aux diverses températures d'équilibre, des gaz a_1, a_2, ... a_q formant l'atmosphère du système; en sorte que la courbe des états indifférents du système univariant qui est ainsi réalisé, quand cette atmosphère ne contient pas de gaz inertes, se déduit simplement des courbes (14), son ordonnée, pour une même abscisse, étant la somme des ordonnées de celles-ci.

9. Cas où l'équilibre est indifférent. — Il est facile de vérifier que l'équilibre du système devient indifférent, quand la phase contenant les fluides mélangés est exempte de corps inertes.

Si y_1, y_2, ... y_q sont les valeurs des proportions moléculaires de ces fluides dans l'état d'équilibre considéré, et si x_1, x_2, ... x_q sont les valeurs correspondantes des x déterminées par les équations (2), en remplaçant dans ces dernières équations y_1, y_2, ... y_q par λy_1, λy_2, ... λy_q on pourra en tirer des valeurs déterminées des x que nous nommons x'_1, x'_2, ... x'_q. Cela résulte de l'hypothèse $K \lessgtr o$, K étant aussi le déterminant formé par les coefficients des x dans les équations (2). Il existe donc une modification virtuelle du système qui fait passer les proportions moléculaires des fluides mélangés des valeurs y_1, y_2, ... y_q qui satisfont aux équations d'équilibre (13), aux valeurs λy_1, λy_2, ... λy_q qui y satisfont aussi, puisque ces équations sont homogènes et de degré zéro en y_1, y_2, y_q.

Supposons maintenant $K = o$, le système comportant un corps inerte. En général, tous les déterminants mineurs K'_i ne seront pas simultanément nuls. Soit $K^1_1 \lessgtr o$. Pour que les q équations (5) soient compatibles, il faut et il suffit que le déterminant déduit du déterminant (11), en remplaçant de haut en bas les termes de la dernière ligne verticale respectivement par H'_1, H', ... H'_q, soit nul, ce qui donne

$$(15) \qquad K^1_1 H'_1 - K^1_2 H'_2 + .. + (-1)^{q-1} H'_q = o$$

Si donc le système est susceptible de se transformer, c'est suivant les valeurs des pressions et des températures liées par cette équation qui représente encore une courbe. Eu égard à cette équation, les équations (5) se réduisent à $q - 1$ relations entre les y dont un semble garder une valeur arbitraire, pour une pression et une température obéissant à l'équation (15). Mais il faut que tous les y répondent à une modification virtuelle possible, c'est-à-dire, à des valeurs x_1, x_2, ..., x_n satisfaisant aux équations (2). Or K étant nul, et K^1_1 différent de zéro, ces dernières équations ne sont compatibles que si le déterminant déduit du déterminant (11) en remplaçant de gauche à droite les termes de la dernière ligne horizontale respectivement par $y_1 - x_1$, $y_2 - x_2$, ..., $y_q - x_q$, est nul, ce qui donne

$$(16) \qquad \left\{ \begin{aligned} &K^1_1 y_1 - K^2_1 y_2 + ... + (-1)^{q-1} K^q_1 y_q \\ &= K^1_1 z_1 - K^2_1 z_2 + ... + (-1)^{q-1} K^q_1 z_q. \end{aligned} \right.$$

Cette équation est la dernière qui permettra de déterminer tous les y. Les x correspondants ne sont d'ailleurs pas complètement définis; ils dépendent de la valeur arbitraire donnée à x_q. C'est ce qui explique l'état d'équilibre indifférent réalisé par le système aux pressions et températures marquées par la courbe (15), état dans lequel toute transformation à tensions fixes ne fait varier que les masses des corps isolés. La masse de la phase contenant les corps mélangés, alors même que cette phase ne contiendrait pas de corps inerte, ne peut varier elle aussi dans une semblable transformation, à moins que l'on n'ait

$$(17) \qquad K_1^i z_1 - K_2^i z_2 + \dots + (-1)^{q-1} K_q^i z_q = 0$$

et alors les $q-1$ équations (5) homogènes et du degré zéro en $y_1, y_2, \dots, y_q$ jointes à l'équation (16), devenue elle-même homogène et du premier degré, établissent une nouvelle relation entre les deux tensions, de sorte que l'équilibre ne sera possible qu'à des températures et à des pressions isolées.

L'équation (17) exprime la condition nécessaire et suffisante pour que les équations (2) soient compatibles quand on fait

$$y_1 = y_2 = \dots = y_q = 0$$

x_q ayant alors une valeur arbitraire, on pourra déterminer $x_1, x_2, \dots, x_{q-1}$; il sera possible de ramener, d'une infinité de façons, le système donné dans un état virtuel tel que la phase des corps mélangés s'évanouira. C'est ce que l'on exprime en disant que le système ne comporte aucun *excès* des corps $a_1, a_2, \dots, a_q$.

En résumé, quand avec $n = q$ on a $K = 0$, le système est, en général, univariant ; il devient invariant quand il ne contient ni corps inerte ni excès des corps susceptibles de former la phase de composition variable.

10. Autres limites des tensions répondant à un état d'équilibre. — On a, d'une façon générale, F étant considéré comme une fonction de $x_1, x_2, \dots, x_q$

$$(18) \qquad \frac{\partial F}{\partial x} = k_1^i \frac{\partial F}{\partial y_1} + k_2^i \frac{\partial F}{\partial y_2} + \dots + k_q^i \frac{\partial F}{\partial y_q}$$

en sorte que l'équation (5) peut s'écrire

$$(19) \qquad k_1^i H_1 + k_2^i H_2 + \dots + k_q^i H_q - H_1 + \frac{\partial F}{\partial x} = 0.$$

Si l'on considère isolément les corps qui concourent à la transformation marquée par l'indice i, et que cette transformation puisse s'effectuer à *tensions fixes*, k_1^i, k_2^i, ..., k_q^i seront tous positifs, sans quoi la transformation dont il s'agit, et qui est caractérisée par la formule (1), ferait augmenter, dans la phase qui doit contenir tous les corps a mélangés, la masse d'une partie de ces corps, tandis qu'elle ferait diminuer la masse de l'autre partie, ce qui troublerait forcément la composition de cette phase, composition qui doit rester constante dans une transformation à tensions fixes. k_1^i, k_2^i, ..., k_q^i étant positifs, l'équation (18) apprend que $\dfrac{\partial F}{\partial x}$ sera négatif comme $\dfrac{\partial F}{\partial y_1}$, $\dfrac{\partial F}{\partial y_2}$, ..., $\dfrac{\partial F}{\partial y_q}$. Il en résulte, d'après (19), que tout point figuratif d'un état d'équilibre se trouvera toujours d'un même côté de la courbe

$$(20) \qquad k_1^i \Pi_1 + k_2^i \Pi_2 + ... + k_q^i \Pi_q - \Pi_i' = 0.$$

Il y a autant de ces courbes que de modifications virtuelles du système correspondant à une transformation à tensions fixes.

Si l'on prend la dérivée, par rapport à la pression, de la fonction représentée par le premier membre de (20), on obtient la condensation de volume qui résulte de la transformation à tensions fixes considérée, étant admis, par approximation, que les corps mélangés occupent le même volume que quand ils sont séparés, ce qui est très sensiblement exact pour les corps gazeux. Le signe de cette condensation permet de fixer le côté du plan, par rapport à la courbe (20), qui est occupé par les points figuratifs de l'état d'équilibre. Ces points sont au-dessus de la courbe (20), quand la condensation de volume est positive, ce qui arrivera toujours, si les corps a sont gazeux.

11. Systèmes dans lesquels le nombre des modifications virtuelles déterminant le changement chimique est inférieur au nombre des corps actifs mélangés. — Le nombre n peut être inférieur à q; dans ce cas, les n équations (5) ne suffisent pas à déterminer les y. Il manque pour cela $q - n$ équations. L'élimination des x entre les q équations (2) donnera ces $q - n$ équations.

Pour procéder à cette élimination, considérons, en particulier, le cas le plus général où n des équations (2) permettent de trouver des valeurs déterminées pour x_1, x_2, ..., x_n. Supposons que ce soient les n premières équations. Le déterminant

$$(21) \qquad K_n = \begin{vmatrix} k_1^1 & k_1^2 & \cdots & k_1^n \\ k_2^1 & k_2^2 & \cdots & k_2^n \\ \cdot & \cdot & \cdots & \cdot \\ k_n^1 & k_n^2 & \cdots & k_n^n \end{vmatrix}$$

sera alors différent de zéro.

Chacune des $q - n$ autres équations doit être compatible avec les n premières ; les conditions à remplir pour cela sont que les $q - n$ déterminants K_{n+s} ci-dessous soient nuls.

$$(22) \quad K_{n+s} = \begin{vmatrix} k_1^1 & k_1^2 & \cdots k_1^n & y_1 - x_1 \\ k_2^1 & k_2^2 & \cdots k_2^n & y_2 - x_2 \\ \cdot & \cdot & \cdots \cdots \cdots & \cdot \\ k_n^1 & k_n^2 & \cdots k_n^n & y_n - x_n \\ k_{n+s}^1 & k_{n+s}^2 & \cdots k_{n+s}^n & y_{n+s} - x_{n+s} \end{vmatrix}.$$

Les $q - n$ équations de cette forme montrent qu'en général le système, alors même que les corps mélangés ne comporteraient pas un corps inerte, ne pourra se transformer à tensions fixes. En effet, ces équations linéaires ne sont pas homogènes, à moins qu'elles ne s'annulent, quand on y fait tous les y nuls, ce qui signifie que le système ne comporterait aucun excès des corps a_1, a_2, ..., a_q. Si cette dernière condition ne peut être remplie, il est impossible que le système se transforme à tensions fixes ; c'est le cas de l'acide sélénhydrique se décomposant en sélénium liquide et en hydrogène. Si, au contraire, cette condition peut être remplie, et si elle est remplie, le système sera toujours à l'état indifférent, quand la phase de corps mélangés ne contiendra pas un corps inerte ; c'est le cas du carbamate d'ammoniaque se dissociant dans le vide.

12. Systèmes homogènes. — Les systèmes totalement homo-

gènes rentrent dans la classification des systèmes étudiés à ce chapitre. Il suffit de poser

$$H'_i = 0 \qquad (i = 1, 2, ..., n)$$

pour appliquer à ce cas particulier les formules ci-dessus données.

On voit facilement que le nombre n des réactions distinctes à envisager est inférieur au nombre q des corps engagés dans le mélange
qui constitue le système. En effet, les équations (5) devenues homogènes en $h_1, h_2, ..., h_q$ ne sont compatibles, si n est égal ou supérieur
à q, que moyennant certaines relations entre les k, qui n'ont d'autre
signification que d'exprimer que $n - q + 1$ des réactions prévues
sont des conséquences des autres, et qu'on peut, dès lors, en faire
abstraction.

On détermine $y_1, y_2, ..., y_q$ en joignant aux n équations (5) les
$q - n$ équations (22).

CHAPITRE X

—

SÉPARATION DES LIQUIDES MÉLANGÉS

1. Séparation en deux couches d'un mélange d'éther et d'eau. — L'expérience a depuis longtemps appris que deux liquides quelconques ne sont pas, en général, miscibles en toutes proportions. Il se forme le plus souvent une distribution des fluides par couches séparées et de compositions différentes.

Le cas le plus intéressant à étudier est celui que présente un système binaire comprenant deux liquides ; la liqueur se séparera souvent en deux couches de compositions différentes, mais bien déterminées pour chaque température et chaque pression. L'importance de chacune de ces deux couches ne dépend que des proportions relatives des deux liquides mis en jeu. L'une de ces couches peut même disparaître complètement, si l'un des liquides en présence se trouve en quantité suffisamment grande par rapport à l'autre.

Examinons, par exemple, ce qui se passe, lorsque l'on mélange, à la température et à la pression ambiantes, de l'eau et de l'éther dans toutes les proportions possibles.

Ajoutons peu à peu de l'éther dans un vase contenant primitivement de l'eau pure ; nous obtenons d'abord une solution de plus en plus concentrée d'éther dans l'eau. Bientôt cette solution se trouve *saturée*, et une seconde couche plus légère apparaît à la surface du vase ; elle se compose d'éther *saturé* d'eau, et se forme par le prélèvement sur la couche inférieure de quantités progressives du premier mélange, qui viennent se dissoudre jusqu'à saturation de l'éther pur que l'on continue à verser. A partir de ce moment, la composition des deux couches demeure invariable ; la couche supérieure, la couche éthérée, augmente, tandis que la couche inférieure, la couche aqueuse, diminue jusqu'à ce que le ménisque de séparation des deux mélanges vienne à disparaître dans le fond du vase. Par l'addition de nouvelles quantités d'éther, la solution éthérée, d'abord saturée d'eau, deviendra de plus en plus étendue.

Si nous avions procédé, au contraire, en ajoutant peu à peu de l'eau dans un vase contenant de l'éther, les phases du phénomène se seraient présentées dans un ordre inverse.

Nous aurions obtenu tout d'abord une solution étendue d'eau dans l'éther qui aurait fini par être saturée ; puis, une nouvelle couche plus dense aurait apparu au fond du vase, pour se développer par l'addition de nouvelles quantités d'eau, aux dépens de la couche supérieure. Ces deux couches seraient naturellement de même composition que celles obtenues dans la première expérience. La couche supérieure finissant par s'évanouir, aurait laissé à découvert une solution saturée d'éther, dans l'eau. En continuant à verser de l'eau, cette solution se serait de plus en plus étendue.

2. Limites des tensions qui permettent la séparation. — La théorie donne l'explication de ces résultats, et permet d'en prévoir d'autres.

Appelons d'une façon plus générale a_1 et a_2 les deux liquides mis en présence dans les proportions respectives M_1 et M_2 de leurs poids moléculaires. Le système comprend deux constituants indépendants ; il peut donc se présenter sous quatre phases, mais dans un état invariant ; et si M. R. Pictet a observé des mélanges liquides d'acide sulfureux et d'acide carbonique en trois couches surmontées d'une couche gazeuse de ces deux corps, c'est que, sans doute, il avait réalisé cet état invariant, qui serait l'origine de quatre transformations possibles et univariantes, chacune comportant trois phases à l'état indifférent. Dans ces quatre transformations, ainsi qu'on l'a vu au chapitre V, les variations de l'une des tensions déterminent les variations de l'autre, et les états successifs d'équilibre indifférent sont représentés par quatre courbes partant du point quadruple qui définit l'état invariant. L'une de ces courbes correspond à une transformation comportant trois couches liquides de compositions différentes. Chacune des trois autres correspond à une transformation comportant deux couches liquides, surmontées d'une vapeur mixte des deux corps en jeu.

En dehors de ces courbes, le système ne peut comprendre plus de deux couches dont une au moins liquide ; il devient bivariant. Ces deux couches sont liquides, si le point représentant l'état du système est pris dans le voisinage immédiat des courbes ci-dessus, et d'un côté convenablement choisi ; elles ne peuvent subsister au delà de la courbe des états indifférents du système bivariant. On a ainsi réalisé l'état bivariant dont nous avons donné un exemple au début de ce chapitre, et que nous nous proposons d'examiner tout d'abord. Il se présente entre certaines limites de températures et de pressions ; et quand ces deux tensions sont déterminées, la composition de chacune des deux couches du système est également déterminée.

3. Équations de l'équilibre. — Soient m_1^1, m_1^2 les parties respectives de M_1 et M_2 qui concourent à la formation de la première couche ; m_2^1 et m_2^2 les parties restantes qui forment la deuxième couche, en sorte que l'on a

$$m_1^1 + m_1^2 = M_1$$
$$m_2^1 + m_2^2 = M_2.$$

Π_1 et Π_2 étant les potentiels moléculaires des corps a_1 et a_2 supposés isolés, les potentiels moléculaires individuels du corps a_1 dans la première et dans la deuxième couche seront respectivement, avec les notations déjà employées

$$\Pi_1 + \frac{\partial}{\partial m_1^1} F(p, T, m_1^1, m_2^1)$$

et

$$\Pi_1 + \frac{\partial}{\partial m_1^2} F(p, T, m_1^2, m_2)$$

Ces deux potentiels devant être égaux, d'après la loi fondamentale de l'équilibre, on aura

$$(1) \qquad \frac{\partial}{\partial m_1^1} F(p, T, m_1^1, m_2^1) = \frac{\partial}{\partial m_1^1} F(p, T, m_1^2, m_2^2).$$

En appliquant cette loi au corps a_2, on trouverait de même

$$(2) \qquad \frac{\partial}{\partial m_2^1} F(p, T, m_1^1, m_2^1) = \frac{\partial}{\partial m_2^2} F(p, T, m_1, m_2^2).$$

Posons

$$\frac{m_1^1}{m_2^1} = \theta_1, \qquad \frac{m_1}{m_2^2} = \theta_2, \qquad \frac{M_1}{M_2} = \theta_0$$

θ_1 et θ_2 seront les concentrations de la liqueur dans les deux couches du système.

La fonction F étant homogène et du premier degré par rapport à m_1^1, m_2^1 d'une part, par rapport à m_1^2, m_2^2 d'autre part, les équations d'équilibre (1) et (2) deviennent

$$\frac{\partial}{\partial \theta_1} F(p, T, \theta_1, 1) = \frac{\partial}{\partial \theta_2} F(p, T, \theta_2, 1)$$

$$F(p, T, \theta_1, 1) - \theta_1 \frac{\partial}{\partial \theta_1} F(p, T, \theta_1, 1) = F(p, T, \theta_2, 1) - \theta_2 \frac{\partial}{\partial \theta_2} F(p, T, \theta_2, 1)$$

que, pour abréger, on peut écrire plus simplement

$$(3) \qquad \left(\frac{\partial F}{\partial \theta}\right)_{\theta=\theta_1} = \left(\frac{\partial F}{\partial \theta}\right)_{\theta=\theta_2}$$

$$(4) \qquad \left(F - \theta \frac{\partial F}{\partial \theta}\right)_{\theta=\theta_1} = \left(F - \theta \frac{\partial F}{\partial \theta}\right)_{\theta=\theta_2}.$$

Ces deux équations déterminent θ_1 et θ_2, c'est-à-dire, la concentration des deux mélanges superposés qui se forment à la température T et sous la pression p. Elles montrent que cette concentration est indépendante de θ_0, c'est-à-dire, des proportions relatives des liquides expérimentés, ce qui est conforme aux observations faites.

4. Interprétation géométrique. — Il est facile d'interpréter géométriquement les deux équations de l'équilibre.

Considérons la courbe représentée par l'équation

$$(5) \qquad \Sigma = - \frac{F(p, T, \theta, 1)}{T}$$

rapportée aux deux axes $o\Sigma$ et $o\theta$, p et T étant considérés comme des constantes dans cette équation.

L'ordonnée représente, d'après la démonstration qui a conduit à l'inégalité (10) du chapitre II, l'augmentation d'entropie qui résulte, dans le milieu ambiant et dans le système binaire, du mélange d'une proportion variable θ du poids moléculaire du liquide a_1 avec le poids moléculaire du liquide a_2

Si les deux liquides a_1 et a_2 se mélangent en toutes proportions, $\frac{\partial}{\partial\theta} F(p, T, \theta, 1)$ est, comme on l'a vu au chapitre II, et rappelé au chapitre VII, une fonction négative et croissante de θ, et, par conséquent, $\frac{\partial\Sigma}{\partial\theta}$ est une fonction positive et décroissante de θ; la courbe présente la forme générale donnée par la figure ci-contre.

$\frac{\partial\Sigma}{\partial\theta}$ et, par suite, $\frac{\partial F}{\partial\theta}$ ne pouvant avoir la même valeur pour deux valeurs différentes de θ, l'équation d'équilibre (3) ne peut être satisfaite; le système ne se séparera pas en deux couches homogènes. C'est ce qui arrive pour l'acide acétique cristallisable et la benzine, qui peuvent être considérés comme solubles en proportions quelconques l'un dans l'autre, à une température de 15 à 20°.

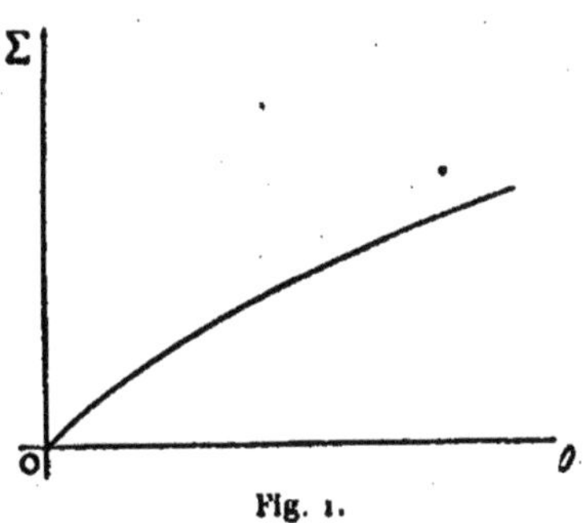

Fig. 1.

La courbe représentée dans la figure ci-dessus se déplace et se déforme, quand on fait varier la pression et la température, ou l'une seule de ces deux tensions. Il peut arriver un moment où, en un certain point, il se produira un commencement de dépression qui ira en s'accentuant jusqu'à donner à la courbe la forme indiquée par la figure 2.

La tangente commune aux deux points F_1 et F_2 de cette courbe détermine les valeurs de θ,

$$of_1 = \theta_1$$
$$of_2 = \theta_2$$

qui satisfont au système des deux équations de l'équilibre.

L'équation (3) signifie en effet qu'aux points F_1 et F_2, correspon-

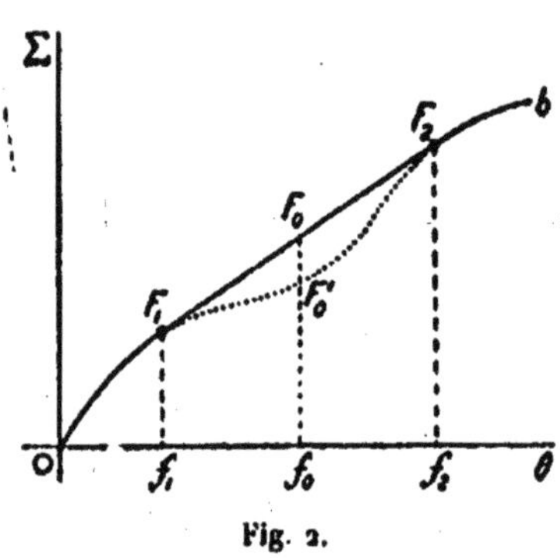

Fig. 2.

dant aux deux valeurs θ_1 et θ_2, les tangentes à la courbe font le même angle avec l'axe $o\theta$: et l'équation (4) signifie que l'ordonnée de la courbe, diminuée de la partie interceptée entre l'axe $o\theta$ et une parallèle à la tangente menée de l'origine des coordonnées, a la même valeur pour les deux points F_1 et F_2, conditions géométriques qui sont bien satisfaites si les deux points F_1 et F_2 sont les points de contact d'une tangente commune.

5. Limites de la concentration moyenne permettant la séparation. — Etant admis que le liquide a_2 se trouve dans le système sous son poids moléculaire, ce qui revient à poser $M_2 = 1$ et $M_1 = \theta_0$, faisons varier θ_0 qui sera représenté par l'abscisse of_0, et cherchons l'ordonnée correspondante qui définit l'augmentation d'entropie résultant de la formation des deux couches liquides de concentrations $\theta_1 = of_1$ et $\theta_2 = of_2$, en lesquelles se divise le système.

L'augmentation d'entropie résultant de la formation de la première couche sera

$$ - m'_2 \frac{F(p, T, \theta_1, 1)}{T} = \frac{\theta_2 - \theta_0}{\theta_2 - \theta_1} F_1 f_1 .$$

Elle doit être positive, et ne se formera, par conséquent, que si $\theta_0 < \theta_2$.

L'augmentation d'entropie résultant de la formation de la deuxième couche sera

$$- m_2^1 \frac{F(p. \, T, \, \theta_1, \, 1)}{T} = \frac{\theta_0 - \theta_1}{\theta_2 - \theta_1} F_2 f_2.$$

Elle doit être également positive et ne se formera que si $\theta_0 > \theta_1$.

Pour que les deux couches se forment, il faut donc que θ_0 soit compris entre θ_1 et θ_2, et alors l'augmentation totale d'entropie résultant du mélange double sera

$$\frac{f_0 f_2 \times F_1 f_1 + f_1 f_0 \times F_2 f_2}{f_1 f_2} = F_0 f_0.$$

Le point F_0 est le centre de gravité des masses m_2^1 et m^2, concentrées respectivement aux points F_1 et F_2.

En faisant varier θ_0 de zéro à l'infini, ce qui revient à supposer que l'on verse progressivement le liquide a_1 dans un vase contenant déjà une quantité fixe du liquide a_2, on peut suivre sur la figure 2 les phénomènes qui se présenteront, et qui sont en accord avec ceux que l'on a observés dans un mélange d'eau et d'éther.

Tant que θ_0 sera plus petit que θ_1, il ne se formera qu'une couche de concentration variable, et l'extrémité de l'ordonnée représentant l'augmentation d'entropie sera sur la partie de courbe oF_1. Si θ_0 est compris entre θ_1 et θ_2 il se formera deux couches de concentrations fixes, et cette ordonnée aboutira à la tangente commune F_1F_2. Si enfin θ_0 est plus grand que θ_2, il ne se formera à nouveau, qu'une seule couche, et l'ordonnée représentant l'augmentation d'entropie aboutira à la partie de courbe $F_2\,b$.

Si, pour les valeurs de θ_0 comprises entre θ_1 et θ_2 il ne se formait qu'un seul mélange homogène, l'augmentation de l'entropie serait représentée par $F'_0 f_0$. Elle serait inférieure à celle qui peut se produire, grâce au partage du système en deux couches suivant les règles qui viennent d'être indiquées, et l'on voit aisément que tout partage suivant d'autres règles donnerait encore lieu à une augmentation d'entropie moindre. C'est donc suivant les règles posées que ces deux corps se distribueront, de façon que l'accroissement de l'entropie atteigne la valeur maxima qu'il puisse avoir.

6. Séparation de l'un des liquides à l'état de pureté. Liquides non miscibles. — Les variations de pression ou de température, en déformant la courbe (5) déplacent les points de contact F_1 et F_2. Il peut arriver que 0_1 tende vers zéro ou 0_2 vers l'infini. Ces deux cas se rapportent à un même phénomène qui peut se représenter graphiquement de deux façons différentes suivant le liquide choisi pour être désigné par a_1. La courbe (5) présente alors, en un certain point, une tangente qui a un autre point de contact à l'origine o de la courbe, ou qui est asymptote à cette courbe. Si l'une ou l'autre de ces particularités se présente, elle signifie que quand l'un des liquides est saturé par l'autre, ce dernier se sépare à l'état de pureté. Il peut enfin arriver que la tangente à l'origine soit en même temps asymptote de la courbe : il s'agit alors de deux liquides qui ne peuvent se mélanger, et qui se superposent dans l'ordre de leur densité, quand on les verse tous les deux dans un même vase.

7. État critique. — Quand, par suite d'une variation toujours dans un même sens de l'une des deux tensions, température ou pression, la courbe (5) commence à prendre la forme qui permet aux liquides jusqu'alors complètement miscibles, de se résoudre en deux couches séparées, les valeurs 0_1 et 0_2 doivent être très voisines, et la composition des deux mélanges obtenus doit différer très peu l'une de l'autre. Le système passera par un état critique qui correspond, pour une tension donnée, à une valeur déterminée de l'autre tension, en sorte que l'état critique représenté géométriquement par un point rapporté à l'axe des pressions et à l'axe des températures, suit une courbe bien définie, qui sépare le plan en deux régions, dont l'une représente les états bivariants à deux phases, et l'autre les états trivariants à une phase seulement. Cette courbe peut comprendre plusieurs branches ; d'après la théorie exposée au chapitre V, ces ramifications partent tangentiellement des courbes d'état indifférent à trois phases, comme sont les courbes que nous étudierons bientôt, et qui représentent les états d'équilibre d'un mélange des deux liquides en présence de la vapeur mixte qu'il émet. La courbe des états critiques présente donc les caractères essentiels de la courbe des états

indifférents, et l'état critique est une espèce particulière d'état indifférent. C'est un état indifférent *limite* dans lequel le système se
sépare en deux couches de masses indéterminées, la variation de ces
masses, qui sont de composition infiniment voisines, ne nécessitant
ni chaleur ni changement de volume.

**8. Séparation d'un mélange binaire en trois couches li-
quides.** — La courbe (5) peut avoir une forme moins simple que
dans la figure 2. La partie comprise entre les points de contact F_1 et
F_2, en supposant qu'elle soit continue, peut prendre la forme indiquée par la figure 3.

Dans ce cas, il est permis de se demander si la tangente commune

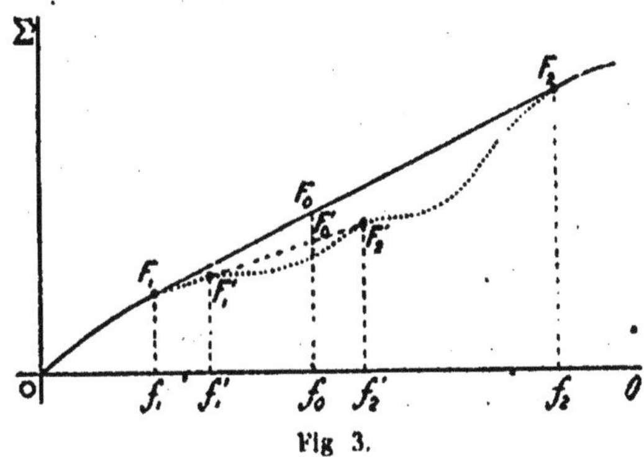

Fig 3.

$F'_1 F'_2$ ne déterminerait pas deux concentrations de la liqueur
$of'_1 = 0'_1$ et $of'_2 = 0'_2$, propres à réaliser un autre état d'équilibre en
deux couches, pour une concentration moyenne de $of_0 = 0_0$ comprise entre of'_1 et of'_2. S'il pouvait en être ainsi, l'augmentation
d'entropie résultant du mélange des proportions respectives 0_0 et 1
des liquides a_1 et a_2 serait $F''_0 f_0$, alors qu'elle pourrait être plus
grande et égale à $F_0 f_0$, comme dans le premier état d'équilibre
prévu ; c'est donc ce premier état d'équilibre qui s'établira. Et si l'on
fait rouler sur la courbe (5) une tangente de façon qu'elle ne puisse
jamais être traversée par une partie quelconque de cette courbe,
tous les points touchés par cette tangente répondront à un mélange

homogène en une seule couche de concentration variable, déterminée
par la projection du point de contact sur l'axe $o0$; et les parties de
courbe, comprises entre deux points de contact communs à une
même tangente, répondent à un état d'équilibre en deux couches de
concentrations fixes, déterminées par les projections sur l'axe $o0$ des
deux points de contact en question.

Considérons une deuxième tangente, parallèle à la tangente
commune $F_1 F_2$, et dont le point de contact unique serait au voisinage
du point F_2 : faisons varier dans un sens convenable l'une des deux
tensions, pression ou température, ce qui déformera la courbe ; il est
à prévoir, d'après la loi générale de continuité dans les phénomènes
de la nature, que la tangente située d'abord d'un côté de la tangente
commune $F_1 F_2$, se rapprochera de celle-ci, et finira par coïncider
avec elle pour passer de l'autre côté.

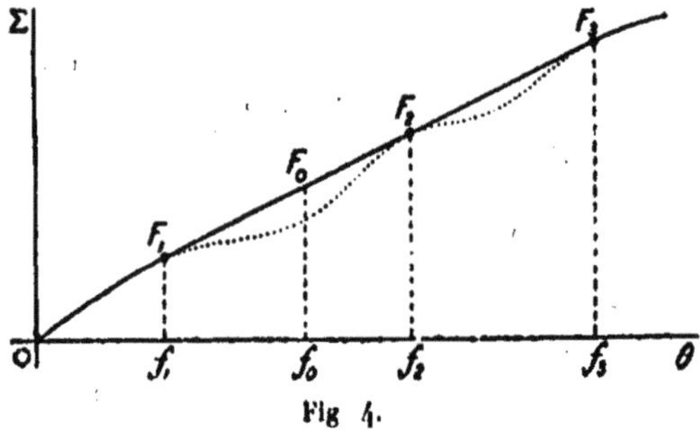

Fig 4.

Quand il y aura coïncidence, la courbe (5) prendra la forme particulière représentée par la figure 4. Pour une température donnée,
cette circonstance se présentera à une pression déterminée et la loi
qui régit le phénomène est représentée par une courbe rapportée à
l'axe des pressions et à l'axe des températures. Cette courbe, nous en
avons déjà parlé : c'est celle qui définit l'état indifférent du système
partagé en trois couches liquides de concentrations différentes θ_1, θ_2
et θ_3 respectivement représentées par of_1, of_2, of_3.

Si l'on cherche, en effet, les équations de l'équilibre d'un système
univariant, composé de deux liquides qui se séparent en trois couches

liquides, le potentiel de chaque liquide devant être le même dans les trois couches, on est conduit à poser, outre les équations (3) et (4), les deux nouvelles équations

$$(6) \qquad \left(\frac{\partial F}{\partial \theta}\right)_{\theta = \theta_1} = \left(\frac{\partial F}{\partial \theta}\right)_{\theta = \theta_3}$$

$$(7) \qquad \left(F - \theta \frac{\partial F}{\partial \theta}\right)_{\theta = \theta_1} = \left(F - \theta \frac{\partial F}{\partial \theta}\right)_{\theta = \theta_3}.$$

On obtient ainsi quatre équations entre cinq variables p, T, θ_1, θ_2, θ_3. Une seule de ces variables reste indépendante, et l'état en question ne peut se réaliser que si p et T obéissent, ainsi que nous l'avons dit si souvent, à une relation représentée par une courbe.

La courbe (5) tracée pour un système de valeurs convenables des deux tensions, présente la particularité indiquée à la figure 4, et qui n'est que la traduction, sous forme géométrique, des équations (3), (4), (6) et (7).

9. Etat indifférent du système des trois couches. — On voit facilement que si la concentration moyenne θ_0 du système donné est représentée par of_0, l'augmentation d'entropie résultant du partage des deux liquides en trois couches, sera représentée par $F_0 f_0$, si le corps a_2 est pris sous son poids moléculaire. On voit également que F_0 sera le centre de gravité des proportions m_2^1, m_2^2, m_2^3 de ce poids moléculaire existant dans les trois couches, et supposées concentrées aux points F_1, F_2, F_3.

Les proportions m_2^1, m_2^2, m_2^3 dont la somme est égale à l'unité, sont, pour une valeur donnée de θ_0, en partie indéterminées, ce qui devait arriver, puisque le système est à l'état indifférent. Il suffit que le point fixe F_0 reste le centre de gravité des masses concentrées en F_1, F_2, F_3, et qui sont celles existant respectivement dans la première, dans la deuxième et dans la troisième couche du mélange triple.

θ_0 étant compris entre θ_1 et θ_2, et par suite F_0 entre F_1 et F_2, m_2^3 ne peut être nul; si θ_0 est compris entre θ_2 et θ_3, c'est m_2^1 qui ne pourra s'annuler. Suivant le cas, la première ou la troisième couche ne pourra s'évanouir, et toute transformation à tensions fixes du système indifférent aura pour effet, suivant le sens imprimé à la transformation, de faire évanouir l'une des deux autres couches. Dans tous les cas, la première ou la troisième couche ne pourra s'évanouir ; la couche de concentration intermédiaire 0_2 pourra toujours s'évanouir.

10. Séparation en deux couches suivant deux systèmes de concentrations. — Nous avons vu que l'une des tensions restant fixe, la variation de l'autre dans un sens convenable fera passer la courbe (5) de la forme que représente la figure 3 à la forme que représente la figure 4. En continuant à faire progresser la tension variable dans le même sens, il est à prévoir que la courbe (5) prendra la forme indiquée par la figure 5. Le système qui d'abord ne pouvait se pré-

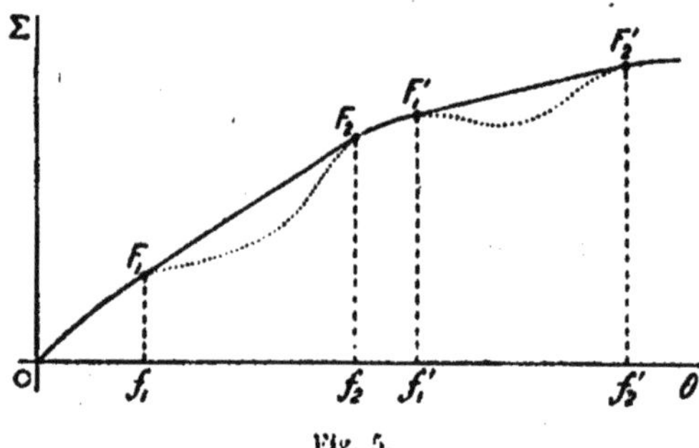

Fig. 5.

senter qu'en deux couches liquides à l'état bivariant, avec une seule valeur possible de la concentration pour l'une et l'autre couche à chaque valeur des deux tensions, deviendra univariant, à une valeur déterminée de la tension variable ; il ne pourra plus continuer à se transformer qu'à tensions fixes, en faisant apparaître une troisième couche de concentration *intermédiaire* entre celles des deux couches préexistantes, et qui finira par subsister seule avec l'une de ces dernières ; celle des phases préexistantes qui sera conservée dépendra de la valeur de la concentration moyenne 0_0 du système. Une nouvelle progression de la tension variable fera revenir alors le système à l'état bivariant avec deux couches liquides ; mais les deux couches sont maintenant susceptibles de se présenter avec deux couples de concentrations différentes suivant la valeur de θ_0. La figure 5 indique la marche que prendra le phénomène ; les deux couches coexistantes auront respectivement les concentrations $\theta_1 = of_1$ et $\theta_2 = of_2$, ou $\theta'_1 = of'_1$ et $\theta'_2 = of'_2$ suivant que θ_0 sera compris entre θ_1 et θ_2 ou entre θ'_1 et θ'_2.

Ainsi donc, la courbe des états indifférents du système univariant à trois couches liquides sépare le plan en deux régions. Dans l'une, l'état bivariant ne peut se réaliser que par un seul couple de phases ; dans l'autre région, l'état bivariant peut être réalisé par deux couples distincts de phases. La simple inspection de la figure 5 montre que dans cette dernière région θ'_1 et θ'_2 sont plus grands que θ_2 ; par conséquent, si à une température et à une pression données, un mélange double peut se présenter sous deux états d'équilibre distincts, chacune des couches qui appartient au premier état est plus concentrée que chacune des couches qui appartient à l'autre ; et celui des deux états d'équilibre qui se présentera est déterminé par la concentration moyenne θ_0 des liquides formant le système binaire.

L'eau et l'éther, dans l'expérience décrite au début de ce chapitre, ne peuvent présenter qu'un état d'équilibre en deux couches avec une seule concentration qui est déterminée pour chaque couche ; mais il est possible que ces liquides, à une température et à une pression convenables, soient susceptibles de deux états d'équilibre distincts. S'il en était ainsi, les résultats indiqués pour l'expérience dont il s'agit, seraient à compléter comme il suit. Quand, après avoir versé l'un des liquides dans un vase contenant déjà l'autre liquide, on serait revenu à un mélange homogène, après avoir obtenu deux couches séparées, une nouvelle addition de liquide dans le vase finirait par faire apparaître à nouveau une deuxième couche qui se développerait aux dépens de la première, laquelle, à son tour, finirait par disparaître pour ne plus laisser place qu'à un mélange simple.

11. Équations de l'état critique. Courbe critique. — Revenons à l'état critique, que nous avons vu devoir se réaliser, quand

les valeurs θ_1 et θ_2 des concèntrations des deux couches en lesquelles se divise le système, arrivent à être égales, c'est-à-dire, quand
les deux points de contact F_1 et F_2 d'une même tangente à la courbe
(5) représentée par la figure 3, arrivent à coïncider. A ce moment,
cette tangente a quatre points de communs avec la courbe, réunis en
un seul ; elle a en ce point, avec la courbe, un contact de troisième
ordre, ce qui s'exprime par les équations

$$\frac{\partial^2 \Sigma}{\partial \theta^2} = 0, \qquad\qquad \frac{\partial^3 \Sigma}{\partial \theta^3} = 0$$

ou par les équations

$$(8) \qquad\qquad \frac{\partial^2}{\partial \theta^2} F(p, T, \theta, 1) = 0$$

$$(9) \qquad\qquad \frac{\partial^3}{\partial \theta^3} (p, T, \theta, 1) = 0.$$

Les équations (8) et (9) sont les équations de l'état critique ; ce
sont d'ailleurs celles que l'on est conduit à poser en appliquant la
méthode générale indiquée au chapitre V.

L'élimination de θ entre ces deux équations donne la relation qui
doit exister entre la température et la pression pour réaliser l'état
critique. Cette relation traduite par une construction graphique n'est
que la courbe des états indifférents du système bivariant que forme
un mélange double, courbe qui sépare en même temps les tensions
correspondant à l'état bivariant des tensions correspondant à l'état
trivariant dans lequel le système ne peut plus comporter qu'une
couche homogène.

12. Ligne limite d'un mélange de concentration donnée. —
On voit que la courbe des états critiques résulte de l'élimination du
paramètre variable θ entre l'équation (8) et sa dérivée par rapport à
ce paramètre. Cette courbe est donc l'enveloppe des courbes représentées par l'équation (8), quand on fait varier pour chacune d'elles
la valeur de θ.

Or, il est une courbe qu'il est encore plus intéressant de considérer
que la courbe (8), c'est celle que représentent les deux équations

d'équilibre (3) et (4), quand on y considère l'une des concentrations, θ_1 par exemple, comme constante ; l'élimination de θ_2 entre ces deux équations donne une relation entre p, T, θ_1, qui représente, θ_1 étant constant, le lieu des points pour lesquels le système est séparé en deux couches dont l'une garde une composition invariable.

Cette courbe est toute entière d'un même côté de la courbe critique, dans la région des états bivariants du système. Quand le point figurant les tensions d'un mélange de concentration moyenne θ_1 suit cette courbe, ce mélange se présente en une seule phase, mais à un état limite, en raison duquel M. Duhem a donné à cette courbe le nom de *ligne limite d'un mélange de concentration* θ_1. Pour les tensions prises d'un côté de cette courbe, un mélange de concentration θ_1 se partage en deux phases : pour les tensions prises de l'autre côté, il ne peut exister qu'à l'état de repos chimique en une phase.

13. La courbe critique enveloppe des lignes limites. — Si cette courbe ne traverse pas la courbe critique, elle la touche en un point M_1, quand la concentration variable θ_2 tendant vers la concentration fixe θ_1, l'état bivariant du système tend lui-même vers l'état critique.

Il est d'ailleurs facile de constater, par l'analyse, que le point M_1 n'est pas seulement un point d'arrêt de la ligne limite sur la courbe critique, mais que ces deux courbes se rejoignent tangentiellement.

En effet, pour trouver le coefficient angulaire de la tangente à la ligne limite en un point quelconque M, il suffit de différentier les équations (3) et (4) en y considérant p, T, θ_2 comme variables, θ_1 étant constant, d'éliminer $d\theta_2$ entre les deux équations différentielles ainsi obtenues, ce qui donnera le coefficient angulaire à chercher $\frac{\partial p}{\partial T}$.

Pour effectuer ces opérations, représentons, afin de simplifier les écritures par F_1 et F_2 les valeurs de la fonction $F(p,\ T,\ \theta,\ 1)$, quand on y fait θ égal à θ_1 ou θ_2.

On tire de (3)

$$\left(\frac{\partial^2 F_1}{\partial\theta_1\,\partial p} - \frac{\partial^2 F_2}{\partial\theta_2\,\partial p}\right)dp + \left(\frac{\partial^2 F_1}{\partial\theta_1\,\partial T} - \frac{\partial^2 F_2}{\partial\theta_2\,\partial T}\right)dT = \frac{\partial^2 F_2}{\partial\theta_2^2}\,d\theta_2.$$

On tire de (4)

$$\left(\frac{\partial F_1}{\partial p} - \frac{\partial F_2}{\partial p} - \theta_1 \frac{\partial^2 F_1}{\partial \theta_1 \partial p} + \theta_2 \frac{\partial^2 F_2}{\partial \theta_2 \partial p}\right) dp$$

$$+ \left(\frac{\partial F_1}{\partial T} - \frac{\partial F_2}{\partial T} - \theta_1 \frac{\partial^2 F_1}{\partial \theta_1 \partial T} + \theta_2 \frac{\partial^2 F_2}{\partial \theta_2 \partial T}\right) dT = - \theta_2 \frac{\partial^2 F_2}{\partial \theta_2^2} d\theta_2.$$

L'élimination de $d\theta_2$ entre ces deux équations donne

$$\frac{\partial p}{\partial T} = - \frac{\dfrac{\partial F_1}{\partial T} - \dfrac{\partial F_2}{\partial T} + (\theta_2 - \theta_1) \dfrac{\partial^2 F_2}{\partial \theta_2 \partial T}}{\dfrac{\partial F_1}{\partial p} - \dfrac{\partial F_2}{\partial p} + (\theta_2 - \theta_1) \dfrac{\partial^2 F_2}{\partial \theta_2 \partial p}}.$$

Quand le point M s'approche indéfiniment du point M_1, θ_2 tend vers θ_1, et $\frac{\partial p}{\partial T}$ se présente, dans la formule ci-dessus, sous une forme indéterminée ; pour lever cette indétermination, il suffit de développer, au numérateur et au dénominateur du second membre, $\frac{\partial F_2}{\partial T}$ et $\frac{\partial F_2}{\partial p}$ par rapport aux puissances de $\theta_2 - \theta_1$, et de passer à la limite $\theta_2 = \theta_1$; la formule précédente devient alors

$$\left(\frac{\partial p}{\partial T}\right)_{\theta_2 = \theta_1} = - \frac{\dfrac{\partial^2 F_1}{\partial \theta_1^2 \partial T}}{\dfrac{\partial^2 F_1}{\partial \theta_1^2 \partial p}}.$$

On voit facilement que le second membre de cette formule n'est autre chose que le coefficient angulaire de la tangente menée au point M_1 à la courbe (8), et, par conséquent aussi, de la tangente menée au même point à la courbe critique.

On peut donc formuler le théorème suivant.

La courbe critique est l'enveloppe des lignes limites des mélanges de concentration moyenne donnée, quand on fait varier cette concentration.

CHAPITRE XI

—

1. Equations de l'équilibre d'un mélange de deux liquides en présence de la vapeur qu'il émet. — On a vu au chapitre précédent qu'un système comprenant deux constituants indépendants, à l'état fluide, qui ne tendent qu'à se mélanger, se partage, en général, en deux phases ou couches, dont une au moins est liquide : le système est alors bivariant. Pour des valeurs données des deux tensions, la concentration de chacune des deux couches est déterminée.

On examinera dans ce chapitre le cas où, les tensions étant prises entre certaines limites convenables, l'une des couches sera un mé-mélange liquide et l'autre la vapeur mixte émise par ce mélange.

On adoptera les mêmes notations qu'au chapitre précédent, sauf que la phase désignée par l'indice 2 représentera la vapeur émise, que H'_1 et H'_2 seront les potentiels moléculaires des corps a_1 et a_2, supposés isolés à l'état de vapeurs, et que la fonction F sera remplacée par F', quand elle s'appliquera à un mélange de vapeurs.

Le potentiel total H de la phase liquide est donné par la formule

$$H = m_1^1 H_1 + m_2^1 H_2 + F(p,\ T,\ m_1^1,\ m_2^1).$$

Le potentiel total H' de la vapeur mixte est donné par la formule

$$H' = m_1^2 H'_1 + m_2^2 H'_2 + F'(p,\ T,\ m_1^2,\ m_2^2).$$

Les potentiels moléculaires et individuels h_1 et h'_1 du corps a_1, dan chacune des deux couches, seront donnés par les formules

$$h_1 = \frac{\partial H}{\partial m_1^1} = H_1 + \frac{\partial}{\partial m_1^1} F(p,\, T,\, m_1^1,\, m_2^1)$$

$$h_1' = \frac{\partial H'}{\partial m_1^2} = H_1' + \frac{\partial}{\partial m_1^2} F'(p,\, T,\, m_1^2,\, m_2^2).$$

On a, de même, pour les potentiels moléculaires et individuels h_2 et h_2' du corps a_2, dans les deux phases,

$$h_2 = \frac{\partial H}{\partial m_2^1} = H_2 + \frac{\partial}{\partial m_2^1} F(p,\, T,\, m_1^1,\, m_2^1)$$

$$h_2' = \frac{\partial H'}{\partial m_2^2} = H_2' + \frac{\partial}{\partial m_2^2} F'(p,\, T,\, m_1^2,\, m_2^2).$$

Si l'on introduit les concentrations 0_1 et 0_2 dans les formules précédentes, elles deviennent

$$(1) \qquad H = m_2^1 \left[0_1 H_1 + H_2 + F(p,\, T,\, 0_1,\, 1) \right].$$

$$(2) \qquad H' = m_2^2 \left[0_2 H_1' + H_2' + F'(p,\, T,\, 0_2,\, 1) \right].$$

$$(3) \qquad h_1 = H_1 + \frac{\partial}{\partial 0_1} F(p,\, T,\, 0_1,\, 1).$$

$$(4) \qquad h_1' = H_1' + \frac{\partial}{\partial 0_2} F'(p,\, T,\, 0_2,\, 1).$$

$$(5) \qquad h_2 = H_2 + F(p,\, T,\, 0_1,\, 1) - 0_1 \frac{\partial}{\partial 0_1} F(p,\, T,\, 0_1,\, 1).$$

$$(6) \qquad h_2' = H_2' + F'(p,\, T,\, 0_2,\, 1) - 0_2 \frac{\partial}{\partial 0_2} F'(p,\, T,\, 0_2,\, 1).$$

Les équations de l'équilibre s'obtiennent en posant

$$h_1' = h_1' \qquad\qquad h_2 = h_2',$$

soit

$$(7) \qquad H_1 + \frac{\partial}{\partial 0_1} F(p,\, T,\, 0_1,\, 1) = H_1' + \frac{\partial}{\partial 0_2} F'(p,\, T,\, 0_2,\, 1).$$

$$(8) \qquad \left\{ \begin{aligned} & H_2 + F(p,\, T,\, 0_1,\, 1) - 0_1 \frac{\partial}{\partial 0_1} F(p,\, T,\, 0_1,\, 1) \\ & = H_2' + F'(p,\, T,\, 0_2,\, 1) - 0_2 \frac{\partial}{\partial 0_2} F'(p,\, T,\, 0_2,\, 1). \end{aligned} \right.$$

Ces deux équations déterminent les concentrations θ_1 et θ_2 du mélange liquide et de la vapeur mixte émise par ce mélange; elles sont, comme cela devait être, indépendantes de la concentration moyenne θ_0 fixée par les proportions relatives des deux corps a_1, a_2 qui forment le système.

2. Interprétation géométrique. — Si, d'après les formules (1) et (2), on pose

$$(9) \qquad \frac{H}{m_2^2} = -y = \theta_1 H_1 + H_2 + F(p, T, \theta_1, 1).$$

$$(10) \qquad \frac{H'}{m_2^2} = -y' = \theta_2 H'_1 + H'_2 + F'(p, T, \theta_2, 1).$$

— y sera le potentiel total du mélange liquide, et — y' sera le potentiel total de la vapeur émise, quand le corps a_2 est supposé exister sous son poids moléculaire dans chacune des deux phases. Les équations de l'équilibre (7) et (8) prendront alors les formes suivantes

$$(11) \qquad \frac{\partial y}{\partial \theta_1} = \frac{\partial y'}{\partial \theta_2}.$$

$$(12) \qquad y - \theta_1 \frac{\partial y}{\partial \theta_1} = y' - \theta_2 \frac{\partial y'}{\partial \theta_2}.$$

Il est facile d'interpréter géométriquement ces deux équations, en considérant les courbes représentées par les équations (9) et (10), quand on les rapporte à deux axes oy et $o\theta$, y ou y', d'une part, et θ_1 ou θ_2, d'autre part, étant les variables, tandis que p et T sont à supposer constants.

Soit $c_1 c'_1$ la courbe représentée par l'équation (9), et $c_2 c'_2$ la courbe représentée par l'équation (10), chacune de ces courbes, au moins dans les parties qui peuvent correspondre à un état stable d'équilibre du système, présente sa concavité vers les y négatifs, parce que $\frac{\partial^2 F}{\partial \theta_1^2}$ et $\frac{\partial^2 F'}{\partial \theta_2^2}$ sont, pour ces parties, des quantités essentiellement positives.

L'ordonnée à l'origine est — H_2 pour la courbe $c_1 c'_1$, et — H'_2 pour la courbe $c_2 c'_2$. L'une de ces valeurs est, en général, à écarter; car, à la température et à la pression considérées, le corps a_2, ainsi qu'on l'a vu au chapitre VI, ne peut se présenter indifféremment à l'état liquide ou à l'état de vapeur, sauf toutefois dans le cas ou $H_2 = H'_2$, et que les tensions du système correspondent à un point d'ébullition du liquide a_2. Si H_2 est plus petit que H'_2, autant cependant que H'_2 puisse avoir une valeur algébrique réelle, c'est l'état liquide qui sera l'état stable du corps a_2. Admettons ce cas.

On voit facilement, comme au chapitre précédent, que la tangente commune aux deux courbes $c_1 c'_1$ et $c_2 c'_2$ détermine, par les points de contact F_1 et F_2, les valeurs 0_1, et 0_2, qui satisfont aux deux équations de l'équilibre ; f_1 et f_2 étant les projections de ces points de contact, on a

$$of_1 = 0_1, \quad of_2 = 0_2.$$

Etant admis que le corps a_2 se trouve dans le système sous son poids moléculaire, ce qui revient à poser $M_2 = 1$ et $M_1 = 0_0$, faisons varier 0_0

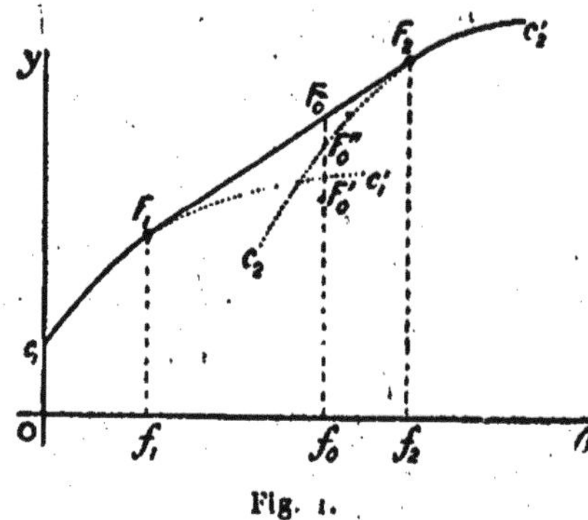

Fig. 1.

qui sera représenté par of_0, et cherchons l'ordonnée correspondante qui définit le potentiel total du système, changé de signe, résultant de la formation des deux phases en lesquelles se divise ce système.

Le potentiel, changé de signe, résultant de la formation de la couche liquide sera

$$m_2^1 . F_1 f_1 = \frac{0_2 - 0_0}{0_2 - 0_1} . F_1 f_1$$

Le potentiel, changé de signe, résultant de la formation de l'atmosphère de vapeur mixte sera

$$m_2^2 . F_2 f_2 = \frac{0_0 - 0_1}{0_2 - 0_1} F_2 f_2.$$

Pour que les deux couches se forment, il faut que 0_0 soit compris entre θ_1 et θ_2, et alors le potentiel total du système, changé de signe, c'est-à-dire la somme des deux quantités qui précèdent, est représenté par $F_0 f_0$. Le point F_0 est le centre de gravité des masses m_2^1 et m_2^2 supposées respectivement aux points F_1 et F_2.

S'il ne se formait pour la valeur θ_0 comprise entre θ_1 et θ_2 qu'une seule couche homogène de liquide ou de vapeur, le potentiel total du système, représenté par $- f_0 F'_0$ ou par $- f_0 F''_0$ serait plus grand que $- f_0 F_0$. Or la condition de l'équilibre est que ce potentiel, au besoin par un partage convenable du système en deux couches, soit minimum. Il est facile de voir sur la figure que cette condition est réalisée, quand les concentrations des deux couches sont $o f_1$ et $o f_2$, et cela devait être, puisque la construction qui a permis de déterminer les points f_1 et f_2 n'est que l'interprétation des conditions essentielles de l'équilibre.

3. Cas ou les corps isolés seraient l'un à l'état liquide, l'autre à l'état de vapeur. — Quand θ tend vers l'infini, l'ordonnée de chacune des courbes $c_1 c'_1$ et $c_2 c'_2$, qui concerne le corps a_1 à à l'état de pureté, tend vers θH_1 et vers $\theta H'_1$. L'une de ces valeurs est encore, en général, à écarter ; car, à la température et à la pression considérées, le corps a_1 ne peut se présenter indifféremment à l'état liquide ou à l'état de vapeur, sauf cependant dans le cas où $H_1 = H'_1$, et que les tensions du système correspondent à un point d'ébullition du liquide a_1. Si H_1 est plus grand que H'_1, c'est l'état de vapeur qui sera l'état stable du corps a_1, et c'est la courbe $c_2 c'_2$ qui sera à considérer pour de grandes valeurs de θ.

Admettons ce cas pour achever de définir les conditions particulières du système expérimenté, en sorte que sous les tensions qui déterminent les courbes $c_1 c_1$ et $c_2 c'_2$ l'un des corps sera supposé se présenter à l'état liquide et l'autre à l'état de vapeur.

En faisant varier θ_0 de zéro à l'infini, ce qui revient à mettre progressivement en relation, à tensions fixes, de la vapeur du corps a_1 avec le poids moléculaire du corps a_2 d'abord à l'état liquide, les phénomènes pourront se présenter comme l'indique la figure 1.

Tant que θ_0 sera plus petit que θ_1, il ne se formera qu'une couche liquide de concentration variable, et l'ordonnée représentant, au signe près, le potentiel de cette couche aboutira à la partie de courbe $c_1 F_1$.

Dès que θ_0 a atteint la valeur θ_1, le liquide a_2 est saturé de la vapeur du corps a_1, la liqueur va conserver une concentration constante θ_1 ; mais il commence à apparaître une couche de vapeur mixte, comprenant une plus grande quantité du corps a_1 et dont la concentration θ_2 va également demeurer constante ; la nouvelle couche se compose de la vapeur du corps a_1 saturée du liquide a_2, et se forme par le prélèvement, sur la première couche, de quantités progressives du mélange liquide ; celles-ci viennent se dissoudre jusqu'à la saturation de la vapeur pure du corps a_1 qui pénètre dans le système. La couche de vapeur mixte augmente, tandis que la couche liquide diminue jusqu'à disparaître. Dans cet intervalle, θ_0 est compris entre θ_1 et θ_2, et le potentiel du système est, au signe près, l'ordonnée $f_0 F_0$ qui correspond à la valeur of_0 de θ_0, et qui aboutit à la tangente commune $F_1 F_2$.

Dès que θ_0 dépasse θ_2, la vapeur mixte subsiste seule ; le liquide a_2 est miscible en toutes proportions avec la vapeur du corps a_1. L'ordonnée représentant le potentiel de la couche unique qui peut se former aboutit à la partie de courbe $F_2 c_2'$.

4. Séparation du système en deux couches liquides et une couche de vapeur à l'état indifférent. — Si l'on considère les régions des pressions et des températures qui laissent les corps a_1 et a_2, supposés isolés, le premier à l'état de vapeur, le second à l'état liquide, les variations de ces deux tensions déformeront les courbes $c_1 c_1'$ et $c_2 c_2'$ en leur laissant leurs positions relatives, mais la partie $c_1 F_1$ de la première courbe n'aura pas toujours une forme aussi simple que dans la figure 1. Il pourra se produire entre les points c_1 et F_1 une dépression comme l'indique la figure 2. Cette dépression est limitée par deux points de contact F_1 et F_2 d'une même tangente à la courbe $c_1 c_1'$.

Si l'on introduit progressivement de la vapeur du corps a_1 dans le corps a_2 d'abord liquide, dès que la concentration moyenne aura atteint la valeur $0_2 = of_2$, le phénomène se produira comme dans le cas précédent, mais il aura été précédé d'un premier phénomène analogue à celui qui se produit quand on verse de l'éther dans de l'eau. Le mélange liquide d'abord obtenu se séparera de deux couches également liquides, dès que la concentration de la liqueur aura atteint la valeur $0_1 = of_1$. La deuxième couche liquide formée augmentera aux dépens de la première qui disparaîtra lorsque la concentration moyenne 0_y aura acquis la valeur $0_2 = of_2$.

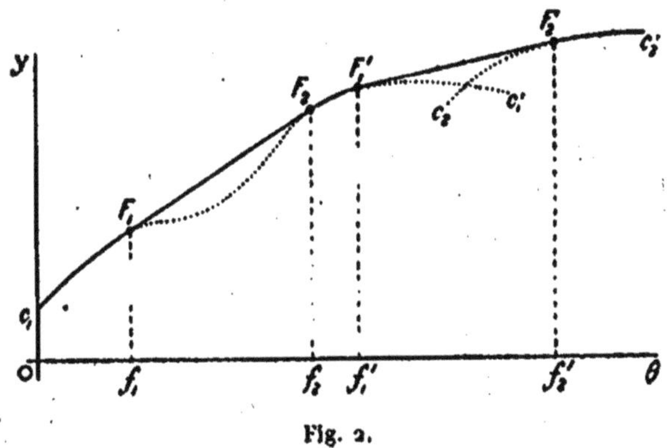

Fig. 2.

Le système bivariant sera donc susceptible de se présenter en deux couches avec deux couples de concentrations différentes. Les deux couches seront liquides, ou bien, l'une sera liquide, tandis que l'autre sera formée d'un mélange de vapeurs, suivant que la concentration moyenne du système sera comprise entre $of_1 = 0_1$ et $of_2 = 0_2$, ou bien entre $of'_1 = 0'_1$ et $of'_2 = 0'_2$.

$0'_1$ et $0'_2$ sont plus grands que 0_1 et 0_2. D'autre part, la courbe $c_2 c'_2$ ne peut évidemment présenter aucune dépression analogue à celle comprise entre les points F_1 et F_2 de la figure 2, parce qu'un mélange ne se sépare jamais en deux couches de vapeurs.

En faisant varier dans un sens convenable l'une des tensions, pression ou température, ce qui déformera les courbes $c_1 c'_1$ et $c_2 c'_2$, les points F_2 et F'_1 pourront se rapprocher, puis coïncider, et enfin disparaître, ce qui ramène au cas représenté par la figure 1.

La coïncidence des points F_2 et F'_1, pour une température donnée, se présentera à une pression déterminée. La loi qui régit cette particularité est exprimée par une courbe rapportée à l'axe des pressions. et à l'axe des températures. Cette courbe est une de celles qui définissent un état indifférent du système partagé en trois couches coexistantes, dont deux à l'état liquide et la troisième à l'état de vapeur. Les deux tangentes F_1F_2 et $F'_1F'_2$ se confondent en une seule comportant trois points de contact.

En continuant à faire progresser la tension variable dans le même sens, il est à prévoir que le point de contact intermédiaire va passer au dessous de la tangente commune aux deux autres points, et ramener le système de l'état univariant qu'il avait exceptionnellement atteint, à l'état bivariant antérieur, avec la différence toutefois que la concentration de chacune des couches, dont l'une sera de vapeur, ne pourra avoir qu'une valeur possible, pour chaque valeur des deux tensions.

5. Valeur relative des concentrations dans un état d'équilibre en deux ou en trois couches. — Suivant les circonstances, les phénomènes que nous examinons ici peuvent se présenter sous des aspects bien différents, et pour les prévoir il faudrait connaître les expressions de H_1, H_2, F, H'_1, H'_2, F'. Faute de notions suffisantes sur ces fonctions, on peut supposer, à titre d'hypothèse pour simplifier la discussion, et c'est ce qui sera admis dans la suite de ce chapitre, que le système fluide étudié ne peut jamais, à des tensions données, se présenter sous plus de deux états d'équilibre distincts en deux couches.

S'il en est ainsi, les considérations qui précèdent permettent d'énoncer les lois suivantes,

Quand, à une pression et à une température données, un corps liquide et une vapeur, mis en présence, sont capables de se présenter sous deux états d'équilibre, l'un de ces états comprendra deux couches liquides et l'autre une couche liquide surmontée d'une couche de vapeur mixte; les deux couches formant le dernier état d'équilibre sont celles qui contiennent la plus forte proportion du corps primiti-

vement à l'état de vapeur ; et, de ces deux couches, la couche de
vapeur mixte est celle qui contient la plus forte proportion du même
corps.

Si le système n'est susceptible que d'un seul état d'équilibre, il
comprendra une couche liquide et une couche de vapeur mixte, cette
dernière étant celle qui contiendra la plus forte proportion du corps
primitivement à l'état de vapeur.

Si le système se présente à l'état indifférent en trois couches, l'une
de ces couches sera de vapeur ; ce sera celle qui contiendra la plus
forte proportion du corps primitivement à l'état de vapeur.

**6. Cas où les deux corps isolés seraient à l'état liquide.
Équilibre indifférent en trois couches.** — Supposons maintenant que les phénomènes observés concernent deux corps qui, à la
température et à la pression de l'expérience, se présenteraient l'un et
l'autre à l'état liquide.

Pour des valeurs de θ suffisamment petites et suffisamment grandes,
la courbe $c_1\, c_1'$ sera seule valable. La courbe $c_2\, c_2'$ devra présenter au-

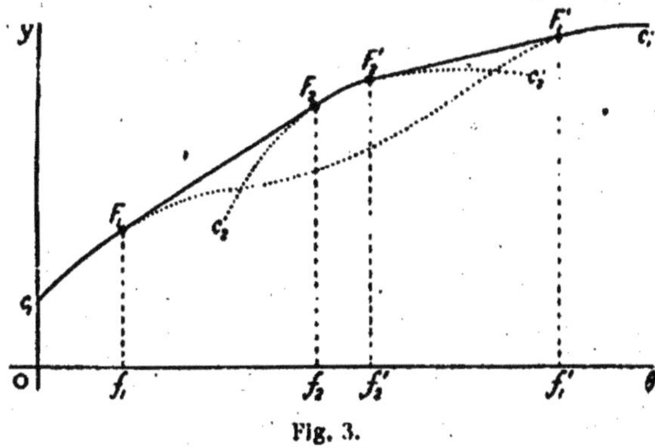

Fig. 3.

dessus de la courbe $c_1\, c_1'$ une partie utile tournant sa concavité vers
les y négatifs, sans quoi l'état d'équilibre ne comporterait que des
phases liquides, et l'on retomberait dans le cas étudié au chapitre précédent. Les deux courbes auront donc les positions relatives indiquées
par la figure 3.

Deux états d'équilibre distincts, comportant chacun une couche liquide et une couche de vapeur mixte, seront *toujours* possibles. Ils sont déterminés par les tangentes F_1 F_2 et F'_1 F'_2 communes aux deux courbes c_1 c'_1 et c_2 c'_2. Les projections des points de contact d'une même tangente,

$$o f_1 = 0_1, \qquad o f_2 = 0_2$$

d'une part, et

$$o f'_1 = 0'_1, \qquad o f'_2 = 0'_2$$

d'autre part, fixent les concentrations des deux couches répondant à un même état d'équilibre.

La dépression que présente la courbe c_1 c'_1 entre les points F_1 et F'_1 dans la figure 3, n'est pas indispensable pour que les deux liquides mis en relation à des tensions fixes puissent se séparer en deux couches dont l'une de vapeur, mais cette dépression se formera dans le voisinage de certaines tensions propres à réaliser un état indifférent en trois couches, lequel serait obtenu par la coïncidence des points F_2 et F'_2. Les deux tangentes F_1 F_2 et F'_1 F'_2 se confondraient alors en une seule, ayant deux points de contact avec la courbe c_1 c'_1, et un point de contact avec la courbe c_2 c'_2 situé entre les deux autres. Si deux liquides peuvent former un système univariant partagé en trois couches à l'état indifférent dont l'une serait de vapeur, les tensions auxquelles ce phénomène pourra se produire sont déterminées par une courbe.

En faisant varier dans un sens convenable l'une des tensions réalisant cet état indifférent, le point de contact intermédiaire passera au-dessous de la tangente commune à deux points F'_2 et F'_1 de la courbe c_1 c'_1, et ramènera le système à l'état bivariant en deux couches liquides, avec une seule valeur possible pour les concentrations des deux couches. C'est le cas d'un mélange d'eau et d'éther dans les conditions ordinaires de température et de pression.

7. Valeur relative des concentrations dans les couches qui peuvent se former. — Les considérations qui précèdent permettent d'énoncer les lois suivantes.

Quand, à une pression et à une température données, deux corps liquides, mis en présence, soit capables de se présenter sous un état d'équilibre avec une couche de vapeur et une couche liquide, ils doivent aussi se présenter sous un autre état d'équilibre, également avec une couche de vapeur et une couche liquide. Les concentrations d'un même état d'équilibre sont, toutes les deux, plus grandes ou plus petites que les concentrations de l'autre état d'équilibre. Les concentrations des couches de vapeur sont intermédiaires entre les concentrations des couches liquides.

Si le système se présente à l'état indifférent en trois couches dont l'une de vapeur, la concentration de cette dernière sera intermédiaire entre les concentrations des deux autres couches.

8. Cas où les deux corps isolés seraient à l'état de vapeur. — Supposons enfin que les phénomènes à étudier concerneraient deux corps qui, à la température et à la pression de l'expérience, se présenteraient isolément l'un et l'autre à l'état de vapeur.

Pour des valeurs de θ suffisamment petites et suffisamment grandes, la courbe $c_2 c_2$ sera seule à considérer. S'il ne se trouve au-dessus de sa partie moyenne aucune partie de la courbe $c_1 c_1'$, les deux vapeurs simples se mélangeront, en toutes proportions, pour ne former qu'une seule couche de vapeur. La courbe $c_2 c_2'$ ne présentera aucun point d'inflexion et tournera sa concavité vers les y négatifs.

Mais il peut arriver que la courbe $c_1 c_1'$ passe en partie au-dessus de la courbe $c_2 c_2'$. Les deux courbes pourront alors avoir les formes et les positions relatives représentées par la figure 3, étant convenu que la courbe qui y représentait dans la discussion précédente l'état liquide y représentera l'état de vapeur, et inversement. La figure 4 pourra aussi représenter les phénomènes à étudier dans le cas qui nous occupe. Deux états d'équilibre distincts, comportant chacun une couche liquide et une couche de vapeur, seront *toujours* possibles. Ils sont déterminés par les tangentes $F_2 F_1$ et $F_1' F_2$ communes aux deux courbes $c_1 c_1'$ et $c_2 c_2'$ de la figure 4. Les projections $f_1, f_2, f_1',$ f_2' des points de contact, fixent les concentrations of_1, of_2 relatives à un premier état d'équilibre et lès concentrations of_1', of_2' relatives au second état d'équilibre.

Les points F_1 et F_1' de la figure 4 ou les points F_2 et F_2' de la figure 3 ne peuvent arriver à coïncider, sans que les deux autres points de contact représentant l'état de vapeur ne viennent à coïncider avec les premiers représentant l'état liquide, parce que le système ne peut revenir univariant et se former à l'état indifférent avec une couche

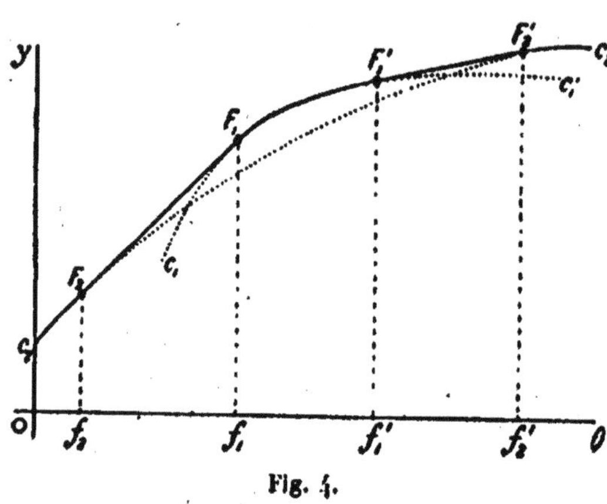

Fig. 4.

liquide et deux couches de vapeur coexistantes. Ce cas limite se présentera donc comme l'indique la figure 5.

Les deux vapeurs peuvent se mélanger en toutes proportions, mais il est une concentration $0 = of$ telle que la plus petite variation de pression ou de température dans un sens convenable fera passer le système dans l'état représenté par la figure 4, avec deux couches l'une liquide l'autre de vapeur de concentrations infiniment voisines. C'est l'état critique sur lequel nous reviendrons plus loin, et qui se

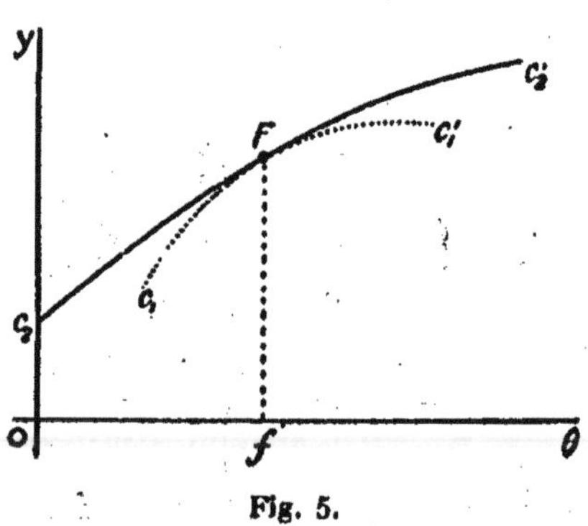

Fig. 5.

présentera à des pressions et à des températures déterminées par une courbe exprimant la relation qui doit exister entre ces deux tensions pour l'apparition du phénomène.

Les considérations qui viennent d'être exposées conduisent à formuler la loi suivante.

Quand, à une pression et à une température données, deux vapeurs mises en présence sont capables de se condenser partiellement pour donner lieu à une couche de vapeur et à une couche liquide, l'équilibre du système est possible avec deux couples de concentrations différentes. Les concentrations d'un même état d'équilibre sont, toutes les deux, plus grandes ou plus faibles que les concentrations de l'autre état d'équilibre. Les concentrations des couches liquides sont intermédiaires entre les concentrations des couches de vapeur.

9. Lois du passage de l'état en trois couches à l'état en deux couches. — Des trois cas qui viennent d'être examinés en introduisant dans la discussion une hypothèse simplificatrice, et qui pourraient se présenter, d'après cette hypothèse, suivant l'état physique de chacun des corps fluides a_1 et a_2 supposés isolés, les deux premiers ont mis en évidence un état d'équilibre indifférent en trois couches, dont deux couches liquides et une couche de vapeur. Toute transformation à tensions fixes du système dans l'un quelconque de ces états indifférents, fera évidemment varier dans un même sens la masse des couches de concentrations extrêmes, la masse de la couche de concentration intermédiaire variant dans le sens opposé. Toute tendance à une augmentation de pression fera, en général, diminuer la masse de la phase de vapeur en faisant décroître le volume du système, tandis que ce système restera à tensions fixes, ce qui permet d'énoncer les lois suivantes :

Premier Cas. — *Les corps isolés seraient, l'un à l'état liquide et l'autre à l'état de vapeur* (fig. 2) [1]. Une diminution du volume total, à tensions fixes, correspond à une augmentation de la masse de la phase liquide de concentration intermédiaire, et à une diminution de la masse de chacune des deux autres phases. La phase de vapeur étant supprimée, une augmentation de pression, à température constante, ramènera le système de l'état univariant à l'état biva-

---

[1] En supposant les deux points F_1 et F_2 confondus en un seul.

variant avec deux phases liquides. Si, au contraire, on supprime la phase liquide qui contient la plus faible proportion du corps qui serait isolément à l'état de vapeur, la même augmentation de pression ramènera le système à l'état bivariant avec ses deux phases restantes, l'une liquide, l'autre de vapeur. Si, enfin, on supprime la phase liquide de concentration intermédiaire, une diminution de pression ramènera encore le système à l'état bivariant avec ses phases de concentrations extrêmes dont une seule est liquide. Toute tendance à faire varier la pression dans un sens contraire à celui qui vient d'être indiqué, ne fait que maintenir le système à l'état indifférent en faisant apparaître la phase supprimée.

Deuxième Cas. — *Les corps isolés seraient l'un et l'autre à l'état liquide* (fig. 3) (¹). Une augmentation du volume total, à tensions fixes, correspond à une augmentation de la masse de la phase de vapeur, et à une diminution de la masse de chacune de deux phases liquides. L'une quelconque de ces deux phases liquides étant supprimée, une diminution de pression à température constante ramènera le système de l'état univariant à l'état bivariant avec la phase liquide et la phase de vapeur qui subsistent. Si, au contraire, on supprime la phase de vapeur, une augmentation de pression ramènera encore le système à l'état bivariant avec les deux phases liquides restantes. Comme dans le cas précédent, toute tendance à faire varier la pression dans un sens contraire à celui qui vient d'être indiqué, ne fait que maintenir le système à l'état indifférent, en faisant renaître la phase supprimée.

10. Courbe des états indifférents d'un mélange liquide homogène émettant une vapeur de même composition. — Quand la pression et la température varient d'une façon convenable, de manière à maintenir à l'état indifférent le système univariant partagé en trois phases, les concentrations respectives de ces trois couches varient elles-mêmes d'une façon continue; il peut donc arriver que la couche de concentration intermédiaire et l'une des deux autres couches finissent par se présenter sous la même concentration.

(¹) En supposant les deux points F_3 et F'_3 confondus en un seul.

Si ces deux couches sont liquides, ce qui ne pourrait se présenter, d'après notre hypothèse simplificatrice, que dans le premier des deux cas ci-dessus examinés, le système univariant passera par un état critique dans lequel les deux phases liquides se confondent pour ne former qu'une couche en contact avec une couche de vapeur. Cet état correspond à un point particulier de la courbe des états univariants, lesquels états comprennent, en général, trois phases ; par ce point passe la courbe de l'état critique qui a été déjà examiné au chapitre précédent, et qui comprend les deux corps a_1 et a_2 réduits à un mélange en une seule phase liquide de concentration variable.

Quand l'égalité de concentration arrive à se présenter entre une couche liquide et une couche de vapeur, ce qui peut arriver dans l'un quelconque des deux cas ci-dessus examinés, le système correspond encore à un point particulier de la courbe des états univariants. Pour ce point, toute transformation à tensions fixes se traduit évidemment par un échange de matière entre les deux couches de même concentration, la masse de la troisième couche qui est liquide, restant fixe. Par ce point passe, ainsi qu'on l'a vu au chapitre V, la courbe des états indifférents du système bivariant, comprenant une couche liquide surmontée d'une couche de vapeur de même concentration.

Pour les tensions correspondant aux états indifférents de ces systèmes bivariants, les deux courbes $c_1 c_1'$ et $c_2 c_2'$, ainsi qu'on le déduit facilement de l'aspect des figures 2, 3, 4 sont tangentes l'une à l'autre et se traversent au point de contact ([1]). La projection de ce point de contact sur l'axe oO détermine la concentration commune des deux phases.

Toute transformation à tensions fixes, dans ces conditions, se traduit par une condensation ou par une vaporisation d'un mélange des deux corps a_1 et a_2, de composition parfaitement déterminée. On peut admettre que la vaporisation, par exemple, se produit avec expansion de volume et absorption de chaleur, en sorte que, d'après

______

([1]) C'est notamment ce qui arrive si l'on suppose que dans la figure 1 les deux points de contact F_1 et F_2 viennent à coïncider.

la formule de Clapeyron, la courbe des états indifférents du système bivariant, comme la courbe d'ébullition de tous les liquides chimiquement purs, est telle que la température croît avec la pression.

Cette courbe est analytiquement définie par les équations (7) et (8) dans lesquelles on attribuera à θ_1 et θ_2 une valeur commune θ; elles deviennent alors

$$(13) \qquad H_1 + \frac{\partial F}{\partial \theta} = H'_1 + \frac{\partial F'}{\partial \theta}$$

$$(14) \qquad H_2 + F - \theta \frac{\partial F}{\partial \theta} = H'_2 + F' - \theta \frac{\partial F'}{\partial \theta}.$$

L'élimination de θ entre ces deux équations établit entre la pression et la température une relation qui détermine la courbe des états indifférents du mélange liquide surmonté de la vapeur mixte qu'il émet.

Les accroissements de pression et de température définissent des états indifférents dans lesquels, sans nul doute, comme pour les corps chimiquement purs, les densités de la couche liquide et de la couche de vapeur tendent vers l'égalité, pour aboutir à un état critique marqué par le point terminus de la courbe considérée.

11. Ligne d'ébullition d'un mélange liquide de concentration donnée. — On sait que cette courbe partage le plan en deux régions, dont l'une correspond aux états bivariants en deux phases, et l'autre aux états trivariants en une seule phase.

Considérons les états d'équilibre correspondant à la première région ; les concentrations θ_1 et θ_2 de la couche liquide et de la couche de vapeur sont données par les équations (7) et (8). Si l'on suppose constante l'une des concentrations, θ_1 par exemple, l'élimination de θ_2 entre ces deux équations, établira entre p, T, θ_1 une relation qui représente une courbe, lieu des tensions pour lesquelles la couche liquide garde une composition invariable. Les tensions variant suivant cette courbe, un mélange de concentration θ_1 ne formera qu'une couche liquide ; mais pour toutes les tensions s'écartant si peu que ce soit, de cette courbe, le système se partagera en deux couches, ou restera au repos chimique en une seule couche, suivant le côté de la courbe qui correspondra à l'écart des tensions.

M. Duhem appelle cette nouvelle courbe la *ligne d'ébullition* du mélange liquide de concentration donnée θ_1 ; elle marque, en effet, les conditions d'apparition des premières bulles gazeuses dans un mélange liquide de concentration θ_1. Elle est toute entière d'un même côté de la courbe des états indifférents du système bivariant. Elle peut toutefois toucher cette courbe, si θ_1 est l'une des concentrations communes aux deux couches d'un état indifférent.

Pour le démontrer, cherchons d'abord, d'une façon générale, le coefficient angulaire de la tangente en un point quelconque M, de la ligne d'ébullition ; il suffit, pour cela de différentier les équations (7) et (8), en y considérant p, T, θ_2 comme variables, et d'éliminer $d\theta_2$ entre les deux équations différentielles. Ce calcul conduit à une valeur du coefficient $\frac{\partial p}{\partial T}$ qu'on peut exprimer d'une façon abrégée par le symbole suivant que le lecteur comprendra sans autre explication :

$$(15)\quad \frac{\partial p}{\partial T} = - \frac{\dfrac{\partial}{\partial T}}{\dfrac{\partial}{\partial p}}\left(\Pi_2 + F + \theta_2\Pi_1 - \Pi'_2 - F' - \theta_2\Pi'_1 + (\theta_2 - \theta_1)\frac{\partial F}{\partial \theta_1}\right).$$

Si l'on suppose maintenant que la concentration θ_1 devienne égale à la concentration θ correspondant à un point M de la courbe des états indifférents, la ligne d'ébullition passera à ce point M pour lequel θ_2 devient lui-même aussi égal à θ, et le coefficient angulaire de la ligne d'ébullition au point M s'obtient en faisant dans la formule précédente, θ_1 et θ_2 égaux à θ, ce qui donne

$$\frac{\partial p}{\partial T} = - \frac{\dfrac{\partial}{\partial T}}{\dfrac{\partial}{\partial p}}\left(\Pi_2 + F - \Pi'_2 - F' + \theta(\Pi_1 - \Pi')\right).$$

Or cette dernière expression est celle que l'on trouve en cherchant le coefficient angulaire de la tangente, au point M, à la courbe des états indifférents. On l'obtient en éliminant $d\theta$ entre les deux équations (13) et (14) préalablement différentiées.

Ainsi donc, quand la ligne d'ébullition vient à rencontrer la courbe des états indifférents, c'est pour lui être tangente. Une ligne d'ébullition ne peut se couper elle-même en formant des boucles, car elle ne pourrait plus partager le plan sans ambiguïté, comme cela doit être, en deux régions correspondant l'une à deux phases, l'autre à une seule phase du système ayant une concentration moyenne donnée.

12. Ligne de rosée d'un mélange gazeux de concentration donnée. — Si l'on suppose que c'est la concentration θ_2, et non la concentration θ_1, qui reste constante dans les équations de l'équilibre (7) et (8), l'élimination de θ_1 entre ces deux équations établira entre p, T, θ_2 une ralation qui représente une courbe, lieu des tensions pour lesquelles la couche de vapeur garde une composition invariable. Les tensions variant suivant cette courbe, un mélange de concentration θ_2 ne formera qu'une couche de vapeur ; mais, pour toutes les tensions s'écartant, si peu que ce soit, de cette courbe, le système se partagera en deux couches, ou restera au repos chimique en une seule couche de vapeur, suivant le côté de la courbe qui correspondra à l'écart des tensions.

M. Duhem appelle cette autre courbe la *ligne de rosée* du mélange gazeux de concentration donnée θ_2 ; elle marque, en effet, les conditions d'apparition des premières gouttelettes liquides dans un mélange gazeux de concentration θ_2.

Cette ligne jouit évidemment des mêmes propriétés que la ligne d'ébullition. Elle est située du même côté, par rapport à la courbe des états indifférents qu'elle peut toucher, si θ_2 est l'une des concentrations communes aux deux couches d'un état indifférent ; elle ne peut se couper elle-même en formant des boucles.

Une ligne d'ébullition et une ligne de rosée répondant à une même concentration ne peuvent se couper ; si elles se rencontrent, ce ne peut être qu'en un point marquant un état indifférent et situé, par conséquent, sur la courbe des états indifférents ; elles sont alors toutes les deux tangentes à cette courbe en ce point ; on verra bientôt qu'elles ne se traversent pas à leur point de contact.

13. Position relative des lignes d'ébullition et de rosée. — La pression et la température d'un mélange liquide homogène de concentration 0 étant définies par un point de la ligne d'ébullition, le plus petit accroissement de l'une de ces deux tensions, dans un sens convenable, fera apparaître une phase de vapeur de masse très petite et d'une certaine concentration, tandis que la phase liquide conservera sensiblement la même concentration 0. Si ces tensions sont telles, et nous savons par expérience, que c'est le cas qui se présentera le plus souvent, que la vapeur mixte formée exige une expansion de volume et une absorption de chaleur, d'après les lois du déplacement de l'équilibre chimique, l'accroissement de pression devra être négatif ou l'accroissement de température positif, en sorte que la ligne d'ébullition, comme pour un liquide chimiquement pur, ce qui correspond à $0 = o$ ou $0 = \infty$, monte de gauche à droite, et que la région correspondant à une vaporisation partielle du système sera située à droite et au-dessous de la ligne d'ébullition.

Si, au contraire, le système comprend un mélange homogène de vapeur mixte à la pression et à la température marquées par un point de la ligne de rosée, le plus petit accroissement de l'une de ces tensions dans un sens convenable fera naître une phase liquide. Si ces tensions sont prises dans les mêmes limites que ci-dessus, le liquide formé exigeant une condensation de volume et un dégagement de chaleur, d'après les lois du déplacement de l'équilibre chimique, l'accroissement de pression devra être positif et l'accroissement de température négatif, en sorte que la ligne de rosée monte, comme la première, de gauche à droite, mais la région correspondant à une condensation partielle du système gazeux sera située à gauche et au-dessus de la ligne de rosée.

On déduit facilement de ce qui précède la position relative des deux lignes. La région dans laquelle un système de concentration moyenne 0 se présentera en partie à l'état liquide en partie à l'état de vapeur, devant être à la fois à droite et au-dessous de la ligne d'ébullition, à gauche et au-dessus de la ligne de rosée, il faut que ces deux lignes EE' d'ébullition, RR' de rosée, aient les positions relatives indiquées

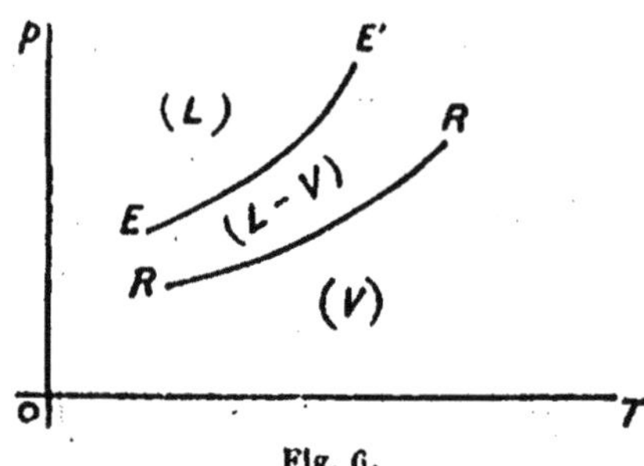

Fig. 6.

dans la figure 6, ces deux lignes pouvant d'ailleurs se toucher.

Aux tensions figurées par la région (L), le mélange de concentration θ est homogène et liquide.

Aux tensions figurées par la région (V), ce mélange est à l'état de vapeur.

Aux tensions figurées par la région (L — V), il est en partie à l'état liquide. en partie à l'état de vapeur.

14. Ligne limite d'un mélange de concentration donnée. Point critique sur cette ligne. — Mais quel est le critésium qui distingue l'état de la matière dans les régions (L) et (V) des tensions, sinon que, dans le voisinage des lignes d'ébullition ou de rosée. la plus petite variation des tensions fait apparaître deux couches, dont , la plus *dense*, la couche inférieure est dite couche *liquide*, et la plus *légère* qui surmonte l'autre, est dite couche de *vapeur*. Ne peut-il se présenter des tensions dont les variations donneront lieu à des phénomènes plus confus que l'apparition d'une deuxième couche, de masse d'abord infiniment petite, mais nettement distincte de celle qui préexistait;

L'expérience apprend, en effet, que dans le voisinage de certaines tensions, la masse homogène du système fluide, sous la plus petite variation de ces tensions, si elle est convenablement choisie, se divise en deux masses, dont aucune ne peut être considérée comme nécessairement très petite par rapport à l'autre ; chacune de ces masses semble même avoir une valeur indéterminée, le ménisque qui doit les séparer étant tout d'abord remplacé par un brouillard d'une certaine épaisseur. Ce phénomène est dû à ce que les deux couches formées, non seulement ont la même concentration, mais aussi sont dans des états physiques qui tendent à se confondre. L'égalité absolue des concentrations et l'identité parfaite des deux couches, qui, dès lors, ne se distinguent plus, correspondent à une pression et à une température, point de jonction des lignes de rosée et d'ébullition, qui sont les tensions critiques du mélange de concentration 0.

On arrive ainsi à la notion de l'état critique qui a été mise en lumière par les célèbres expériences d'Andrews. Les régions (L) et (V) n'ont plus de frontière pour les séparer complètement ; elles se pénètrent l'une l'autre, ce qui établit le principe de la continuité entre l'état liquide et l'état de vapeur pour un mélange de concentration donnée. Le mélange peut passer de l'état liquide à l'état de vapeur en restant homogène, si les tensions représentant la transformation suivent un parcours passant de la région (L) à la région (V) sans traverser la courbe formée par l'ensemble des lignes de rosée et d'ébullition, courbe que M. Duhem appelle, comme la courbe dont il a été déjà question au chapitre précédent, la *ligne limite d'un mélange de concentration* 0. Si les tensions du système viennent à traverser la ligne limite, ce système se divise en deux parties dont les masses dépendent de la position du point représentatif des tensions à l'intérieur de cette ligne limite dans la région (L — V) ; l'une de ces masses s'annule toujours au passage de ce point représentatif sur la ligne limite, sauf au point critique. A ce point seul, la traversée de la ligne limite donne lieu au phénomène particulier qui a été décrit plus haut.

15. Courbe critique. Continuité entre l'état liquide et l'état gazeux d'un mélange. — La succession des points critiques, quand on fait varier 0 de o à ∞, forme la courbe critique, partant du point critique relatif au corps a_2 isolé, pour aboutir au point critique relatif au corps a_1 également isolé.

A la continuité entre l'état liquide et l'état de vapeur ou de gaz d'un mélange, doit correspondre la continuité entre les fonctions qui définissent et expriment ces états. De même que H_1 et H'_1, d'une part, H_2 et H'_2, d'autre part, ne représentent qu'une seule et même fonction, de même, H et H', et par conséquent, F et F' ne représentent qu'une même fonction analytique.

C'est ainsi que les deux courbes $c_1 c_1'$, $c_2 c_2'$, représentées par les équations (9) et (10) ne sont que des branches d'une seule et même courbe représentée par l'équation

$$(16) \qquad\qquad - y = \theta H_1 + H_2 + F (p, T, 0, 1)$$

c'est encore ainsi que les équations (7) et (8), restant les mêmes quand on y change H_1, H_2, F, θ_1, en H_1', H_2', F', θ_2, et réciproquement, la ligne d'ébullition et la ligne de rosée pour une même concentration θ ne sont, au point de vue analytique, que deux parties d'une courbe unique, séparées par le point critique. C'est la ligne limite d'un mélange de concentration θ, défini par les équations (7) et (8) dans lesquelles on supposera soit θ_1, soit θ_2 constant, étant entendu que les symboles H_1, H_2, F, θ_1, d'une part, et H_1', H_2', F', θ_2 d'autre part ne répondent plus à un état déterminé de la matière, liquide ou vapeur.

16. Équations de l'état critique d'un mélange binaire. — La considération de la courbe représentée par l'équation (16) pour une valeur donnée de chacune des deux tensions, conduit aux équations les plus générales qu'on puisse donner de l'état critique d'un mélange binaire.

Cette courbe peut présenter des particularités qui ont été déjà signalées à ce chapitre et au chapitre précédent. Quand elle est formée de deux parties distinctes ayant un point de tangence commun, ce point définit, comme on l'a vu, un état indifférent, comprenant une phase liquide et une phase de vapeur ayant même composition. Cette particularité persiste tant que la courbe se déforme par des variations convenables des tensions, répondant à l'état indifférent, et alors quatre points de la courbe, pris deux à deux sur une même branche, se confondent (¹) ; mais il arrive une pression et une température

---

(¹) C'est le cas de la figure 1 quand les points de contact F_1 et F_2 coïncident.

critiques, correspondant, comme on l'a déjà fait remarquer, au point terminus de la courbe des états indifférents, ou le point de contact commun devient la *soudure* des deux branches considérées. La tangente à ce point de contact présente alors avec la courbe (16) un contact de troisième ordre. C'est là un cas particulier de la manière dont les deux branches de cette courbe, correspondant l'une à l'état liquide et l'autre à l'état de vapeur, peuvent se souder pour donner lieu à un état critique. La soudure peut se produire par le rapprochement de deux points de contact de plus en plus voisins des extrémités des branches correspondant aux deux états physiques différents. Mais quoiqu'il en soit, une tangente au point de soudure présente toujours avec la courbe (16) un contact de troisième ordre, et correspond à un état critique ou la matière homogène est sur le point, par la plus petite variation convenable des tensions, de se séparer en deux couches, l'une liquide et l'autre de vapeur, et de concentrations infiniment voisines.

Un contact de même ordre pour une tangente en tout autre point de la courbe (16) correspond, ainsi qu'on l'a vu au chapitre précédent, à l'état critique que prend le système, à l'état de liquide homogène, quand il est sur le point de se séparer en deux couches liquides.

Les équations générales de l'état critique s'obtiennent donc en écrivant qu'une tangente à la courbe (16) présente avec elle un contact de troisième ordre, c'est-à-dire, en écrivant

$$\frac{\partial^2 y}{\partial \theta^2} = 0, \qquad \frac{\partial^3 y}{\partial \theta^3} = 0$$

soit

$$(17) \qquad \frac{\partial^2}{\partial \theta^2} F(p, T, 0, 1) = 0$$

$$(18) \qquad \frac{\partial^3}{\partial \theta^3} F(p, T, 0, 1) = 0$$

qui ne sont que les équations (8) et (9) du chapitre précédent prises dans un sens plus général.

L'élimination de 0 entre ces deux équations donne la relation qui doit exister entre la pression et la température pour réaliser l'état critique, et qui, rapportée à deux axes op et oT, forme la courbe critique.

17. Généralisation du théorème sur l'enveloppe des lignes limites. — La courbe critique est évidemment l'enveloppe des courbes représentées par l'équation (17), quand on y fait varier ϑ ; mais elle est également l'enveloppe des lignes limites d'un mélange de concentration ϑ, quand on fait varier cette concentration.

Pour l'établir il suffit de démontrer que la courbe représentée par l'équation (17) pour une valeur ϑ_1 de ϑ, et la ligne limite représentée par les équations (7) et (8) dans lesquelles ϑ_1 est supposé constant tandis que ϑ_2 est variable, sont tangentes l'une à l'autre au point critique M_1, relatif à la concentration ϑ_1, où elles passent évidemment toutes les deux.

Or la tangente à un point quelconque de la ligne limite d'un mélange de concentration ϑ_1, est donnée par la formule (15) qu'on peut mettre sous la forme

$$\frac{\partial p}{\partial T} = -\frac{\frac{\partial}{\partial T}}{\frac{\partial}{\partial p}}\left[H_2 + F + \vartheta_1 H_1 - H'_2 - F' - \vartheta_2 H'_1 + (\vartheta_2 - \vartheta_1)\left(H_1 + \frac{\partial F}{\partial \vartheta_1} \right) \right]$$

soit encore, d'après (16), sous la forme plus simple

$$\frac{\partial p}{\partial T} = -\frac{\frac{\partial}{\partial T}}{\frac{\partial}{\partial p}}\left[y_2 - y_1 + (\vartheta_2 - \vartheta_1)\left(H_1 + \frac{\partial F}{\partial \vartheta_1} \right) \right]$$

y_1 et y_2 étant les valeurs de y quand on y fait successivement ϑ égal à ϑ_1 et ϑ_2, p et T étant les coordonnées du point de contact sur la ligne limite.

Quand ce point devient le point critique, ϑ_2 devient égal à ϑ_1, y_2 égal à y_1 et le coefficient angulaire de la tangente se présente sous la forme indéterminée. Pour lever l'indétermination, il suffit de développer y_2 suivant les puissances de $\vartheta_2 - \vartheta_1$, et l'on trouve de suite, à la limite, quand $\theta_2 = \theta_1$, et que la tangente est menée au point critique,

$$(19) \qquad \frac{\partial p}{\partial T} = - \frac{\dfrac{\partial^2 F}{\partial \theta_1 \partial T}}{\dfrac{\partial^2 F}{\partial \theta_1 \partial p}}.$$

C'est comme on l'a vu au chapitre précédent, le coefficient angulaire de la tangente à la courbe (17), (quand on y fait $\theta = \theta_1$), à son point de contact avec la courbe critique.

On peut donc généraliser le théorème énoncé à la fin du chapitre précédent, en l'appliquant aux deux espèces de lignes limites et aux deux espèces d'état critique que peuvent présenter les mélanges binaires.

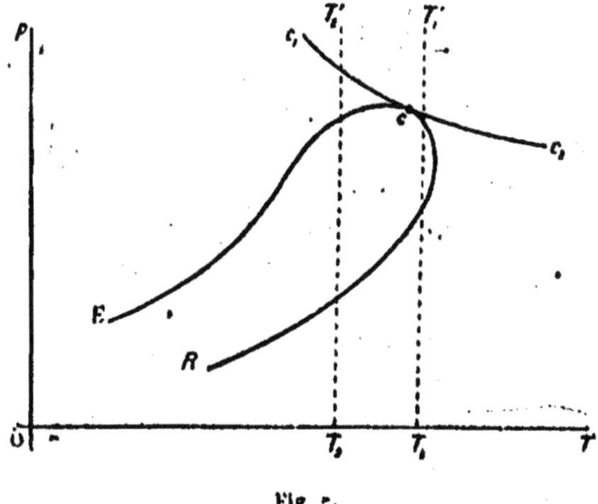

Fig 7.

Il est maintenant facile de compléter les indications de la figure 6, en attribuant à la ligne limite d'un mélange de concentration donnée, la forme la plus simple qu'on puisse lui supposer. Cette forme serait celle indiquée par la figure 7. La ligne limite EcR comprend la ligne d'ébullition Ec et la ligne de rosée Rc se prolongeant l'une l'autre au point critique c, point de contact de la ligne limite avec la courbe critique $c_1 c_2$.

En comprimant, à température constante, un mélange de 1 volume d'air et de 5 volumes d'acide carbonique, M. L. Cailletet vit, en 1880, une partie du mélange gazeux se liquéfier d'abord, puis retourner à l'état gazeux sous une pression plus élevée. Ce phénomène correspond à la transformation isotherme que représente la ligne $T_1 T_1'$.

Andrews avait étudié la compressibilité des mélanges d'acide carbonique et d'azote. En comprimant $6^{vol},2$ d'acide carbonique et 1 volume d'azote à la température de $3°,5$, la condensation du mélange gazeux avait commencé à une pression de 48 atmosphères environ ; sous une pression de 102 atmosphères le gaz était réduit à une bulle qui finit elle-même par disparaître. Ce phénomène correspond à la transformation isotherme que représente la ligne $T_2 T_2'$. A température plus élevée, les observations étaient les mêmes que dans l'expérience de M. Cailletet.

La transformation représentée par la ligne $T_1 T_1'$, prouve qu'à une température supérieure à la température critique, mais dans une étendue de températures sans doute très restreinte, la décroissance d'une pression très élevée peut provoquer la condensation partielle d'un mélange gazeux, ce qui est assez remarquable ; c'est ce que M. Duhem appelle le phénomène de la *condensation rétrograde*.

CHAPITRE XII

—

GAZ PARFAITS

1. Loi de Mariotte. — Il n'existe pas de distinction caractéristique entre ce que l'on appelle une vapeur ou un gaz. Un corps passe de l'un à l'autre état sans transition brusque ; on est seulement convenu d'appeler gaz, une vapeur éloignée de son point de liquéfaction.

Plus un gaz est difficile à liquéfier, plus il s'approche d'obéir à quelques lois fondamentales d'où découlent toutes nos connaissances sur cet état limite des gaz ou vapeurs qu'on appelle l'*état parfait*.

La plus anciennement connue de ces lois est la loi de Mariotte que nous supposerons d'abord applicable seulement aux corps chimiquement purs tels que l'oxygène, l'hydrogène, l'azote. On peut l'énoncer comme il suit.

A une même température, les volumes d'une même masse gazeuse sont inversement proportionnels aux pressions qu'elle supporte.

Il en résulte évidemment entre la pression, le volume et la température d'un gaz parfait, la relation

$$(1) \qquad pv = f(\mathrm{T}).$$

2. Loi de Joule. — *Si une masse gazeuse se détend dans le vide, au sein d'un milieu de même température, quand cette masse est revenue au repos et à l'équilibre de température avec ce milieu, elle n'a échangé avec lui aucune quantité de chaleur.*

L'application du principe de l'équivalence à cette loi montre que l'énergie du gaz est la même aux deux points extrêmes de sa transformation. Cette énergie ne varie pas, quand le volume vient à changer, la température demeurant constante. L'énergie d'un gaz parfait est indépendante de son volume, et fonction de sa température seulement.

Or, Π étant le potentiel d'une masse gazeuse, on tire de la loi de Mariotte

$$v = \frac{\partial \Pi}{\partial p} = \frac{f(T)}{p}.$$

D'où, en intégrant, ce qui introduit une fonction de la température.

$$\Pi = f(T) \log p + \psi(T).$$

Comme, d'autre part, les principes fondamentaux de la thermodynamique donnent

$$U = \Pi - T \frac{\partial \Pi}{\partial T} - p \frac{\partial \Pi}{\partial p}$$

un corps qui obéit à la loi de Mariotte a une énergie exprimée par la formule

$$U = [f(T) - T f'(T)] \log p + \psi(T) - T\psi'(T) - f(T)$$

D'après la loi de Joule, l'énergie d'un gaz parfait n'est fonction que de sa température, il faut donc que le premier terme du second membre soit identiquement nul, et que l'on ait

$$f(T) - T f'(T) = 0$$

ce qui donne en intégrant, R étant une constante

$$f(T) = RT$$

en sorte que la relation (1) prend la forme bien connue

$$(2) \qquad\qquad pv = RT.$$

On en tire aisément les lois de Gay-Lussac sur les coefficients de dilatation à pression constante et à volume constant. Ces lois ne sont donc que des conséquences des lois de Mariotte et de Joule.

3. Loi d'Avogadro et d'Ampère. — R est une même constante pour tous les gaz, pourvu qu'ils soient pris sous des masses telles qu'à un état initial ils occupent le même volume, à la même température, et sous la même pression. Si l'on admet la loi d'Avogadro et d'Ampère, d'après laquelle des volumes égaux de tous les corps, réduits à l'état de gaz parfaits, dans les mêmes conditions de température et de pression, contiennent le même nombre de molécules, R sera une constante absolue pour tous les gaz parfaits pris sous leurs poids moléculaires. Acceptée par la plupart des chimistes après bien des controverses, nous adopterons cette loi, au moins à titre de simplification de notre exposition.

Le potentiel H devient

$$(3) \qquad H = RT \log p + \psi(T).$$

Et l'énergie U, l'entropie S, la capacité calorifique à pression constante C_p, s'expriment par les formules

$$(4) \qquad U = \psi(T) - T \frac{\partial \psi}{\partial T} - RT,$$

$$(5) \qquad S = - \frac{\partial H}{\partial T} = - R \log p - \frac{\partial \psi}{\partial T},$$

$$(6) \qquad C_p = T \frac{\partial S}{\partial T} = - T \frac{\partial^2 \psi}{\partial T^2}.$$

4. Loi de Dalton sur les mélanges gazeux. — On peut énoncer cette loi comme il suit :

Le volume d'un mélange de gaz parfaits est égal à la somme des volumes de tous les gaz considérés, chacun, comme soumis à la pression totale du mélange.

v étant le volume du mélange, u le volume moléculaire commun à tous les gaz et v_1, v_2, ..., v_n les volumes que ces gaz occupaient avant le mélange, tous ces volumes étant mesurés à une même pression p et à une même température T, on aura

$$(7) \quad v = v_1 + v_2 + \ldots + v_n = (x_1 + x_2 + \ldots + x_n)u = (x_1 + x_2 + \ldots + x_n)\frac{RT}{p}$$

x_1, x_2, ... x_n étant les proportions des poids ou volumes moléculaires des gaz chimiquement purs employés dans le mélange.

p_1, p_2, ... p_n étant les pressions que supporterait chaque gaz, s'il occupait seul le volume du mélange, on a

$$p_1 v = x_1 RT, \quad p_2 v = x_2 RT, ..., p_n v = x_n RT$$

d'où l'on tire, d'après (7)

$$p_1 + p_2 + ... + p_n = (x_1 + x_2 + ... + x_n) \frac{RT}{v} = p.$$

En sorte que la loi de Dalton peut encore s'énoncer comme il suit :

La force élastique d'un mélange de gaz parfaits est égale à la somme des forces élastiques de tous les gaz considérés, chacun, comme occupant le volume du mélange tout entier.

On tire des égalités (7)

$$pv = (x_1 + x_2 + ... + x_n) RT.$$

C'est la relation qui relie la pression p, le volume v et la température T d'un mélange défini. Elle a la forme (2) qui caractérise les gaz suivant les lois de Mariotte et de Joule. Donc un mélange de gaz suivant les lois de Mariotte et de Joule suit lui-même les lois de Mariotte et de Joule.

On peut même ramener la constante du second membre à se confondre avec la constante absolue R, si l'on a le soin, sans du reste rien changer à la constitution du mélange, de supposer les fractions x_1, x_2, ... x_n telles que leur somme soit égale à l'unité, c'est-à-dire, telles que le mélange considéré soit pris sous ce que l'on peut appeler son *poids moléculaire moyen*. Avec cette restriction, tous les gaz parfaits, mélangés ou non, obéissent à la loi d'Avogadro et d'Ampère.

Π_1, Π_2, ..., Π_n étant les potentiels moléculaires des gaz séparés à la pression et à la température du mélange, le potentiel Π de ce mélange sera de la forme

$$(8) \quad \Pi = x_1 \Pi_1 + x_2 \Pi_2 + ... + x_n \Pi_n + F(p, T, x_1, x_2, ..., x_n).$$

Si l'on prend la dérivée de II par rapport à p, il vient

$$v = v_1 + v_2 + \ldots + v_n + \frac{\partial F}{\partial p}.$$

D'après la loi de Dalton $\frac{\partial F}{\partial p} = 0$. La fonction F est indépendante de la pression

$$(9) \qquad F = f(T, x_1, x_2, \ldots, x_n).$$

5. Loi sur les effets thermiques du mélange. — *Le mélange de plusieurs gaz à pression et à température constantes s'opère sans échange définitif de chaleur avec l'extérieur.*

Il résulte de cette loi, d'après la formule (13) du chapitre II, que l'on a

$$\frac{\partial}{\partial T}\left(\frac{F}{T}\right) = 0,$$

d'où l'on tire en intégrant, eu égard à (9)

$$(10) \qquad F = T f(x_1, x_2, \ldots, x_n).$$

Et la formule (8) devient

$$(11) \quad II = x_1 II_1 + x_2 II_2 + \ldots + x_n II_n + T f(x_1, x_2, \ldots, x_n)$$

6. Capacité calorifique à pression constante d'un mélange gazeux. — On tire de (11), en prenant la dérivée par rapport à T, S étant l'entropie du mélange et $S_1, S_2, \ldots, S_n$ les entropies moléculaires des gaz avant le mélange

$$(12) \quad S = x_1 S_1 + x_2 S_2 + \ldots + x_n S_n - f(x_1, x_2, \ldots, x_n)$$

Cette équation, d'abord différentiée par rapport à T, puis multipliée par T, donne

$$T \frac{\partial S}{\partial T} = x_1 T \frac{\partial S_1}{\partial T} + x_2 T \frac{\partial S_2}{\partial T} + \ldots + x_n T \frac{\partial S_n}{\partial T}.$$

Si l'on appelle C_p, C'_p, C', ..., C_p^n les capacités calorifiques ou chaleurs moléculaires à pression constante du mélange et de chacun des gaz séparés, la dernière équation devient, en remarquant que le mélange contient $x_1 + x_2 + ... + x_n$ fois son poids moléculaire moyen

$$(x_1 + x_2 + ... + x_n)\, C_p = x_1 C_p' + x_2 C_p'' + ... + x_n C_p^n$$

soit

$$(13) \qquad C_p = \frac{x_1 C_p' + x_2 C_p'' + ... + x_n C_p^n}{x_1 + x_2 + ... + x_n}.$$

C_p', C_p'', ..., C_p^n étant, d'après (6), des fonctions de la température seulement. Cette formule se traduit par la loi suivante :

La chaleur moléculaire à pression constante d'un mélange de gaz parfaits est la moyenne composée des chaleurs moléculaires des gaz séparés, pris à la même température.

7. Energie d'un mélange gazeux. — Le mélange des gaz parfaits s'opérant, à température et à pression constantes, sans échange de chaleur avec l'extérieur et sans variation de volume, l'énergie du mélange, d'après la loi de conservation, sera égale à la somme des énergies des gaz séparés avant le mélange. On a donc, en appelant U, U_1, U_2, .., U_n l'énergie moléculaire du mélange et de chacun des gaz séparés.

$$(14) \quad (x_1 + x_2 + . + x_n)\, U = x_1 U_1 + x_2 U_2 + .. + x_n U_n.$$

D'après (4) U, U_1, U_2, ., U_n ne sont fonctions que de la température, donc :

L'énergie moléculaire d'un mélange de gaz parfaits est la moyenne composée des énergies moléculaires des gaz séparés, pris à la même température.

On en tire la conclusion suivante.

Si l'on met en communication plusieurs récipients contenant des gaz différents ou non qui sont en équilibre de température avec le milieu environnant, ces gaz se diffuseront les uns dans les autres pour former un mélange homogène à la même température. Quelles que soient les pressions initiales supportées par ces gaz dans les récipients qu'ils occupaient respectivement au début de l'expérience, le mélange s'opérera sans échange définitif de chaleur avec le milieu extérieur.

En effet, l'opération s'est effectuée sans variation d'énergie, sans travail des gaz en jeu, et, partant, d'après le principe de conservation de l'énergie, sans échange de chaleur.

On peut supposer que la pression et, par suite, la masse d'un des gaz est suffisamment faible dans un des récipients, pour que ce récipient puisse être considéré comme vide, en sorte que la loi de Joule n'est qu'un cas particulier de la loi qui vient d'être énoncée.

8. Entropie d'un mélange gazeux. — Quand différents gaz, pris sous la même pression, se mélangent à une température donnée, et sans variation de volume d'après la loi de Dalton, l'augmentation de l'entropie qui se produit dans le système gazeux, est représentée, comme l'indique la formule (12), par la fonction

$$- f(x_1, x_2, .. x_n).$$

$f(x_1, x_2, .., x_n)$ est une fonction négative.

On peut se demander quelle serait l'augmentation de l'entropie, si les gaz soumis à des pressions différentes, mais pris toujours à une même température, venaient à se diffuser les uns dans les autres pour occuper, à la même température, le volume entier formé par les récipients dans lesquels ils sont d'abord isolés les uns des autres.

Soient $v_1, v_2, .., v_n$ les volumes de ces récipients contenant, chacun, un gaz différent, l'entropie $x_1 S_1$ de la première masse gazeuse sera, au début de l'expérience, d'après la formule (5), p_1 étant la pression qu'elle supporte

$$x_1 S_1 = - x_1 R \log p_1 - x_1 \frac{\partial \psi_1}{\partial T},$$

mais on a

$$p_1 v_1 = x_1 R T$$

Et la formule précédente peut se mettre sous la forme

$$x_1 S_1 = - x_1 R \log \frac{x_1 R T}{v_1} - x_1 \frac{\partial \psi_1}{\partial T}.$$

On a de même pour l'entropie des autres masses gazeuses

$$x_2 S_2 = - x_2 R \log \frac{x_2 RT}{v_2} - x_2 \frac{\partial \psi_2}{\partial T}$$

$$\cdot \cdot \cdot \cdot \cdot \cdot \cdot \cdot \cdot \cdot \cdot \cdot \cdot \cdot \cdot \cdot \cdot \cdot \cdot \cdot \cdot \cdot \cdot$$

$$x_n S_n = - x_n R \log \frac{x_n RT}{v_n} - x_n \frac{\partial \psi_n}{\partial T},$$

p étant la pression finale du système gazeux après le mélange, si on applique à ce mélange la formule (12), on a pour exprimer son entropie S, en supposant tous les gaz primitivement séparés comme portés à cette même pression p

$$S = - (x_1 + x_2 + . + x_n) R \log p - x_1 \frac{\partial \psi_1}{\partial T} - .. - x_n \frac{\partial \psi_n}{\partial T} - f(x_1, x_2, ., x_n).$$

Mais on a

$$p(v_1 + v_2 + . + v_n) = (x_1 + x_2 + . + x_n) RT.$$

Et la formule précédente devient en éliminant p

$$S = - (x_1 + x_2 + . + x_n) R \log \frac{(x_1 + x_2 + . + x_n) RT}{v_1 + v_2 + . + v_n}$$

$$- x_1 \frac{\partial \psi_1}{\partial T} - .. - x_n \frac{\partial \psi_n}{\partial T} - f(x_1, x_2, ., x_n).$$

On a donc, ΔS étant l'augmentation de l'entropie que produit le mélange dans le système

$$(15) \quad \begin{cases} \Delta S = x_1 R \log \frac{v_1 + v_2 + . + v_n}{v_1} + .. + x_n R \log \frac{v_1 + v_2 + . + v_n}{v_n} \\[2mm] + x_1 R \log \frac{x_1}{x_1 + x_2 + . + x_n} + .. + x_n R \log \frac{x_n}{x_1 + x_2 + . + x_n} \\[2mm] - f(x_1, x_2, .., x_n). \end{cases}$$

Si l'on suppose que $x_2, x_3, ..., x_n$ viennent à s'annuler, la formule précédente se réduit à son premier terme. Elle représente alors l'augmentation de l'entropie $(\Delta S)_1$ qui résulte de l'expansion dans le vide d'un seul gaz, pris sous la fraction x_1 de son poids moléculaire, et passant du volume v_1 qu'il occupe primitivement au volume $v_1 + v_2 + . + v_n$ qu'il doit occuper finalement dans le mélange, et l'on a

$$(\Delta S)_1 = x_1 R \log \frac{v_1 + v_2 + . + v_n}{v_1}.$$

De même, chacun des autres gaz étant seul à se diffuser dans le volume occupé par tous les autres, son entropie s'augmentera de

$$(\Delta S)_2 = x_2 R \log \frac{v_1 + v_2 + . + v_n}{v_2}$$

$$\cdots\cdots\cdots\cdots\cdots\cdots\cdots\cdots\cdots$$

$$(\Delta S)_n = x_n R \log \frac{v_1 + v_2 + . + v_n}{x_n}.$$

L'ensemble des termes en v dans la formule (15) représente donc la somme des augmentations d'entropie que produirait la diffusion de chacun des gaz dans l'espace occupé par tous les autres, si cet espace était vide.

Remarquons enfin que si les gaz sont supposés primitivement à une même pression, d'ailleurs quelconque, on a en général

$$\frac{v_1 + v_2 + . + v_n}{v_1} = \frac{x_1 + x_2 + . + x_n}{x_1},$$

en sorte que si l'on désigne, dans ce cas, par $(\Delta S)_p$ la somme des augmentations d'entropie que produirait la diffusion de chacun des gaz dans l'espace occupé par tous les autres, cet espace étant supposé vide, on a

$$(16) \qquad (\Delta S)_p = x_1 R \log \frac{x_1 + x_2 + . + x_n}{x_1}$$

$$+ x_2 R \log \frac{x_1 + x_2 + . + x_n}{x_2} + . + x_n R \log \frac{x_1 + x_2 + . + x_n}{x_n}$$

On peut donc donner à la formule (15) la forme simple

$$\Delta S = \sum_1^n (\Delta S)_i - (\Delta S)_p - f(x_1, x_2, ., x_n).$$

Telle est l'expression de l'augmentation d'entropie qui résulte du mélange de plusieurs gaz pris à une même température, chacun de ces gaz pouvant être à une pression différente.

On peut remplacer cette formule par la suivante

$$S - \sum_1^n x_i S_i = \sum_1^n (\Delta S)_i - (\Delta S)_p - f(x_1, x_2, ., x_n)$$

soit

$$S = \sum_{11}^n \left[x_i S_i + (\Delta S)_i \right] - (\Delta S)_i - f(r_1, x_2, .. x_n),$$

Dans cette dernière formule S est l'entropie du mélange ; l'ensemble des termes compris sous le signe $\sum$ représente la somme des entropies de chacun des gaz considéré comme occupant isolément le volume entier du mélange.

9. Proposition de Gibbs.

— Gibbs a été conduit par certaines considérations sur lesquelles nous reviendrons plus loin à démontrer sur l'entropie d'un mélange gazeux une proposition fort importante que l'on énonce d'habitude comme il suit.

L'entropie d'un mélange homogène de plusieurs gaz parfaits est égale à la somme des entropies que possèderaient ces gaz, si chacun d'eux occupait seul le volume entier du mélange.

Cette loi revient à poser

$$(17) \qquad S = \sum^n \left[x_i S_i + (\Delta S)_i \right],$$

d'où résulterait

$$(18) \qquad (\Delta S)_p = - f(x_2, v_2, ., x_n)$$

et, par conséquent, d'après (16)

$$(19) \qquad f(x_1, x_2, ., x_n) = x_1 R \log \frac{x_1}{x_1 + x_2 + . + x_n}$$

$$+ x_2 R \log \frac{x_2}{x_1 + x_2 + . + x_n} + . + x_n R \log \frac{x_n}{x_1 + x_2 + . + x_n}.$$

La proposition de Gibbs détermine d'une façon complète, pour les gaz parfaits, la fonction F ou la fonction f qui n'en diffère que par le facteur T.

Cette proposition conduit à poser soit l'équation (17), soit l'équation (18), puisque l'une résulte de l'autre. On peut donc l'énoncer en traduisant l'équation (18), et en disant :

L'augmentation d'entropie que produit le mélange de plusieurs gaz pris à même pression et à même température, est égale à la somme des augmentations qui se produiraient, si chacun de ces gaz se diffusait seul dans l'espace occupé par tous les autres et supposé vide.

Cet énoncé est trop succinct et exige quelques explications.

Il est d'abord indispensable de spécifier que les gaz doivent être *différents*. Si les gaz mis en relation sont identiquement les mêmes, il ne se produit évidemment pas, *pendant l'opération*, dans toute la masse interne du système considéré, de manifestation thermique, signe caractéristique du mélange, qui n'a de sens qu'entre corps différents; il n'y a pas, à proprement parler, de mélange, pas de dissipation d'énergie, partant, pas d'augmentation d'entropie, comme pourrait le laisser croire l'énoncé insuffisant ci-dessus, et la proposition de Gibbs n'est pas applicable.

Il faut, en outre, que tous les gaz mis en présence aient une différence absolue, qu'ils ne contiennent, à l'état de mélange, aucun élément commun, et la proposition de Gibbs n'est pas applicable, par exemple, à un mélange d'air et d'azote.

L'air lui-même est, en effet, un mélange d'azote et d'oxygène ; il n'est pas admissible que cette proposition puisse être exacte si l'on met en présence d'une part de l'azote, et, d'autre part, un mélange d'azote et d'oxygène en proportions indéterminées, puisqu'en faisant tendre vers zéro la proportion d'oxygène, on arriverait à mettre en présence deux gaz identiques, l'azote.

10. — Proposition de Gibbs dans le cas où les gaz mélangés sont eux-mêmes des mélanges gazeux. — Si d'ailleurs la proposition de Gibbs est vraie, quand on met en présence des gaz parfaits distincts et chimiquement purs, elle est encore vraie, quand ces gaz sont eux-mêmes des mélanges, pourvu que ces mélanges ne comprennent aucun élément commun. Ceci a besoin d'une démonstration.

L'augmentation d'entropie qui peut accompagner le mélange total opéré entre mélanges partiels, est égale à l'excès de l'augmentation qui résulterait du mélange de tous les gaz chimiquement purs et distincts mis en jeu, supposés séparés, sur la somme des augmentations qui se produiraient pour constituer les premiers mélanges partiels, en partant également des gaz chimiquement purs, distincts et séparés, toutes ces opérations étant faites à une même pression et à une même température.

Supposons d'abord que le mélange s'opère entre deux masses gazeuses, la première étant composée de n gaz parfaits, la seconde de n' gaz parfaits, pris respectivement sous les proportions $\alpha_1, \alpha_2, ...,$ x_n et $\alpha'_1, \alpha'_2, ..., \alpha'_{n'}$ de leurs poids moléculaires. Tous ces gaz sont supposés distincts et chimiquement purs.

En les supposant primitivement renfermés dans $n + n'$ récipients différents, l'augmentation de l'entropie qui accompagnera la formation des deux masses gazeuses considérées, sera pour chacune de ces masses, d'après la formule (16)

$$R \left(x_1 \log \frac{X}{\alpha'_1} + \alpha_2 \log \frac{X}{x_2} + ... + \alpha_n \log \frac{X}{\alpha_n} \right)$$

$$R \left(\alpha'_1 \log \frac{X'}{x'_1} + \alpha'_2 \log \frac{X'}{\alpha'_2} + ... + x'_n \log \frac{X'}{x'_{n'}} \right)$$

en posant pour simplifier les écritures

$$X = \alpha_1 + \alpha_2 + ... + x_n$$
$$X' = \alpha'_1 + x'_2 + ... + \alpha'_{n'}.$$

L'augmentation de l'entropie qui accompagnerait la formation du mélange définitif comprenant les $n + n'$ gaz, en partant toujours de tous les gaz séparés, serait

$$R \left(x_1 \log \frac{X + X'}{x_1} + \alpha_2 \log \frac{X + X'}{x_2} + ... + \omega_n \log \frac{X + X'}{\alpha_n} \right.$$

$$\left. + x'_1 \log \frac{X + X'}{\alpha'_1} + \alpha'_2 \log \frac{X + X'}{\alpha'_2} + ... + \alpha'_{n_1} \log \frac{X + X'}{x'_{n'}} \right).$$

L'augmentation de l'entropie qui accompagnera le mélange des deux masses gazeuses sera évidemment obtenu en retranchant de cette dernière expression, la somme des deux précédentes, ce qui donne, après réductions

$$R\left(X\log\frac{X+X'}{X} + X'\log\frac{X+X'}{X'}\right).$$

Si, au lieu de deux masses gazeuses, on en considère $q+1$, ces masses étant composées de gaz parfaits, chimiquement purs et tous différents, on voit facilement que l'augmentation d'entropie ΔS, qui résulterait du mélange de ces $q+1$ masses serait de la forme

$$\Delta S = R\left(X\log\frac{X+X'+\ldots+X^{(q)}}{X} + X'\log\frac{X+X'+\ldots+X^{(q)}}{X'}\right.$$
$$\left. +\ldots+X^{(q)}\log\frac{X+X'+\ldots+X^{(q)}}{X^{(q)}}\right).$$

Cette dernière expression ne diffère du second membre de (16) qu'en ce que x_1, x_2, ..., x_n sont remplacés par X, X', ..., $X^{(q)}$. Les deux augmentations d'entropie se calculent de la même manière, qu'il s'agisse de la diffusion de gaz chimiquement purs mais distincts, ou seulement de premiers mélanges partiels, mais n'ayant aucun élément commun : les x comme les X ne définissent que les volumes mis en présence à une température et à une pression déterminées, et l'augmentation d'entropie qui résulte de la diffusion est indépendante de la nature des gaz en jeu, pourvu qu'ils soient absolument différents.

La proposition de Gibbs, après bien des controverses, est aujourd'hui au-dessus de toute attaque ; pour qu'elle ne prête à aucune équivoque, elle doit, d'après la discussion qui précède, être formulée d'une façon précise comme il suit :

L'entropie d'un mélange de plusieurs gaz parfaits, composés eux-mêmes, au besoin, de gaz parfaits, est égale à la somme des entropies que posséderaient ces gaz, si chacun d'eux occupait seul le volume tout entier du mélange, les gaz soumis au mélange étant absolument différents, c'est-à-dire ne pouvant contenir eux-mêmes, à l'état de mélange, aucun élément chimique commun.

Si l'on fait abstraction de la loi d'Avogadro et d'Ampère, on a vu à ce chapitre que les gaz parfaits obéissent à cinq lois fondamentales et indépendantes d'où découlent toutes les propriétés qu'auraient les corps réduits à cet état idéal. Ces lois sont les lois de Mariotte, de Joule, de Dalton, la loi sur les effets thermiques du mélange, enfin la loi de Gibbs sur l'entropie des mélanges gazeux. On verra au chapitre qui suit que les trois dernières lois qui concernent les mélanges de gaz parfaits découlent d'un principe unique imaginé par Gibbs.

CHAPITRE XIII

LOI DE DALTON ET PRINCIPE DE GIBBS

1. Loi de Dalton sur la tension propre d'une vapeur émise dans une enceinte gazeuse. — Admettant que les vapeurs suivaient sensiblement les lois de Mariotte et de Gay-Lussac, Dalton leur appliquait sa loi sur la force électrique des mélanges gazeux , mais il alla plus loin encore, et pressentit bientôt une loi nouvelle qui a une importance considérable.

La vapeur émise par un liquide acquiert dans une atmosphère gazeuse limitée, la même tension que dans le vide à la même température.

L'étroite analogie des changements d'état physique et des transformations chimiques à tensions fixes, mise en relief par les théories modernes, conduit à appliquer cette loi aux vapeurs émises aussi bien dans une transformation chimique que dans la vaporisation d'un liquide.

La loi de Dalton conduit directement à la loi de Magnus. La tension de la vapeur émise dans le vide par un système de deux corps séparés, solides ou liquides, est égale à la somme des tensions respectives des vapeurs émises également dans le vide, à la même température, par chacun des deux corps considérés. Car on peut supposer chacune des vapeurs simultanément émises dans une même enceinte comme soustraite au contact et à l'influence du corps qui la produit, et l'autre vapeur, d'après l'énoncé strictement applicable de la loi de Dalton, aura dans cette enceinte la tension qu'elle aurait dans le vide.

Les considérations qui précèdent permettent facilement d'étendre la loi de Dalton, et la loi de Magnus à un nombre quelconque de vapeurs émises dans une même enceinte, et de donner à ces deux lois généralisées la forme suivante :

Si, à une température donnée, plusieurs substances solides ou liquides émettent des gaz ou des vapeurs DIFFÉRENTS, dans une atmosphère gazeuse également DIFFÉRENTE et limitée, la pression du mélange, si ce mélange peut être considéré comme composé de gaz parfaits, est égale à la somme des pressions individuelles de l'atmosphère primitive et des gaz ou vapeurs émis séparément dans le vide, à cette température, par chacune de ces substances.

Il importe de remarquer que cette loi, comme celle de Gibbs sur l'entropie des mélanges gazeux, n'est applicable que si l'atmosphère primitive et les gaz émis sont absolument différents.

2. Proposition de Gibbs sur l'entropie d'un mélange gazeux tirée de la loi de Dalton. — Appliquons cette loi au cas simple étudié au chapitre VII, et supposons, par exemple, qu'il s'agisse de la décomposition du carbonate de chaux dans une atmosphère comprenant $n - 1$ gaz parfaits chimiquement purs, ces gaz étant différents entre eux et différents de l'acide carbonique.

Soient α_1, x_2, ..., α_{n-1} les proportions des poids moléculaires de ces $n - 1$ gaz qui constituent l'atmosphère dans laquelle est venue se diffuser la proportion α_n du poids moléculaire de l'acide carbonique.

La formule (5) du chapitre VII, eu égard à la forme (10) déjà assignée à la fonction F au chapitre précédent, devient

$$\delta = - k_1 T \frac{\partial^2 f(x_1, x_2, \ldots, \alpha_n)}{\partial x_n^2} \quad \frac{\partial r_n}{\partial p}.$$

F étant indépendant de p, δ se réduit à $k_1 u$, u étant le volume moléculaire de l'acide carbonique isolé à la pression p et à la température T, si l'on néglige, vis à vis de ce volume, les volumes moléculaires occupés par le carbonate et par la chaux solides.

On a donc

$$u = - T \frac{\partial^2 f(x_1, x_2, \ldots, x_n)}{\partial x_n^2} \quad \frac{\partial x_n}{\partial p},$$

ou, puisque $pu = RT$,

$$R \frac{dp}{p} = - \frac{\partial^2 f(x_1, x_2, \ldots, x_n)}{\partial x_n^2} \quad dx_n.$$

On en tire en intégrant

$$R \log p = - \frac{\partial f(x_1, x_2, \ldots, x_n)}{\partial x_n} + \varphi(T).$$

$\varphi(T)$ a un sens physique parfaitement déterminé. Si l'on fait tendre $x_1, x_2, \ldots, x_{n-1}$ vers zéro, $\frac{\partial f}{\partial x_n}$ s'annule, la décomposition du carbonate se fait dans le vide ; p_0 étant alors la tension normale de dissociation à tensions fixes, la formule précédente se réduit à

$$R \log p_0 = \varphi(T).$$

Transportant cette valeur de $\varphi(T)$ dans cette même formule, il vient

$$(1) \qquad R \log \frac{p}{p_0} = - \frac{\partial f(x_1, x_2, \ldots, x_n)}{\partial x_n}.$$

Mais v étant le volume de l'atmosphère gazeuse on a

$$pv = (x_1 + x_2 + \ldots + x_n)RT.$$

La pression propre de l'acide carbonique dans cette atmosphère est, d'après la loi de Dalton, p_0, qui obéit à la relation

$$p_0 v = x_n RT.$$

On tire de ces deux dernières équations

$$\frac{p}{p_0} = \frac{x_1 + x_2 + \ldots + x_n}{x_n}.$$

Et l'équation (1) devient

$$\frac{\partial f(x_1,\ x_2,\ \ldots,\ x_n)}{\partial x_n} = R \log \frac{x_n}{x_1 + x_2 + \ldots + x_n}.$$

Mais on peut évidemment attribuer à l'un quelconque des gaz une origine analogue à celle que nous avons attribuée à l'acide carbonique, ce qui permet d'écrire aussi bien

$$\frac{\partial f(x_1,\ x_2,\ \ldots,\ x_n)}{\partial x_1} = R \log \frac{x_1}{x_1 + x_2 + \ldots + x_n}.$$

$$\cdots\cdots\cdots\cdots\cdots\cdots\cdots\cdots$$

$$\frac{\partial f(x_1,\ x_2,\ \ldots\ x_n)}{\partial x_{n-1}} = R \log \frac{x_{n-1}}{x_1 + x_2 + \ldots + x_n},$$

et, par conséquent, d'après la formule d'Euler

$$f(x_1,\ x_2,\ \ldots,\ x_n) = x_1 \frac{\partial f}{\partial x_1} + x_2 \frac{\partial f}{\partial x_2} + \ldots + x_n \frac{\partial f}{\partial x_n},$$

soit

$$f(x_1, x_2, \ldots, x_n) = R\left(x_1 \log \frac{x_1}{x_1 + \ldots + x_n} + \ldots + x_n \log \frac{x_n}{x_1 + \ldots + x_n} \right).$$

c'est la formule (19) du chapitre précédent. Ainsi se trouve démontrée la proposition de Gibbs par la loi de Dalton.

3. Principe de Gibbs. — Mais la loi de Dalton, telle qu'elle est énoncée plus haut, a suggéré à Gibbs un principe plus général encore, et duquel découlent, non seulement cette loi elle-même, mais encore toutes les propriétés des mélanges gazeux. L'illustre savant américain a ainsi réduit à trois le nombre des lois fondamentales auxquelles obéissent les gaz parfaits; loi de Mariotte, loi de Joule, et enfin la loi de Gibbs dont l'énoncé résulte des déductions qui suivent ([1]).

(1) Nous écartons ici la loi d'Avogadro et d'Ampère qui est plutôt une loi de la chimie, d'ailleurs encore contestée et de laquelle ne découle aucune conséquence importante intéressant la Physique. Voir pour les considérations qui suivent « *Équilibre des systèmes chimiques*, par J. WILLARD GIBBS, traduit par Henry LE CHATELIER, George CANEL et C. NARD, 1899, pages 162 et suivantes.

Si l'on considère plusieurs corps solides ou liquides se vaporisant dans un espace vide, le potentiel moléculaire de chaque corps aura la même valeur dans ses deux états physiques différents, que ces corps se vaporisent simultanément ou isolément. Dans les deux cas, le potentiel commun aura sensiblement la même valeur si les vapeurs émises sont assimilables à des gaz parfaits, ce qui exclut les fortes pressions, parce que, à une même température, le potentiel d'un corps solide ou liquide ne varie pas notablement avec les pressions, quand les pressions restent faibles.

Il en résulte que le potentiel moléculaire de chacune des vapeurs émises a la même valeur, que ces vapeurs soient émises isolément ou simultanément. D'autre part, d'après la loi de Dalton, la pression du mélange de vapeurs simultanément émises, est égale à la somme des pressions des vapeurs isolément émises ; on peut donc, en négligeant de légères différences énoncer la loi suivante, qui est la véritable loi de Gibbs.

La pression d'un mélange de gaz DIFFÉRENTS *est égale à la somme des pressions individuelles de ces gaz pris isolément à la même température et avec le même potentiel.*

4. Loi de Dalton sur les mélanges gazeux tirée du principe de Gibbs. — On tire très simplement de cette loi des conséquences importantes.

Parmi les équations fondamentales pouvant définir un mélange de n gaz, considérons la pression p de ce mélange exprimée en fonction de sa température T et des potentiels h_1, h_2, ..., h_n des gaz qui le forment.

La pression p_i du gaz a_i, isolé à la même température et avec le même potentiel h_i, s'exprime aussi en fonction de cette température et de ce potentiel ; on a

$$p_i = f_i (T, h_i).$$

La loi de Gibbs permet de poser :

$$(2) \qquad p = p_1 + p_2 + \ldots + p_n,$$

p_1, p_2, ..., p_n étant des fonctions de T et respectivement de h_1, h_2, ..., h_n.

On tire de cette équation :

$$(3) \qquad \frac{\partial p}{\partial h_i} = \frac{\partial p_i}{\partial h_i} = \frac{\partial f_i (T, h_i)}{\partial h_i}.$$

V étant le volume du mélange des n gaz, pris sous les proportions α_1, α_2, ..., α_n de leurs poids moléculaires, on a, d'après la formule (27) du chapitre II

$$\frac{\alpha_i}{V} = \frac{\partial p}{\partial h_i},$$

et, par suite, d'après (3) :

$$\frac{\alpha_i}{V} = \frac{\partial f_i (T, h_i)}{\partial h_i}.$$

Il résulte de cette dernière équation que la masse d'un des gaz mélangés, contenus dans l'unité de volume du mélange, n'est fonction que de la température et du potentiel de ce gaz; cette masse est indépendante de la présence des autres constituants du mélange; chacun de ces constituants, considéré comme occupant seul le volume total du mélange, a le même potentiel que quand tous les constituants l'occupent. La pression du mélange est donc, d'après la loi de Gibbs, la somme des pressions que les gaz constituants prendraient, s'ils existaient seuls, sous le même volume, à la même température. C'est l'une des deux formes de la loi de Dalton sur les mélanges gazeux.

5. Nouvelle démonstration de la proposition de Gibbs sur l'entropie d'un mélange gazeux. — On tire encore de l'équation (2) :

$$(4) \qquad \frac{\partial p}{\partial T} = \frac{\partial p_1}{\partial T} + \frac{\partial p_2}{\partial T} + \ldots + \frac{\partial p_n}{\partial T}.$$

S étant l'entropie du mélange gazeux, on a, d'après la formule (26) du Chapitre II ;

$$\frac{\partial p}{\partial T} = \frac{S}{V}.$$

Si l'on applique l'équation différentielle (25) du chapitre II, au cas où le système homogène ne comprend plus que le gaz a_i, sous le volume V du mélange, on a encore, d'après la formule (26) :

$$\frac{\partial p_i}{\partial T} = \frac{a_i\, S_i}{V}.$$

S_i étant l'entropie moléculaire du constituant a_i.

L'équation (4) se réduit donc à

(5) $$S = a_1\, S_1 + a_2\, S_2 + \dots + a_n\, S_n.$$

C'est la proposition de Gibbs. L'entropie d'un mélange gazeux est la somme des entropies des constituants occupant isolément le volume du mélange.

6. Autres lois sur les mélanges soumis au seul principe de Gibbs. — Le potentiel total H du mélange a, comme nous savons, pour, expression.

(6) $$H = a_1\, h_1 + a_2\, h_2 + \dots + a_n\, h_n.$$

Cette formule exprime que :

Le potentiel total d'un mélange gazeux est la somme des potentiels des masses constituantes quand celles-ci occupent isolément le volume du mélange:

Si l'on ajoute, membre à membre, l'équation (6) et l'équation (5) multipliée par T, il vient :

(7) $$H + ST = x_1\,(h_1 + S_1 T) + a_2\,(h_2 + S_2 T) + \dots + x_n\,(h_n + S_n T).$$

H + ST est, pour le mélange, la fonction caractéristique $U + pV$ que nous avons désignée au Chapitre premier par H_1 ; chaque facteur, compris entre parenthèses au second membre, par exemple celui qui concerne le corps a_i, est la même fonction caractéristique, rapportée au poids moléculaire du corps a_i, $U_i + p_i \dfrac{V}{a_i}$, quand la masse de ce corps, incorporée au mélange, est seule à occuper le volume de ce mélange. On peut donc encore énoncer le théorème suivant :

La fonction caractéristique, représentée au chapitre premier par H_1, et appliquée au mélange, est égale à la somme des mêmes fonctions caractéristiques appliquées successivement à la masse de chaque constituant occupant le volume du mélange.

L'équation (7), d'après ce qui vient d'être dit peut se mettre sous la forme

$$U + pV = x_1\left(U_1 + p_1\frac{V}{x_1}\right) + x_2\left(U_2 + p_2\frac{V}{x_2}\right) + \ldots + x_n\left(U_n + p_n\frac{V}{x_n}\right),$$

d'où l'on tire, eu égard à (2)

$$(8) \qquad U = x_1 U_1 + x_2 U_2 + \ldots + x_n U_n.$$

L'énergie d'un mélange gazeux est égale à la somme des énergies des masses constituantes occupant isolément le volume du mélange.

Si de cette dernière équation on retranche membre à membre l'équation (5) multipliée par T, il vient

$$(9)\quad U - ST = x_1\,(U_1 - S_1 T) + x_2\,(U_2 - S_2 T) + \ldots + x_n(U_n - S_n T).$$

$U - ST$ est, pour le mélange, la fonction caractéristique de Massieu que nous avons désignée par H_2 au chapitre Ier : chaque facteur analogue au second membre est la même fonction caractéristique pour l'un des constituants, et rapportée au poids moléculaire de ce constituant quand sa masse est seule à occuper le volume du mélange, d'où l'on conclut que :

La fonction caractéristique de Massieu, représentée au Chapitre premier par H_2, et appliquée au mélange est égale à la somme des mêmes fonctions appliquées aux masses des constituants, occupant isolément le volume du mélange.

Dans l'équation (5) on peut considérer S, S_1, S_2 ..., S_n comme exprimés en fonction de la température T et du volume V ; si l'on prend la dérivée de chaque membre par rapport à T et si l'on multiplie par T, il viendra

$$(10) \qquad T\frac{\partial S}{\partial T} = x_1 T\frac{\partial S_1}{\partial T} + x_2 T\frac{\partial S_2}{\partial T} + \ldots + x_n T\frac{\partial S_n}{\partial T}.$$

Ce qui exprime que :

La capacité calorifique à volume constant d'un mélange est égale à la somme des capacités calorifiques à volume constant de ses constituants occupant isolément le volume du mélange.

Remarquons que les propositions qui viennent d'être démontrées n'impliquent nullement que les corps en jeu soient des gaz parfaits, car nous n'avons fait appel à aucune des conséquences des lois de Mariotte et de Joule. Il suffit pour que ces propositions soient exactes, que la pression dans le mélange soit égale à la somme des pressions que supporterait chacun des corps pris isolément à la même température et avec le même potentiel ; et alors, chaque corps se comporte dans le mélange comme si les autres n'existaient pas pour lui, en ce sens que la pression, l'entropie, la capacité calorifique à volume constant, l'énergie, le potentiel total H, les fonctions caractéristiques H_1 et H_2 sont, pour le mélange, la somme de ces mêmes grandeurs pour les différents corps occupant isolément le volume total du mélange.

7. Autre forme équivalente du principe de Gibbs. — Gibbs a fait remarquer qu'on peut remplacer la loi si remarquable qui l'a conduit aux résultats que nous venons d'indiquer (¹), par l'hypothèse que la valeur de la fonction caractéristique H_2 de Massieu pour le mélange, serait égale à la somme des valeurs de cette fonction pour les différents corps constituant ce mélange, et pris isolément en même quantité, à la même température sous le même volume.

Si, en effet, on prend la dérivée de chaque membre de l'équation (9) par rapport à la proportion x_i, en observant que dans la fonc-$U_i - S_i T$ de Massieu, U_i et S_i sont des fonctions de $\dfrac{V}{x_i}$, il vient, eu égard à la formule (23) du chapitre premier

$$\frac{\partial H_2}{\partial x_i} = U_i - T S_i + p_i \frac{V}{x_i}.$$

(¹) Gibbs n'indique pas le théorème sur les capacités calorifiques à volume constant.

Le premier membre n'est, d'après la formule (33) du chapitre II, que le potentiel moléculaire du corps a_i dans ce mélange ; le second membre est le potentiel moléculaire du même corps, quand il occupe isolément le volume du mélange. Le potentiel du corps a_i a donc la même valeur dans les deux cas.

Si l'on prend la dérivée de chaque membre de (9) par rapport à T, on retombe sur l'équation (5). La proposition de Gibbs sur l'entropie des mélanges gazeux résulte ainsi de la nouvelle hypothèse.

Si l'on prend la dérivée de (9) par rapport à V, on trouve, en appliquant la formule (23) du chapitre Ier,

$$p = p_1 + p_2 + \ldots + p_n.$$

C'est la loi de Gibbs d'où découlent naturellement les quatre autres propositions exprimées par les formules (6), (7), (8) et (10).

8. Corps obéissant au principe de Gibbs et à la loi de Mariotte — Si maintenant on admet que les corps en jeu suivent, non seulement la loi de Gibbs, mais encore, quand ils sont isolés, la loi de Mariotte représentée, d'après la formule (1) du chapitre précédent, par des équations de la forme

$$p_i = \frac{f_i(T)}{V}.$$

On a, d'après (2)

$$(11) \qquad p = \frac{f_1(T) + f_2(T) + \ldots + f_n(T)}{V}.$$

Le produit pV est une fonction de la température, et le mélange gazeux suit la loi de Mariotte comme les gaz séparés.

Le gaz a_i, puisqu'il suit la loi de Mariotte, occupe à la pression p du mélange un volume v_i qui est défini par la relation

$$v_i = \frac{f_i(T)}{p}.$$

La somme des volumes des gaz séparés à la pression et à la température du mélange sera donc

$$\frac{f_1(T) + f_2(T) + \ldots + f_n(T)}{p},$$

soit, d'après (11), le volume V du mélange. C'est l'autre forme de la loi de Dalton sur les mélanges gazeux de laquelle il résulte, d'après la formule (9) du chapitre XII, que la fonction F est indépendante de la pression, et d'après la formule (13) du chapitre II, que la chaleur mise en œuvre par le mélange de gaz, pris à une même température et à une même pression, est indépendante de la pression.

9. Corps obéissant au principe de Gibbs et à la loi de Joule. — Si l'on admet que les gaz en jeu suivent, non seulement la loi de Gibbs, mais encore la loi de Joule quand ils sont isolés, la formule (8) nous apprend que U_1, U_2, … U_n étant des fonctions de la température seule, il en sera de même pour U. Le mélange gazeux suivra la loi de Joule comme les gaz séparés.

Si l'on met en communication plusieurs récipients contenant des gaz différents ou non qui sont en équilibre de température avec le milieu environnant, la diffusion de ces gaz les uns dans les autres, pour former un mélange homogène à la même température, s'opérera sans mettre en œuvre aucune quantité de chaleur, quelles que soient les pressions initiales dans les divers récipients, car l'opération s'effectue sans variation d'énergie, d'après la loi de Joule, sans travail des gaz en jeu, et partant, sans échange de chaleur.

10. Les trois lois fondamentales des gaz parfaits. — Si, enfin, les gaz considérés obéissant à la loi de Gibbs, suivent, en outre, et à la fois, quand ils sont séparés, les lois de Mariotte et de Joule, le mélange de ces gaz suivra également les deux dernières lois, et sera lui-même un gaz parfait comme ses constituants.

Il obéira aux deux lois de Dalton sur les mélanges gazeux. La quantité de chaleur mise en œuvre dans un mélange à tensions fixes, qui est seulement fonction de la température suivant la loi de Mariotte, sera nulle suivant la loi de Joule, d'où résulte que la fonction F est de la forme (10) du chapitre précédent, et que la chaleur moléculaire à pression constante du mélange est la moyenne composée des chaleurs moléculaires des gaz séparés, pris à la même température. Enfin la proposition de Gibbs, qui résulte directement de sa loi, conduit à trouver la forme de la fonction f, qui est donnée par la formule (19) du chapitre XII.

L'examen rapide qui vient d'être fait, montre bien que toutes les propriétés des gaz parfaits sont contenues dans les trois lois fondamentales de Mariotte, de Joule et de Gibbs. Il nous reste encore à démontrer qu'elles contiennent aussi la loi de Dalton sur les vapeurs.

11. Loi de Dalton sur les vapeurs déduite du principe de Gibbs. — Revenons au cas de la dissociation du carbonate de chaux dans une enceinte contenant $n - 1$ gaz parfaits différents entre eux, et différents de l'acide carbonique considéré lui-même comme un gaz parfait.

Les volumes moléculaires des corps solides étant négligeables par rapport à celui de l'acide carbonique produit, si l'on désigne par p_0 la tension de dissociation du carbonate de chaux dans le vide, la formule (5) du chapitre VII, eu égard à la forme (10) (chapitre XII) de la fonction F se réduira, comme on l'a déjà vu, à la formule. (1).

Mais on a, d'après la formule (19) du chapitre XII

$$(12) \qquad \frac{\partial f(x_1, x_2, \ldots, x_n)}{\partial x_n} = R \log \frac{x_n}{x_1 + x_2 + \ldots + x_n}.$$

En sorte que la formule (1) devient

$$\frac{p}{p_0} = \frac{x_1 + x_n + \ldots + x_n}{x_n}.$$

Ce qui prouve que, dans l'atmosphère gazeuse, la proportion existante x_n du poids moléculaire de l'acide carbonique, prend la tension p_0 de dissociation du carbonate de chaux dans le vide. L'acide carbonique s'est produit comme si les autres gaz n'existaient pas dans l'enceinte. C'est la loi de Dalton appliquée à une vapeur assimilable à un gaz parfait, et émise dans une atmosphère de gaz parfaits.

Il importe de remarquer que la loi approchée de Dalton, déduite de la loi rigoureuse de Gibbs, n'est sensiblement exacte qu'à la condition que les vapeurs émises soient assimilables à des gaz parfaits et aient des densités beaucoup moindres que celles des corps solides ou liquides qui les émettent.

CHAPITRE XIV

—

SYSTÈMES HOMOGÈNES

1. Dissociation d'un corps composé au sein d'un système homogène. Equation de l'équilibre. Isodissociation. — Lorsqu'un composé et ses éléments sont gazeux, la dissociation se produit au sein d'un *système totalement homogène*. Il en est de même, si ces différents corps sont liquides, quand ils sont susceptibles de se mélanger tout en restant soumis à une pression suffisante pour qu'ils ne puissent émettre de vapeurs dans l'enceinte qui les contient. C'est ce type de dissociation qui sera étudié dans ce chapitre.

Considérons d'abord un système homogène ne contenant que le poids moléculaire du composé A_0, dont une fraction x est dissociée en deux éléments A_1 et A_2 en présence d'un fluide étranger et d'un excès de l'un des deux éléments, du corps A_1, par exemple. Soient λ et α les proportions moléculaires du fluide étranger et du corps A_1 en excès, qui se trouvent dans ce système.

y_0, y_1, y_2 étant respectivement les proportions des poids moléculaires du corps A_0, A_1 et A_2, existant dans le système, on aura

$$(1) \qquad \begin{cases} y_0 = 1 - x \\ y_1 = k_1\,x + \alpha \\ y_2 = k_2\,x \end{cases}$$

Les potentiels individuels des trois corps seront

$$
(2)\quad
\begin{cases}
h_0 = \mathrm{H}_0 + \dfrac{\partial \mathrm{F}}{\partial y_0} \\[2mm]
h_1 = \mathrm{H}_1 + \dfrac{\partial \mathrm{F}}{\partial y_1} \\[2mm]
h_2 = \mathrm{H}_2 + \dfrac{\partial \mathrm{F}}{\partial y_2}
\end{cases}
$$

F étant la représentation abrégée de la fonction

$$
\mathrm{F}\,(p,\,\mathrm{T},\,y_0,\,y_1,\,y_2,\,\lambda).
$$

A l'état d'équilibre considéré du système, le potentiel moléculaire et individuel du corps A_0 est égal à la somme des potentiels individuels des éléments qui forment ce poids moléculaire. On a donc

$$
h_0 = k_1\,h_1 + k_2\,h_2
$$

soit

$$
(3)\quad k_1\,\mathrm{H}_1 + k_2\,\mathrm{H}_2 - \mathrm{H}_0 + k_1\,\dfrac{\partial \mathrm{F}}{\partial y_1} + k_2\,\dfrac{\partial \mathrm{F}}{\partial y_2} - \dfrac{\partial \mathrm{F}}{\partial y_0} = 0.
$$

C'est l'équation de l'équilibre chimique du système qui, eu égard aux formules (1), peut encore se mettre sous la forme

$$
(4)\quad k_1\,\mathrm{H}_1 + k_2\,\mathrm{H}_2 - \mathrm{H}_0 + \dfrac{\partial \mathrm{F}}{\partial x} = 0.
$$

On voit qu'à chaque valeur de la pression et de la température correspond une valeur de x. En supposant x constant dans l'équation (4), on obtient la relation qui doit relier la pression et la température pour que l'équilibre se maintienne sans changement chimique. Cette relation se traduit géométriquement par une courbe que nous avons appelée la cour d'isodissociation, et qui prend toutes ses formes possibles, quand on fait varier x de 0 à 1.

2. Propriétés des courbes d'isodissociation. Corps formés avec condensation de volumes. Corps exothermiques. Corps endothermiques. — Les courbes d'isodissociation ne se coupent pas. Si elles pouvaient se couper, p et T étant invariables $\frac{\partial F}{\partial x}$ pourrait conserver la même valeur pour deux valeurs différentes de x, ce qui est impossible, car $\frac{\partial F}{\partial x}$ est une fonction croissante de x; cela résulte de ce que $\frac{\partial^2 F}{\partial x^2}$ est nécessairement positif.

v_0, v_1 et v_2 étant les volumes moléculaires individuels des corps A_0, A_1, A_2 dans le système, si l'on pose

$$(5) \qquad \delta = k_1\, v_1 + k_2\, v_2 - v_0$$

on tire de (3) ou de (4), en différentiant par rapport à p, et en supposant la température constante

$$(6) \qquad \delta = - \frac{\partial^2 F}{\partial x^2}\, \frac{\partial x}{\partial p}.$$

Cette équation permet de déterminer complètement le sens de progression des courbes d'isodissociation, quand x croît, à la condition de connaître le signe de la condensation δ pour un état d'équilibre représenté par un point quelconque du plan.

δ et $\frac{\partial x}{\partial p}$ étant de signes contraires, si δ est positif pour un point m, le sens de progression des courbes d'isodissociation, quand la dissociation augmente, s'obtient en menant par ce point une parallèle à l'axe des pressions, et dirigée vers les pressions décroissantes. Si δ est négatif, ce sens de progression s'obtient en dirigeant la parallèle à l'axe des pressions vers les pressions croissantes.

On retrouve la loi générale du déplacement de l'équilibre chimique à température constante. Quand la pression augmente à une température donnée, la dissociation augmente ou diminue, suivant que le corps composé, à l'instant considéré, se forme avec expansion ou avec contraction de volume.

Pour les systèmes assimilables à des gaz parfaits, la fonction F étant, comme on l'a déjà vu, indépendante de la pression, v_0, v_1 et v_2 ont les mêmes valeurs, que ces corps soient mélangés ou isolés; si, en outre, le corps composé se forme avec condensation de ses éléments, comme il arrive pour l'eau partiellement décomposée en oxygène et hydrogène, un abaissement de la pression à une température fixe, provoquera une nouvelle séparation du composé en ses éléments.

σ_0, σ_1, σ_2 étant les entropies moléculaires individuelles des corps A_0, A_1, A_2 dans le système, si l'on pose

$$(7) \qquad \sigma = k_1\sigma_1 + k_2\sigma_2 - \sigma_0$$

on tire de (3) ou de (4), en différentiant par rapport à T, et en supposant la pression constante

$$(8) \qquad \sigma = \frac{\partial^2 F}{\partial x^2}\frac{\partial x}{\partial T}\cdot$$

Cette formule permet encore de déterminer le sens de progression des courbes d'isodissociation, quand x croît, à la condition de connaître le signe de la condensation d'entropie σ pour un état d'équilibre représenté par un point quelconque du plan.

σ et $\frac{\partial x}{\partial T}$ étant de même signe, si σ est positif pour un point m, le sens de progression des courbes d'isodissociation, quand la dissociation augmente, s'obtient en menant par ce point une parallèle à l'axe des températures et dirigée vers les températures croissantes. Si σ est négatif, ce sens de progression s'obtient en dirigeant la parallèle à l'axe des températures vers les températures décroissantes.

Suivant que σ est positif ou négatif, on dit que le corps composé est exorthermique ou endothermique; la loi du déplacement de l'équilibre chimique à pression constante, qui se retrouve ici, peut s'énoncer comme il suit :

A pression constante, la dissociation augmente ou diminue, quand la température augmente, suivant que le corps composé, à l'état considéré, est exothermique ou endothermique.

Pour les systèmes gazeux, en l'état actuel, l'expérience ne donne, croyons-nous, aucune indication précise sur le signe de σ ; il est cependant probable que les composés gazeux tels que l'eau, l'acide carbonique, qui sont formés avec condensation de constituants également gazeux sont exothermiques à toutes les tensions. Si l'on admet cette hypothèse, σ et δ sont tous les deux positifs, et les courbes d'isodissociation auraient la forme générale EV indiquée dans la figure du chapitre VI. Elles progresseraient, quand x croît de x_0 à x_1, en s'éloignant dans le sens des températures croissantes et des pressions décroissantes.

On tire encore de l'équation d'équilibre (3) ou (4), p étant considéré comme une fonction de T, et x étant supposé constant

$$(9) \qquad \frac{\partial p}{\partial T} = \frac{\sigma}{\delta}.$$

C'est encore la formule de Clapeyron, appliquée à une courbe d'iso-dissociation, et qui détermine la direction de cette courbe en chacun de ses points, quand σ et δ sont connus.

A dissociation constante, la pression croît ou décroît, quand la température augmente, suivant que σ et δ sont de mêmes signes ou de signes contraires.

Les modifications allotropiques des gaz et vapeurs, oxygène, iode, soufre, arsenic, rentrent dans le type qui vient d'être étudié ; il suffit de faire $k_2 = \delta$, $\alpha = 0$, pour avoir les formules à appliquer. L'équation de l'équilibre devient

$$k_1 H_1 - H_0 + \frac{\partial}{\partial x} F(p,\ T,\ 1 - x,\ k_1 x,\ \lambda) = 0.$$

3. Influence d'un corps inerte dans un système gazeux. — L'équation (4) contient α et λ, ce qui prouve que l'état d'équilibre du corps en dissociation dépend de l'excès de l'un de ses constituants et de la masse ainsi que de la nature de tout corps inerte qui serait introduit dans le système homogène.

Dans quel sens l'intervention de ces masses va-t-elle déplacer l'équilibre, c'est là une question qui, posée dans toute sa générosité, présente de grandes difficultés, faute de données suffisantes sur la fonction F, mais dont la solution se trouve immédiatement, si le système homogène peut être considéré comme un mélange de gaz parfaits.

L'introduction d'un gaz inerte dans le système gazeux maintenu à volume constant ne trouble pas l'état d'équilibre ; car, d'après la loi de Gibbs, cette introduction ne change pas le potentiel des corps en jeu, et, par suite, la condition d'équilibre

$$h_0 = k_1' h_1 + k_2 h_2$$

reste satisfaite, sans qu'aucun changement chimique soit nécessaire.

Cette addition d'un gaz inerte augmente la pression totale du système de la pression individuelle exercée par le nouveau gaz. Si l'on augmente le volume de façon à rétablir la pression primitive, le corps en voie de dissociation se comportera, toujours d'après la même loi de Gibbs, comme si ce nouveau gaz n'existait pas. Il y aura donc, comme on l'a rappelé au commencement de ce chapitre, et en vertu de la loi générale du déplacement de l'équilibre chimique, dissociation, combinaison ou état stationnaire suivant que le corps composé se forme avec condensation, expansion, ou sans changement de volume.

Donc, l'intervention d'un gaz inerte, à pression constante, augmente, diminue, ou laisse constante la partie dissociée, suivant que le coefficient de condensation $k_1 + k_2 - 1$ est positif, négatif ou nul.

4. Influence d'un excès de l'un des constituants dans un système gazeux. — Pour étudier l'influence exercée par un excès de l'un des constituants du composé, considérons la fonction A représentée par le premier membre de l'équation (3), et prenons en la dérivée par rapport à α. On aura

$$\frac{\partial A}{\partial \alpha} = k_1 \frac{\partial^2 F}{\partial y_1^2} + k_2 \frac{\partial^2 F}{\partial y_2 \partial y_1} - \frac{\partial^2 F}{\partial y_0 \partial y_1},$$

soit

$$(10) \qquad \frac{\partial A}{\partial \alpha} = k_1 \frac{\partial^2 F}{\partial y_1^2} + (k_2 - 1) \frac{\partial^2 F}{\partial y_0 \partial y_1},$$

eu égard à la forme connue de la fonction F pour les gaz parfaits qui donne

$$\frac{\partial^2 F}{\partial y_1 \partial y_0} = \frac{\partial^2 F}{\partial y_1 \partial y_2} = \frac{\partial^2 F}{\partial y_1 \partial \lambda} = - \frac{1}{y_0 + y_1 + y_2 + \lambda}.$$

On a, d'autre part, d'après les équations (4) du chapitre II

$$(11) \qquad (k_1 x + \alpha)\frac{\partial^2 F}{\partial y_1^2} + \left[1 + \lambda + (k_2 - 1)x \right]\frac{\partial^2 F}{\partial y_0 \partial y_1} = 0.$$

Éliminant $\dfrac{\partial^2 F}{\partial y_1^2}$ entre les équations (10) et (11), il vient

$$\frac{\partial A}{\partial x} = \left[(k_2 - 1)x - k_1(1 + \lambda) \right]\frac{\dfrac{\partial^2 F}{\partial y_0 \partial y_1}}{k_1 x + \alpha}.$$

$\dfrac{\partial A}{\partial x}$ est de signe contraire à $(k_2 - 1)x - k_1(1 + \lambda)$.

Si le composé se forme sans condensation, $k_2 - 1$ est égal à $- k_1$, et l'on a

$$\frac{\partial A}{\partial x} = - k_1(1 + \lambda + x)\frac{\dfrac{\partial^2 F}{\partial y_0 \partial y_1}}{k_1 x + \alpha}.$$

$\dfrac{\partial A}{\partial x}$ est nécessairement positif ; l'addition d'un excès de l'un des constituants, à température et à pression constantes, rompt l'équilibre en rendant A positif. Pour ramener ce'te fonction à une valeur nulle, et rétablir l'équilibre, il faut faire varier x de façon que A décroisse. Or, la dérivée de A, par rapport à x est $\dfrac{\partial^2 F}{\partial x^2}$, quantité essentiellement positive, il faut donc faire décroître x. L'excès de l'un des constituants d'un composé qui se forme sans condensation chimique a pour effet de diminuer, à une pression et à une température données, la partie dissociée.

L'influence de cet excès de l'un des constituants est encore la même, si l'autre constituant ne rentre pas dans la molécule du composé pour plus d'une molécule, car alors $(k_2 - 1)x$ est négatif ou nul, et $\dfrac{\partial A}{\partial x}$ est encore nécessairement positif. Un excès de l'un quelconque des constituants, dans de la vapeur d'eau ou de l'acide carbonique en dissociation, a pour effet, à tensions constantes, de provoquer une combinaison partielle des éléments dissociés.

Un excès suffisamment faible d'un constituant, quand l'autre constituant rentre dans la molécule du composé pour plus d'une molécule, aura le même effet, et diminuera la partie dissociée du composé. Si cet excès s'accroît jusqu'à acquérir une valeur telle que l'on ait

$$(k_2 - 1)\alpha - k_1(1 + \lambda) = 0,$$

c'est-à dire

$$(12) \qquad \alpha = \frac{k_1(1 + \lambda)}{k_2 - 1}$$

son effet sera maximum.

Si α dépasse la valeur fixée par l'équation (12), et qui dépend de la masse du corps inerte, $\frac{\partial A}{\partial \alpha}$ changera de signe, et l'excès toujours croissant du constituant aura pour effet d'augmenter la partie dissociée du composé, après l'avoir antérieurement diminuée.

Prenons un volume d'ammoniaque, pour lequel on a $k_1 = \frac{1}{2}$ (azote) et $k_2 = \frac{3}{2}$ (hydrogène). Supposons ce gaz partiellement dissociée et en équilibre avec ses constituants. Si l'on considère un autre système en équilibre, ne différant du précédent que par l'addition, à la même pression et à la même température, d'un volume quelconque d'hydrogène, on peut être certain que la partie d'ammoniaque dissocié dans le premier système sera plus grande que la partie dissociée dans le second, et d'autant plus que ce dernier contiendra plus d'hydrogène. Si un troisième système ne diffère du premier que par l'addition d'un volume d'azote au plus égal à l'unité, la partie dissociée dans le premier système sera encore plus grande que dars le dernier, et d'autant plus que celui-ci contiendra plus d'azote. Enfin, si un quatrième système ne diffère du premier que par l'addition d'un volume d'azote supérieur à l'unité, la partie d'ammoniaque dissociée dans le premier système sera d'abord supérieure à la partie dissociée dans la quatrième, mais il arrivera un moment où la partie dissociée sera la même dans les deux systèmes, et un excès toujours croissant d'azote dans le quatrième système, tendra à y dissocier entièrement l'ammoniaque.

5. Dissociation simultanée de plusieurs corps gazeux présentant des éléments communs. Equations de l'équilibre. — Un type de dissociation intéressant à examiner est celui d'un système homogène comprenant deux gaz susceptibles de se décomposer en éléments également gazeux qui ne seraient pas tous distincts.

Pour aborder le problème avec le plus de généralité possible, nous supposerons un système de n corps A_1, A_2, ..., A_n susceptibles, chacun, de se décomposer en m corps élémentaires distincts B_1, B_2, ..., B_m. Nous admettrons que tous les corps A et tous les corps B sont des gaz parfaits.

Représentons respectivement par

$$k_1^i, \qquad k_2^i, ..., k_m^i$$

les proportions des poids moléculaires des corps B_1, B_2, ..., B_m qui rentrent dans la composition du poids moléculaire du corps A_i.

A un état virtuel, pris initialement comme terme de comparaison, le système homogène sera supposé contenir les proportions a_1, a_2, ..., a_n des poids moléculaires des corps A_1, A_2, ..., A_n avec les proportions excédantes β_1, β_2, ..., β_m des poids moléculaires des corps B_1, B_2, ..., B_m. Cet état n'est pas un état d'équilibre.

Appelons y_1, y_2, .., y_m les proportions des poids moléculaires respectifs des corps B_1, B_2, .., B_m qui se trouvent, au moment de l'équilibre, à l'état de liberté dans le système, et x_1, x_2, .., x_n les proportions dissociées. à partir de l'état initial, des poids moléculaires des corps A_1, A_2, .., A_n. On aura

$$(13) \quad \begin{cases} y_1 = k_1^1 x_1 + k_1^2 x_2 + .. + k_1^n x_n + \beta_1 \\ y_2 = k_2^1 x_1 + k_2^2 x_2 + .. + k_2^n x_n + \beta_2 \\ \cdots\cdots\cdots\cdots\cdots\cdots\cdots\cdots \\ y_m = k_m^1 x_1 + k_m^2 x_2 + .. + k_m^n x_n + \beta_m. \end{cases}$$

Si l'on représente pour z_1, z_2, .., z_n les proportions des poids moléculaires des corps A qui subsistent dans le système au moment de l'équilibre, on aura

$$(14) \quad z_1 = a_1 - x_1, \quad z_2 = a_2 - x_2, \quad ...., \quad z_n = a_n - x_n.$$

Nous représenterons toujours par λ la proportion du poids moléculaire d'un corps inerte qui serait incorporé au système homogène à étudier.

Désignons respectivement par

$$H_A^1, H_A^2, ..., H_A^n,$$

et par

$$H_1, H_2, .., H_m,$$

les potentiels moléculaires des corps A et B considérés isolément.

L'excès de potentiel du système qui résulte de ce que tous les corps qui y sont engagés, s'y trouvent à l'état de mélange homogène sera

$$F(p, T, x_1, x_2, ... x_n, y_1, y_2, ., y_n, \lambda).$$

Les équations de l'équilibre sont les suivantes

$$(15) \begin{cases} k_1^1 H_1 + k_2^1 H_2 + .. + k_m^1 H_m - H_A^1 + k_1^1 \dfrac{\partial F}{\partial y_1} + . + k_m^1 \dfrac{\partial F}{\partial y_m} - \dfrac{\partial F}{\partial x_1} = 0 \\[2ex] k_1^2 H_1 + k_2^2 H_2 + . + k_m^2 H_m - H_A^2 + k_1^2 \dfrac{\partial F}{\partial y_1} + . + k_m^2 \dfrac{\partial F}{\partial y_m} - \dfrac{\partial F}{\partial x_2} = 0 \\[1ex] \cdots\cdots\cdots\cdots\cdots\cdots\cdots\cdots\cdots \\[1ex] k^n H_1 + k_2^n H_2 + .. + h_m^n H_m - H^n + k_1^n \dfrac{\partial F}{\partial y_1} + . + k_m^n \dfrac{\partial F}{\partial y_m} - \dfrac{\partial F}{\partial x_n} = 0. \end{cases}$$

En remplaçant dans ces équations les y et les x par leurs valeurs en $x_1, x_2, .., x_n$ que donnent les équations (13) et (14), on obtient les n équations de l'équilibre qui, pour une valeur de la pression et une valeur de la température, déterminent les proportions dissociées des corps A, à partir de l'état initial pris comme terme de comparaison.

Une première conséquence à tirer immédiatement de ces équations (15), c'est que si tous les corps A se forment sans condensation, l'intervention d'un fluide inerte dans le système sera sans influence sur les réactions obtenues.

Représentons, en effet, par $k_1, k_2, ., k_n$ les coefficients de condensation suivant lesquels se forment les corps $A_1, A_2, .., A_n$, en sorte que l'on ait, par exemple, pour coefficient de condensation du corps A_i

$$(16) \qquad k_i = k_1^i + h_2^i + .. + k_m^i - 1 \qquad\qquad (i = 1, 2, ., n).$$

La dérivée par rapport à λ de la i^e des équations (15) sera de la forme

$$k_i \frac{\partial^2 F}{\partial y_i \partial \lambda}.$$

Elle sera donc nulle, si $k_i = o$. Il en résulte que toutes les équations (15) seront indépendantes de λ, si k_1, k_2, ., k_n sont nuls, ce qui démontre la proposition énoncée.

6. Formes simples des équations de l'équilibre résultant des propriétés des gaz parfaits. — D'après la formule générale (3) du chapitre XII, les potentiels moléculaires des corps A et B isolés peuvent être mis dans les formes

$$(17) \quad \left\{ \begin{aligned} H_1^1 &= RT \log p + \psi_1^1(T) \\ H_2^1 &= RT \log p + \psi_2^1(T) \\ &\cdots\cdots\cdots\cdots\cdots \\ H_n^1 &= RT \log p + \psi_n^1(T) \end{aligned} \right.$$

$$(18) \quad \left\{ \begin{aligned} H_1 &= RT \log p + \psi_1(T) \\ H_2 &= RT \log p + \psi_2(T) \\ &\cdots\cdots\cdots\cdots\cdots \\ H_m &= RT \log p + \psi_m(T). \end{aligned} \right.$$

Posons, pour simplifier les écritures

$$(19) \quad \Psi_i(T) = k_1^i \psi_1(T) + k_2^i \psi_2(T) + . + k_m^i \psi_m(T) - \psi_i^1(T).$$

$$(20) \quad Z = y_1 + y_2 + ., + y_m + z_1 + z_2 + .. z_n + \lambda.$$

La i^e équation (15) deviendra, eu égard à la forme connue de la fonction F pour les gaz parfaits

$$(21)\ k_i \log p + \frac{\Psi_i(T)}{RT} + k_1^i \log y_1 + . + k_m^i \log y_m - \log z_i - k_i \log Z = o,$$

ou, en passant des logarithmes aux nombres

$$(22) \qquad p^{k_i} e^{\dfrac{\Psi_i(T)}{RT}} = \dfrac{z_i Z^{k_i}}{y_1^{k_1^i} y_2^{k_2^i} \dots y_m^{k_m^i}}, \qquad (i = 1.2 \dots n).$$

En faisant, dans l'équation (21) ou dans l'équation (22)

$$i = 1.2, \, ., \, n,$$

on présente, sous deux nouvelles formes, les n équations d'équilibre des systèmes gazeux.

7. Application au premier cas étudié. Gaz composés sans condensation. Acide iodhydrique. — Si l'on fait $n = 1$ et $m = 2$, on trouve la formule qui convient au premier type simple de dissociation étudié dans ce chapitre. Pour revenir aux premières notations, remplaçons k_1^1 et k_2^1 par k_1 et k_2, on aura, en se reportant aux équations (1)

$$z_1 = y_0 = 1 - x$$
$$y_1 = k_1 x + z$$
$$y_2 = k_2 \omega$$
$$Z = 1 + z + \lambda + (k_1 + k_2 - 1) x. \, .$$

Appelons, dans ce cas particulier, $\psi_0(T)$ la fonction $\psi_1(T)$ relative aux corps dissociables, et posons

$$(23) \qquad \Psi(T) = k_1 \psi_1(T) + k_2 \psi_2(T) - \psi_0(T).$$

Représentons, enfin, par k le coefficient de condensation $k_1 + k_2 - 1$. L'application de la formule (22) donnera

$$(24) \qquad p^k e^{\dfrac{\Psi(T)}{RT}} = \dfrac{(1 - \alpha)(1 + z + \lambda + kx)^k}{(k_1 x + z)^{k_1}(k_2 x)^{k_2}}.$$

La discussion de cette formule conduit à des conclusions déjà données. On y voit, notamment, que, quand z augmente indéfiniment, x tend vers l'unité, si $k_2 > 1$: x tend, au contraire, vers zéro, si $k_2 < 1$. A une température et à une pression déterminées, un excès toujours croissant d'azote dans l'ammoniaque, si l'équilibre chimique est maintenu, finit par dissocier tout l'ammoniaque ; un excès toujours croissant d'hydrogène tend à la reconstitution entière du composé.

Le cas ordinaire des gaz formés sans condensation correspond à $k_1 = k_2 = \frac{1}{2}$. La formule d'équilibre (24) devient alors

$$(25) \qquad 2e^{\frac{\Psi(T)}{RT}} = \frac{1-x}{(\varpi + 2\alpha)^{\frac{1}{2}} x^{\frac{1}{2}}}$$

et la fonction Ψ (T) devient elle-même d'après (23)

$$(26) \qquad \Psi(T) = \frac{\psi_1(T) + \psi_2(T)}{2} - \psi_0(T).$$

La formule (25) montre qu'à température constante, l'état d'équilibre est indépendant de la pression supportée par le système. L'acide iodhydrique est la seule combinaison gazeuse formée sans condensation dont la dissociation ait été étudiée avec soin. Les expériences de M. Lemoine justifient la formule (25).

8. Application à deux corps se dissociant en deux éléments dont un commun aux deux composés. — La formule générale (22) permet de discuter toutes les circonstances de l'équilibre qui seront plus ou moins compliquées suivant les cas particuliers que l'on imaginera.

Penons, comme exemple, un système homogène comportant deux corps composés A_1 et A_2 se dissociant en deux éléments dont un seul B commun à ces deux corps.

Le corps A_1 sera supposé produire par dissociation les proportions k_1' et k_1'' de ses constituants B_1' et B. Le corps A_2 sera supposé produire les proportions k_2' et k_2'' de ses constituants B_2' et B.

a_1 et a_2 étant, à un état pris comme terme de comparaison, les proportions respectives des corps A_1 et A_2, capables d'exister avec les excès β_1, β_2 et β des corps B_1' B_2' et B, appelons toujours ϖ_1 et x_2

les proportions dissociées des poids moléculaires des corps A_1 et A_2 au moment de l'équilibré.

Les proportions y_1, y_2, et y des poids moléculaires des corps B_1^1 B_1^2 et B qui existeront, à ce moment, à l'état de liberté dans le système, obéiront aux relations

$$y_1 = k_1^1 x_1 + \beta_1$$
$$y_2 = k_1^2 x_2 + \beta_2$$
$$y = k_2^1 x_1 + k_2^2 x_2 + \beta.$$

Posons

$$k_1^1 + k_2^1 = k_1 + 1$$
$$k_1^2 + k_2^2 = k_2 + 1.$$

Les deux formules (22) à appliquer dans le cas considéré deviennent

$$(27) \begin{cases} p^{k_1} e^{\frac{\Psi_1(T)}{RT}} = \dfrac{(a_1 - x_1)(k_1 x_1 + k_2 x_2 + a_1 + a_2 + \beta_1 + \beta_2 + \beta + \lambda)^{k_1}}{(k_1^1 x_1 + \beta_1)^{k_1^1}(k_2^1 x_1 + k_2^2 x_2 + \beta)^{k_2^1}} \\[2em] p^{k_2} e^{\frac{\Psi_2(T)}{RT}} = \dfrac{(a_2 - x_2)(k_1 x_1 + k_2 x_2 + a_1 + a_2 + \beta_1 + \beta_2 + \beta + \lambda)^{k_2}}{(k_1^2 x_2 + \beta_2)^{k_1^2}(k_2^1 x_1 + k_2^2 x_2 + \beta)^{k_2^2}} \end{cases}$$

9. Nouvelle forme des équations de l'équilibre en fonction de la température et des pressions individuelles des corps actifs engagés dans un système gazeux. — Les équations de l'équilibre (22) peuvent encore être mises sous une nouvelle forme. Appelons P_1, ..., P_n les pressions individuelles exercées respectivement par les corps A_1, A_2, ..., A_n, et appelons p_1, p_2, .. p_m les pressions individuelles exercées respectivement par les corps B_1, B_2, .., B_m. v étant le volume occupé par le système homogène, toutes ces pressions obéissent aux relations

$$\frac{z_i}{P_i} = \frac{y_1}{p_1} = \frac{y_2}{p_2} = \ldots = \frac{y_m}{p_m} = \frac{Z}{p} = \frac{v}{RT} \qquad (i = 1.2, \ldots, n).$$

Dans la formule (22) on peut remplacer z_i, Z, y_1, y_2, ... y_m par les quantités P_i, p, p_1, p_2, ..., p_m qui leur sont proportionnelles. Il vient ainsi

$$(28) \qquad e^{\frac{\Psi_i(T)}{RT}} = \frac{P_i}{p_1^{k_i^1} p_2^{k_i^2} \dots p_m^{k_i^m}} \qquad (i = 1.2, \dots, n)$$

Comme l'exige la loi de Gibbs, on voit de suite par cette formule que la présence d'un gaz inerte est sans influence sur l'état d'équilibre pour un volume donné du système homogène.

10. Application au premier cas étudié. Influence d'un excès de l'un des constituants à volume constant. — Si l'on fait $n = 1$ et $m = 2$, P étant la pression individuelle du composé unique qui se dissocie, la formule (28) devient

$$(29) \qquad e^{\frac{\Psi(T)}{RT}} = \frac{P}{p_1^{k_1} p_2^{k_2}} .$$

La formule (29) permet de discuter simplement l'influence que peut exercer sur la dissociation d'un corps gazeux un excès de l'un de ses constituants. L'équilibre étant établi, l'introduction, à volume constant, d'une certaine quantité de l'un des constituants, troublera évidemment cet équilibre, car le second membre de (29) ne peut conserver la même valeur si p_1 ou p_2 seul vient à varier. Il s'établira donc un nouvel état d'équilibre ; ce ne peut être que par une combinaison ou une dissociation partielle ; le dernier cas est impossible, car il correspondrait à une diminution de P en même temps qu'à une augmentation de p_1 et de p_2, ce qui ne pourrait permettre au second membre de l'équation (29) de conserver la même valeur. Ainsi donc l'introduction, sous un volume donné et à une température donnée, de l'un des deux constituants, quelles que soient les proportions antérieures des deux constituants, provoquera une combinaison partielle. Dans tous les cas, de deux systèmes renfermant la même masse totale, libre ou combinée de l'un des deux constituants, celui qui renfermera la plus grande masse de l'autre constituant sera celui qui contiendra aussi la plus grande masse du composé.

11. Polymérisation de l'acide hypoazotique, de l'acide acétique et de l'acide formique. — Si l'on considère un système homogène comprenant deux gaz dont l'un est polymère de l'autre, l'état d'équilibre entre ces deux gaz sera défini par la formule (29). dans laquelle il suffit de faire $k_2 = 0$. L'équation d'équilibre devient alors

$$e^{\frac{\psi'(T)}{RT}} = \frac{P}{p_1^{k_1}} .$$

Les densités de l'acide hypoazotique ou peroxyde d'azote, observées par MM. Deville et Troost, varient de 2,65 à 27° à 1,57 à 183° sous la pression atmosphérique.

Gibbs admet qu'il existe à basse température un gaz dont la formule Az^2O^4 correspond à une densité théorique de 3,17, et que ce gaz se dissocie en donnant naissance à deux molécules d'acide hypoazotique AzO^2.

Les grandes variations de densité de l'acide acétique et de l'acide formique ont également conduit à admettre que leurs vapeurs provenaient du dédoublement d'une molécule deux fois plus dense.

Si dans la formule précédente p_1 représente la tension propre de l'acide hypoazotique, de l'acide acétique ou de l'acide formique, provenant du dédoublement partiel d'un gaz supposé parfait dont la tension serait P, on devra faire $k_1 = 2$, et cette formule deviendra

$$e^{\frac{\psi'(T)}{RT}} = \frac{P}{p_1} .$$

Le mélange gazeux peut contenir un gaz inerte, sans que cette formule en soit atteinte ; mais la considération de l'excès de l'un des gaz en jeu dans la dissociation n'a plus sa raison d'être.

Si ce mélange ne comporte que le gaz en partie polymérisé, on peut poser pour une température déterminée

$$\frac{p - p_1}{p_1^2} = \text{const.}$$

p est une donnée de l'expérience, mais on ne peut mesurer directement

p_1 ; on peut cependant déduire cette tension partielle de la mesure de la densité du mélange gazeux et des densités théoriques des deux corps en jeu, en sorte que cette dernière formule est susceptible d'un contrôle par des observations faites à une température fixe avec des pressions variables. De nombreuses expériences, notamment celles de MM. E. et L. Natanson pour l'acide hypoazotique, de M. Naumann pour l'acide acétique, et de Bineau pour l'acide formique, ont donné des résultats suffisants pour justifier l'hypothèse du dédoublement de la molécule de ces trois corps.

CHAPITRE XV

—

APPLICATIONS DU PRINCIPE DE GIBBS

AUX SYSTÈMES A UNE SEULE PHASE DE COMPOSITION VARIABLE

1. Équations générales de l'équilibre relatives aux n réactions qui définissent le changement chimique. — La fonction F, déterminée d'une façon complète quand il s'agit d'un mélange de gaz parfaits, a permis de développer, au chapitre précédent, avec une grande simplicité, la théorie générale de la dissociation au sein d'un système gazeux homogène.

La loi de Gibbs aurait conduit plus directement encore aux mêmes résultats. Nous en ferons ici l'application aux phénomènes étudiés au chapitre IX ; nous considérerons de suite le cas le plus général d'un système ne comportant que des corps solides ou liquides chimiquement définis, incapables de se mélanger, et surmontés d'une atmosphère de gaz parfaits $a_1, a_2, \dots a_q$ provenant des n réactions distinctes qui peuvent s'opérer au sein de ce système.

Le dit système donnera lieu à n équations d'équilibre de la forme (5) (Chap. IX), reproduite ci-dessous :

$$(1) \qquad k'_1 h_1 + k'_2 h_2 + \dots + k'_q h_q = \Pi'_i$$

$h_1, h_2, \dots, h_q$ représentent les potentiels moléculaires des gaz $a_1, a_2, \dots, a_q$ dans le système en équilibre, à la pression p et à la température T. Le volume moléculaire de chacun des corps solides ou liquides étant supposé négligeable à côté du volume moléculaire de chacun des gaz émis, Π'_i peut être considéré comme sensiblement indépendant de la pression ; c'est une fonction de la température seulement.

2. Forme de l'équation d'équilibre, quand la réaction considérée peut s'opérer isolément à tensions fixes dans le vide. — Supposons d'abord que k'_1, k'_2, ..., k'_q étant tous positifs, la réaction marquée par l'indice i puisse s'opérer à tensions fixes, quand les corps solides ou liquides capables de la produire sont seuls en présence dans le vide. Le système ainsi réduit donnera lieu à une équation d'équilibre.

$$(2) \qquad k'_1 \, h'_1 + k'_2 \, h'_2 + ... + k'_q \, h'_q = \mathrm{II}'_i$$

h'_j représentant d'une façon générale le potentiel moléculaire du gaz a_j émis dans la transformation à tensions fixes, à la même température T.

On tire des équations (1) et (2) en éliminant II'_i.

$$(3) \qquad k'_1 \, (h_1 - h'_1) + k'_2 \, (h_2 - h'_2) + ... + k'_i \, (h_q - h'_q) = 0$$

Soient maintenant :

p_1, p_2, ... p_q les pressions individuelles de chacun des gaz a_1, a_2,..., a_q dans le système en équilibre :

p'_1, p'_2, ..., p'_q les pressions individuelles des mêmes gaz dans la transformation à tensions fixes du système réduit :

Enfin P_i la tension de transformation de ce dernier système à la température T, de sorte que l'on a, P_i étant une fonction de la température seule :

$$(4) \qquad \mathrm{P}_i = p' + p'_2 + ... + p'_q.$$

Le potentiel h_j du corps a_j dans le système en équilibre est, d'après la loi de Gibbs, le même que s'il occupait seul, à la même température, le volume du mélange gazeux, cas dans lequel il serait soumis à une pression p_j. On peut donc poser, en appelant $\psi_j(\mathrm{T})$ la fonction $\psi(\mathrm{T})$ de la formule (3), chapitre XII, valable pour ce corps a_j

$$(5) \qquad h_j = \mathrm{RT} \log p_j + \psi_j(\mathrm{T}).$$

De même, le potentiel h'_j du gaz a_j émis dans la transformation du système réduit, est le même que si ce gaz était seul à occuper le volume gazeux, cas dans lequel il serait soumis à une pression p'_j. On peut donc encore poser

$$(6) \qquad h'_j = \mathrm{RT} \log p_j + \psi_j(\mathrm{T}).$$

Portant ces valeurs de h_j et de h'_j dans l'équation (3), celle-ci devient :

$$k_1^i \log \frac{p_1}{p'_1} + k_2^i \log \frac{p_2}{p'_2} + \ldots + k_q^i \log \frac{p_q}{p'_q} = 0$$

ou, passant des logarithmes aux nombres

$$(7) \qquad \left(\frac{p_1}{p'_1}\right)^{k_1^i} \left(\frac{p_2}{p'_2}\right)^{k_2^i} \ldots \left(\frac{p_q}{p'_q}\right)^{k_q^i} = 1.$$

Mais p'_1, p'_2, …, p'_q peuvent s'exprimer en fonction de P_i : car on a

$$\frac{p'_1}{k_1^i} = \frac{p'_2}{k_2^i} = \ldots = \frac{p'_q}{k_q^i} = \frac{P_i}{k_1^i + k_2^i + \ldots + k_q^i}.$$

Si l'on pose, pour simplifier les écritures

$$k_i = k_1^i + k_2^i + \ldots + k_q^i$$

k_i étant une quantité que l'on peut toujours supposer positive, l'équation (7) deviendra

$$(8) \qquad \left(\frac{p_1}{k_1^i}\right)^{k_1^i} \left(\frac{p_2}{k_2^i}\right)^{k_2^i} \ldots \left(\frac{p_q}{k_q^i}\right)^{k_q^i} = \left(\frac{P_i}{k_i}\right)^{k_i}.$$

3. Extension et application de cette forme aux n réactions définissant le changement chimique. — Supposons maintenant que k_1^i, k_2^i, …, k_q^i n'étant pas tous positifs, la transformation marquée par l'indice i ne puisse plus s'opérer à tensions fixes, quand les corps capables de la produire sont seuls en présence. On peut toujours, en ce cas, remplacer dans l'équation (1) h_1, h_2, … h_q par les valeurs que donne la formule (5) ; cette équation devient alors

$$RT\,(k_1^i \log p_1 + k_2^i \log p_2 + \ldots + k_q^i \log p_q)$$
$$= H_i' - k_1^i \psi_1(T) - k_2^i \psi_2(T) - \ldots - k_q^i \psi_q(T).$$

Elle prend exactement la forme (8), si l'on pose

$$(9)\quad \log\frac{P_i}{k_i} = \frac{H_i' - k_1^i[\psi_1(T) + RT\log k_1^i] - \ldots - k_q^i[\psi_q(T) + RT\log k_q^i]}{k_i\,RT}.$$

Ainsi donc, l'équation d'équilibre (1) de ce chapitre peut toujours se mettre sous la forme (8), P_i étant une fonction de la température déterminée par la formule (9). Cette fonction représente la tension de transformation des corps en jeu dans la réaction i et placés dans le vide, quand ceux-ci sont capables de s'y trouver à l'état indifférent.

4. Cas où le nombre des réactions est égal au nombre des gaz actifs engagés dans le système. Pression partielle de chaque gaz. Equilibre indifférent. Influence d'un gaz inerte. — Considérons le cas ou $n = q$, et supposons $K \leqq 0$, K étant le déterminant (11) du chapitre IX.

Les équations (1) peuvent être résolues par rapport à $h_1, h_2, \ldots, h_q$; elles donnent lieu à q équations de la forme (12) (chapitre IX). Nous avons dit que l'équation (14) du même chapitre représentait la courbe des tensions individuelles du corps a_i dans l'atmosphère du système en équilibre. Cette équation (14) peut, en effet, se mettre sous la forme

$$K_i[(RT\log p + \psi_i(T)] + (-1)^i K_1^i H_1' + \ldots + (-1)^{i+q-1} K_q^i H_q' = 0.$$

Le seul terme en p est $KRT\log p$; tous les autres ne sont fonctions que de la température : il s'agit de démontrer que l'équation ci-dessus est satisfaite, quand on y fait $p = p_i$. Or l'équation obtenue par cette substitution n'est autre que l'équation (12) du chapitre IX, dans laquelle on a remplacé h_i pour sa valeur d'après la formule (5) ci-dessus. Elle est donc satisfaite par les valeurs p_i et T correspondant à la pression p_i du gaz a_i dans le système en équilibre à la température T.

Les q équations de la forme (8) permettent de déterminer les tensions partielles p_1, p_2, ..., p_q en fonction de P_1, P_2, ..., P_q. On trouve pour p_i

$$(10) \quad \begin{cases} p_i^K = \left[\dfrac{k_1^{k_1^1} \, k_2^{k_2^1} \, \ldots \, k_q^{k_q^1}}{k_1^{k_1}} \, P_1^{k_1} \right]^{K_1^i} \\[2em] \times \left[\dfrac{k_1^{2k_1^2} \, k_2^{k_2^2} \, \ldots \, k_q^{2k_q^2}}{k_2^{k_2}} \, P_2^{k_2} \right]^{K_2^i} \\[2em] \cdots\cdots\cdots\cdots\cdots\cdots\cdots \\[1em] \times \left[\dfrac{k_1^{k_1^q} \, k_2^{q k_2^q} \, \ldots \, k_q^{q k_q^q}}{k_q^{k_q}} \, P_q^{k_q} \right]^{K_q^i}. \end{cases}$$

Si l'on pose

$$\Pi_s = \left[\frac{k_1^{s \, k_1^s} \, k_2^{s \, k_2^s} \, \ldots \, k_q^{s \, k_q^s}}{k_s^{k_s}} \, P_s^{k_s} \right]^{\frac{1}{R}}$$

on aura pour p_i sous une forme abrégée

$$p_i = \Pi_1^{K_1^i} \, \Pi_2^{K_2^i} \, \ldots \, \Pi_q^{K_q^i}$$

Et la pression totale exercée dans l'atmosphère du système par l'ensemble des gaz a sera donnée par la formule

$$(11) \quad p_1 + p_2 + \ldots + p_q = \sum_{i=1}^{i=q} \Pi_1^{K_1^i} \, \Pi_2^{K_2^i} \, \ldots \, \Pi_q^{K_q^i}.$$

Elle ne dépend que de P_1, P_2, ... P_q, et, par conséquent de la température ; le système est en équilibre indifférent, si son atmosphère ne comporte pas de gaz étrangers. Si ces gaz existent, ils n'exercent aucune influence sur l'état d'équilibre du système à une température et sous un volume donnés, puisque, d'après la formule (10), les pressions p_1, p_2, ..., p_q sont indépendantes des masses de ces gaz ; ces pressions déterminent, en effet, les proportions moléculaires y_1, y_2, ..., y_q, qui, elles-mêmes, déterminent x_1, x_2, ..., x_q à l'aide des équations (2) du chapitre IX.

Si l'une des réactions prévues, celle marquée par l'indice i, par exemple, ne produit que le gaz a_i, l'équation (8) se réduit à

$$(11) \qquad\qquad p_i = P_i.$$

La tension individuelle de tout gaz se dégageant seul d'une des réactions en cause, est égale à la tension de transformation résultant de cette réaction dans le vide à la même température. On en déduit que deux corps ne peuvent émettre un seul et même gaz dans le système, à moins que la température de l'expérience ne corresponde à l'intersection des courbes de transformation de ces deux corps dans le vide ; suivant que la température sera supérieure ou inférieure, l'un ou l'autre corps, le moins volatil restera au repos chimique.

5. Dissociation simultanée dans une même enceinte du carbamate d'ammoniaque et d'un carbonate à base fixe. — Comme exemple du cas $n = q$, on peut citer la dissociation, dans une même enceinte, du carbamate d'ammoniaque et du carbonate de chaux. La pression p_1 de l'acide carbonique dans l'atmosphère du système sera la tension P_1 de dissociation du carbonate de chaux dans le vide. La pression p_2 de l'ammoniaque, P_2 étant la tension de dissociation du carbamate d'ammoniaque dans le vide, sera donnée par la formule (8). Si k_1 et k_2 sont les proportions respectives d'acide carbonique et d'ammoniaque dégagées par le carbamate, on aura

$$(13) \qquad \left(\frac{P_1}{k_1}\right)^{k_1}\left(\frac{p_2}{k_2}\right)^{k_2} = \left(\frac{P_2}{k_1+k_2}\right)^{k_1+k_2}$$

d'où l'on tire

$$p_2 = k_2\,\frac{\left(\dfrac{P_2}{k_1+k_2}\right)^{1+\frac{k_1}{k_2}}}{\left(\dfrac{P_1}{k_1}\right)^{\frac{k_1}{k_2}}}.$$

Si le système ne comporte pas de gaz inertes, il est en équilibre indifférent, et sa pression p de transformation, fonction de la température seule, est égale à $P_1 + p'_2$.

6. Dissociation simultanée dans une même enceinte de l'acide sélénhydrique et d'un autre corps dégageant de l'acide sélénhydrique ou de l'hydrogène. — Un autre exemple est celui de l'acide sélénhydrique, se dissociant en sélénium et en hydrogène, auquel on adjoindrait un corps solide ou liquide dégageant de l'acide sélénhydrique ou de l'hydrogène. La pression propre de l'acide sélénhydrique dans le premier cas, de l'hydrogène dans le deuxième cas, restera invariable à une même température, et sera la tension de dissociation dans le vide du corps solide ou liquide dégageant le gaz unique.

Soit p_0 la pression individuelle de l'acide sélénhydrique et p_1 celle de l'hydrogène; k_1 et k_2 étant les proportions moléculaires d'hydrogène et de sélénium produites par le poids moléculaire de l'acide sélénhydrique, l'application de la formule (8) donnera

$$(14) \qquad p_0 \left(\frac{p_1}{-k_1} \right)^{-k_1} = \left(\frac{P_2}{1-k_1} \right)^{1-k_1}$$

P_2 étant défini, d'après la formule (9), par l'équation suivante

$$(1-k_1) \log \frac{P_2}{1-k_1} = \frac{k_2 H_2 + k_1 \left[\psi_1(T) + RT \log(-k_1) \right] - \psi_0(T)}{RT}$$

H_2, $\psi_1(T)$, $\psi_0(T)$ ont respectivement pour le sélénium, l'hydrogène et l'acide sélénhydrique, d'après nos notations habituelles, des significations sur lesquelles il paraît inutile d'insister.

Cette équation peut être mise sous la forme

$$\left(\frac{P_2}{1-k_1} \right)^{1-k_1} = (-k_1)^{k_1} \, e^{\frac{k_2 H_2 + k_1 \psi_1(T) - \psi_0(T)}{RT}} \, ,$$

et l'équation (14) devient

$$(15) \qquad \frac{p_0}{p_1^{k_1}} = \varphi(T)$$

en posant

$$(16) \qquad \varphi(T) = e^{\frac{k_2 H_2 + k_1 \psi_1(T) - \psi_0(T)}{kT}}.$$

Si le corps associé à l'acide sélénhydrique dégage ce même acide, P_0 étant sa tension de transformation dans le vide, la pression p_0 de l'acide sélénhydrique dans le système sera égale à P_0, et la pression p_1 de l'hydrogène, tirée de la formule (15), sera

$$p_1 = \left(\frac{P_0}{\varphi(T)}\right)^{\frac{1}{k_1}}.$$

Si au contraire le corps adjoint à l'acide sélénhydrique dégage de l'hydrogène, P_1 étant sa tension de transformation dans le vide, la pression p_1 de l'hydrogène dans le système sera P_1, et la pression p_0 de l'acide sélénhydrique, tirée de la formule (15), sera

$$p_0 = P_1^{k_1} \varphi(T)$$

Si le système ne comporte pas de gaz inerte, il sera en équilibre indifférent, et sa pression p de transformation, fonction de la température seule, sera suivant le cas

$$p = P_0 + \left(\frac{P_0}{\varphi(T)}\right)^{\frac{1}{k_1}}$$

$$p = P_1 + P_1^{k_1} \varphi(T).$$

Le sélénium est volatil, et le mélange gazeux contiendra en réalité des vapeurs de ce corps : mais cette circonstance ne portera aucune variation dans la quantité d'acide dissocié. Les équations d'équilibre déjà établies subsistent, en effet ; les pressions partielles p_0 et p_1 restent les mêmes, la pression totale du système est seule augmentée, d'après l'équation (12), de la tension de volatilisation du sélénium.

L'acide sélénhydrique occupe le même volume que l'hydrogène qui concourt à sa formation, et $k_1 = 1$. Si nous avons laissé dans les formules qui précèdent la valeur de k_1 indéterminée, c'est que ces formules s'appliquent à d'autres cas analogues ; l'acide sélénhydrique peut être remplacé notamment par les corps déjà étudiés au Chapitre VII, l'hexachlorure de silicium et l'acide iodhydrique.

7. Le nombre n des réactions concourant au changement chimique ne peut, en général, surpasser le nombre q des gaz actifs. — Le nombre n des réactions s'accomplissant dans le système, ne peut, en général, surpasser le nombre q des gaz actifs émis dans l'atmosphère de ce système ; car le nombre des équations (8), nécessaire pour déterminer les pressions partielles $p_1, p_2, ..., p_q$ serait surabondant, et entraînerait des impossibilités. Un certain nombre de ces réactions sera remplacé par le repos chimique. Ainsi, de trois corps émettant l'un de l'acide carbonique, l'autre de l'ammoniaque, et, enfin le troisième de l'acide carbonique et de l'ammoniaque, deux seulement de ces corps viendront concourir à l'équilibre de l'atmosphère qu'ils peuvent former.

8. Equations complémentaires de l'équilibre, quand n est plus petit que q. Conditions de l'état indifférent. — n peut être inférieur à q, et alors le nombre des équations (8) est insuffisant pour déterminer $p_1, p_2, ..., p_q$; il faut en trouver d'autres. Ainsi qu'on l'a vu au chapitre IX, le système ne pourra, en général, se transformer à tensions fixes, alors même que son atmosphère ne comporterait aucun gaz inerte, à moins toutefois que ce système ne puisse être amené dans un état virtuel où tous les gaz $a_1, a_2, ..., a_q$ seraient à l'état de combinaison dans les corps solides ou liquides qui y sont engagés. En dehors de ces circonstances très particulières, la pression totale p de l'atmosphère du système ne peut plus être une fonction de la température, déterminée par la nature des corps en jeu. L'état d'équilibre dépend de cette pression qui doit être considérée comme une donnée du problème. Il en est de même des excès $\alpha_1, \alpha_2, ..., \alpha_q$ des gaz a et de la proposition λ du gaz inerte qui ont, ici, leur influence sur l'état d'équilibre à une température et à une pression données.

Or, ϖ étant la pression partielle du corps inerte et $y_1, y_2, ..., y_q$

les proportions moléculaires des gaz actifs dans l'atmosphère du système, on a les équations

$$(17) \qquad \frac{y_1}{p_1} = \frac{y_2}{p_2} = \dots = \frac{y_q}{p_q} = \frac{\lambda}{\varpi} = \frac{V}{RT}.$$

V représentant le volume occupé par les gaz.

On a aussi entre les pressions partielles et la pression totale la relation.

$$(18) \qquad p_1 + p_2 + \dots + p_q + \varpi = p.$$

Enfin, si l'on considère le cas le plus général ou le déterminant K_n, défini par l'équation (21) du chapitre IX est différent de zéro, on a, entre les y, $q - n$ relations de la forme (22), chapitre IX, qui deviennent, eu égard aux égalités (17)

$$(19) \quad \begin{vmatrix} k_1^1 & k_1^2 & \dots k_1^n & p_1 \\ k_2^1 & k_2^2 & \dots k_2^n & p_2 \\ \dots & \dots & \dots & \dots \\ k_n^1 & k_n^2 & \dots k_n^n & p_n \\ k_{n+s}^1 & k_{n+s}^2 & \dots k_{n+s}^n & p_{n+s} \end{vmatrix} \frac{V}{RT} = \begin{vmatrix} k_1^1 & k_1^2 & \dots k_1^n & x_1 \\ k_2^1 & k_2^2 & \dots k_2^n & x_2 \\ \dots & \dots & \dots & \dots \\ k_n^1 & k_n^2 & \dots k_n^n & x_n \\ k_{n+s}^1 & k_{n+s}^2 & \dots k_{n+s}^n & x_{n+s} \end{vmatrix}$$

s ayant les valeurs $1, 2, \dots, q - n$.

Si l'on joint à ces relations les n équations de la forme (8) on peut déterminer $p_1, p_2, \dots p_q$, et, par conséquent aussi, $y_1, y_2, \dots y_q$ en fonction de V et de T.

On en conclut d'abord que l'intervention d'un gaz inerte dans le mélange gazeux, à une température et sous un volume donnés, est sans influence aucune sur l'état d'équilibre.

On tire de (17)

$$(20) \qquad \varpi = \frac{\lambda RT}{V}.$$

ϖ est donc aussi déterminé en fonction de V et de T. Les valeurs de $p_1, p_2, \dots, p_q$ et ϖ, exprimées avec ces deux variables, et transportées dans l'égalité (18), établissent une relation entre p, V et T, ce qui permet d'exprimer p_1, p_2, ..., p_q, ϖ, y_1, ..., y_q aussi bien en fonction de p et de T qu'en fonction de V et de T.

Si les $q - n$ déterminants formant le second membre des équations (19) peuvent s'annuler pour des valeurs convenables de z_1, z_2, .., z_q et si ces $q - n$ conditions sont satisfaites par les données de l'expérience, ces équations se réduisent à

$$(21) \quad \begin{vmatrix} k_1^1 & k_1^2 & .. & k_1^n & p_1 \\ k_2^1 & k_2^2 & & k_2^n & p_2 \\ \hdotsfor{5} \\ k_n^1 & k_n^2 & & k_n^n & p_n \\ k_{n+s}^1 & k_{n+s}^2 & & k_{n+s}^n & p_{n+s} \end{vmatrix} = 0 \quad (s = 1.2, .., q - n)$$

elles sont indépendantes de V ; p_1, p_2 .. p_q ne sont plus fonctions que de la température ; il en est de même de la pression totale p, si le système ne comporte pas de gaz inerte, et ce système sera à l'état indifférent. Mais si la condition dont il s'agit ne peut être ou n'est pas remplie, ou si seulement le système contient un gaz inerte, la pression p et la température T sont liées au volume V, le système ne peut plus prendre l'état indifférent.

9. Dissociation du carbamate d'ammoniaque et dés composés analogues. Influence d'un gaz inerte et d'un excés de l'un des constituants du composé. — La dissociation du carbamate d'ammoniaque solide en acide carbonique et ammoniaque est un exemple simple du cas qui vient d'être examiné, quand on a $q = 2$ et $n = 1$. La formule générale (8) donne avec les notations connues et indiquées au chapitre VII, P_0 étant la tension de dissociation du carbamate dans le vide,

$$(22) \quad \left(\frac{p_1}{k_1}\right)^{k_1} \left(\frac{p_2}{k_2}\right)^{k_2} = \left(\frac{P_0}{k_1 + k_2}\right)^{k_1 + k_2}.$$

La formule générale (19) donne l'équation

$$\begin{vmatrix} k_1 & p_1 \\ k_2 & p_2 \end{vmatrix} \frac{V}{RT} = \begin{vmatrix} k_1 & z_1 \\ k_2 & z_2 \end{vmatrix}$$

qui devient, si on suppose $\alpha_2 = 0$.

$$(23) \qquad \left(\frac{p_1}{k_1} - \frac{p_2}{k_2}\right) \frac{V}{RT} = \frac{\alpha_1}{k_1},$$

α_1 représente alors la proportion moléculaire du gaz a_1, en excès.

Les équations (22) et (23) déterminent p_1 et p_2 en fonction de V et de T.

La formule (22) peut être mise sur une autre forme utile à considérer.

Si l'on appelle p_2 la pression de la partie du composant a_1 qui est en excès et p'_1 la pression du même composant provenant de la dissociation, p' étant la pression de l'ensemble des deux composants provenant de la dissociation, on aura

$$p_1 = p_2 + p'_1$$

$$\frac{p'_1}{k_1} = \frac{p_2}{k_2} = \frac{p'}{k_1 + k_2},$$

d'où l'on tire

$$\frac{p_1}{k_1} = \frac{p_2}{k_2} + \frac{p'}{k_1 + k_2}.$$

Et la formule (22) prend la forme

$$(24) \qquad \left(\frac{k_1 + k_2}{k_1} p_2 + p'\right)^{k_1} p'^{k_2} = P_0{}^{k_1 + k_2}.$$

Les formules (22) et (24) sont les deux formes d'une même loi que l'on doit à Hortsmann.

On déduit facilement de la formule (22) que $p_1 + p_2$, c'est-à-dire, la pression de l'ensemble des gaz émis est supérieure à P_0, c'est-à-dire à la tension de ces mêmes gaz émis dans le vide à la même température. On voit, au contraire, par la formule (24) que la tension partielle p' des gaz dissociés en présence d'un excès de l'un de ces gaz est toujours inférieure à la tension P_0.

Le carbamate d'ammoniaque est formé par l'union d'un volume d'acide carbonique, et de deux volumes d'ammoniaque. S'il se dissocle en présence d'un excès d'acide carbonique, on doit faire $k_1 = 1$, $k_2 = 2$. La formule (24) devient

$$(3p_x + p')p'^2 = P_0^3.$$

Si le carbamate se dissocie en présence d'un excès d'ammoniaque, on doit supposer $k_1 = 2$, $k_2 = 1$, et la même formule devient

$$\left(\frac{3}{2}\,p_x + p'\right)^2 p' = P_0^3.$$

Hortsmann, et plus tard Isambert, MM. Engel et Moitessier ont soumis ces deux formules au contrôle de l'expérience ; les résultats obtenus ont pleinement confirmé leur justesse.

Le bisulphydrate, le cyanhydrate d'ammoniaque, le bromhydrate d'hydrogène phosphoré sont formés par l'union, à volumes égaux, de leurs deux éléments gazeux ; $k_1 = k_2 = 1$; et la formule (24) devient, quel que soit l'élément en excès

$$(2p_x + p')p' = P_0^2.$$

Isambert a étudié la dissociation de ces sels en présence d'un excès de l'un ou l'autre de ses constituants ; les résultats qu'il a obtenus sont exactement représentés par cette dernière formule.

L'un des composants peut se condenser, dissoudre l'autre composant et le composé solide, l'atmosphère gazeuse obéira aux mêmes lois, pourvu qu'elle reste en présence d'un excès du composé solide. Les conditions de l'équilibre sont, en effet, indépendantes de l'existence ou la non existence du mélange liquide. Isambert a vérifié cette proposition sur la dissociation du cyanhydrate d'ammoniaque en présence d'un excès d'acide cyanhydrique qui se condense en partie.

10. La vapeur émise par le carbamate d'ammoniaque et par les composés analogues, est-elle un mélange du composé et de ses constituants partiellement dissociés. — On a supposé dans les formules qui précèdent que les corps soumis à l'expérience se dissociaient entièrement à l'état gazeux. La concordance constatée entre la théorie et l'observation prouve qu'il en est sensiblement ainsi pour les exemples cités ; mais le corps composé peut être volatil en même temps que dissociable, et émettre une vapeur qui ne se dissocie que partiellement. La transformation de ce corps dans le vide est toujours figurée par une courbe analogue à la courbe de vaporisation. Chaque point de cette courbe représente une vaporisation réelle accompagnée d'une dissociation partielle dont le taux varie avec ce point. Le changement peut d'ailleurs s'opérer à tensions fixes, en sorte qu'il est bien difficile de distinguer *à priori* s'il s'agit d'une vaporisation, d'une dissociation ou des deux phénomènes à la fois. On est alors conduit à déterminer les deux courbes qui n'ont plus qu'une existence théorique, courbe de dissociation et courbe de vaporisation.

La tension partielle du corps composé dans l'atmosphère gazeuse ne sera autre, d'après la formule (12), que sa tension théorique P_1 de vaporisation dans le vide. On a donc

$$(25) \qquad p = p_\alpha + p' + P_1, \qquad \text{soit} \qquad p' = p - p_\alpha - P_1.$$

Et la formule (24) devient, P_0 étant la tension théorique de dissociation du composé dans le vide

$$\left(p + \frac{k_2}{k_1} p_\alpha - P_1\right)^{k_1} (p - p_\alpha - P_1)^{k_2} = P_0^{k_1+k_2}.$$

A une même température, quelles que soient les conditions de l'expérience, P_0 et P_1 sont fixes, mais supposés inconnus ; p et p_α sont des données de l'expérience, en sorte que dans cette formule ne subsistent que deux inconnues. En faisant plusieurs observations avec des données différentes, deux expériences, à une même température, suffisent au calcul de P_0 et de P_1 ; les autres serviront à contrôler la formule.

On peut donc, en variant les conditions, calculer les valeurs de P_0 et de P_1 pour une succession de températures, et arriver à déterminer les courbes de vaporisation et de dissociation du corps. Ces courbes, à leur tour, suffiront pour déterminer à chaque température, les proportions relatives du composé qui se dissocient ou se volatilisent.

Nous avons vu que p' était plus petit que P_0; on tire, en conséquence de (25),

$$p < p_2 + P_0 + P_1$$

soit

$$p - p_2 < P_0 + P_1.$$

On en conclut que la tension propre de l'ensemble des gaz provenant de la dissociation et de la volatilisation est inférieure à la somme des tensions de dissociation et de volatilisation dans le vide.

11. Dissociation de l'acide sélénhydrique, de l'hexachlorure de silicium et de l'acide iodhydrique. — Un autre exemple simple se rapportant au cas ou l'on a $n < q$ est présenté par les corps gazeux déjà étudiés au chapitre VII et au présent chapitre, l'acide sélénhydrique, l'hexachlorure de silicium, l'acide iodhydrique, qui se dissocient en un corps également gazeux et en un autre corps solide ou liquide. L'atmosphère du système peut comprendre un gaz inerte et un excès du composant gazeux.

La formule générale (8) se réduit à la formule (15), soit

$$(26) \qquad \frac{p_0}{p_1^{k_1}} = e^{\dfrac{k_2 \Pi_2 + k_1 \psi_1 (T) - \psi_0 (T)}{RT}}.$$

La formule générale (19) donne l'équation

$$\begin{vmatrix} 1 & p_0 \\ - k_1 & p_1 \end{vmatrix} \frac{V}{RT} = \begin{vmatrix} 1 & x_0 \\ - k_1 & \alpha_1 \end{vmatrix}$$

ou

$$(27) \qquad \left(\frac{p_1}{k_1} + p_0 \right) \frac{V}{RT} = \frac{\alpha_1}{k_1} + \alpha_0$$

x_0 et α_1 étant les proportions moléculaires du composé gazeux et de son constituant également gazeux, à l'état virtuel, pris comme point de repère; α_0 et α_1 ne peuvent être simultanément nuls, en sorte que l'équilibre ne peut être indifférent.

Les équations (26) et (27) déterminent p_0 et p_1 en fonction de V et de T.

L'examen du cas où le système contient un gaz inerte ne présente aucun intérêt, puisque les corps en réaction se comportent comme si ce gaz n'existait pas, abstraction étant faite de la pression qu'il exerce. Ce cas étant exclu, on aura

$$(28) \qquad\qquad p = p_0 + p_1.$$

Les équations (26) et (28) suffisent alors pour déterminer p_0 et p_1 en fonction de la pression p et de la température T.

La loi exprimée par la formule (26) est susceptible de mesures qui en permettent le contrôle par l'expérience, mais elle conduit d'abord aux résultats généraux déjà indiqués au chapitre VII. S'il s'agit, notamment, de la dissociation de l'acide sélénhydrique $k_1 = 1$, et dans une transformation isotherme, on aura

$$\frac{p_0}{p_1} = \text{const.}$$

A une température déterminée, le rapport entre la pression partielle du composé et la pression partielle du composant gazeux est constante, ce qui implique l'impossibilité, par une variation de pression, de provoquer un changement chimique qui ne pourrait avoir pour effet que de faire varier les pressions partielles en sens inverse.

L'introduction d'un excès d'hydrogène provoquera une combinaison partielle; car sans cela, p_1 pourrait augmenter sans que p_0 augmentât dans le même rapport. Une partie de l'hydrogène introduit restera libre, tandis que l'autre partie se combinera au sélénium pour produire de l'acide sélénhydrique de telle façon que la composition du mélange restera invariable à une même température.

Nous avons déjà vu, dans ce chapitre, que si le sélénium dégage des vapeurs, cette circonstance ne portera aucune variation, à température constante, dans la quantité d'acide dissocié.

12. Dissociations au sein d'un système gazeux homogène.
— Ainsi qu'on l'a fait remarquer au chapitre IX, les systèmes homogènes rentrent dans les systèmes qui viennent d'être étudiés, quand on suppose $n < q$. Les résultats obtenus au précédent chapitre sont donc implicitement contenus dans le présent chapitre. Il est notamment facile de voir que la formule (28), chapitre XIV, ne diffère pas de la formule générale (8), P_i étant toujours défini par l'équation (9) dans laquelle, toutefois, on doit faire $\Pi_i' = 0$.

CHAPITRE XVI

—

1. Potentiel du dissolvant et du corps dissous dans une solution infiniment diluée. — Considérons, à une température et à une pression déterminées, un mélange comprenant deux corps a_0 et a_1 chimiquement définis, sous les proportions respectives x_0 et x_1 de leurs poids moléculaires; le corps a_1 est un corps solide, liquide ou gazeux dissous dans le liquide a_0. Le potentiel total de la dissolution sera

$$(1) \qquad \Pi = x_0 h_0 + x_1 h_1.$$

D'après les formules (2) du chapitre II, on a

$$x_0 \frac{\partial^2 \Pi}{\partial x_0 \, \partial x_1} + x_1 \frac{\partial^2 \Pi}{\partial x_1^2} = 0$$

soit, d'après la définition des potentiels h_0 et h_1

$$(2) \qquad x_0 \frac{\partial h_0}{\partial x_1} + x_1 \frac{\partial h_1}{\partial x_1} = 0.$$

D'après cette équation, $\dfrac{\partial h_0}{\partial x_1}$ est négatif, car $\dfrac{\partial h_1}{\partial x_1}$, c'est-à-dire, $\dfrac{\partial^2 \Pi}{\partial x_1^2}$ est nécessairement positif, et le potentiel h_0 du dissolvant est diminué par l'addition progressive du corps dissous.

Supposons maintenant que la solution devienne *infiniment déliée*, c'est-à-dire, que la quantité x_1 tende vers zéro. Il semble n'y avoir aucune raison, à priori, pour admettre que le rapport de la diminution du potentiel h_0 à la quantité du corps a_1 ajoutée, s'annule avec cette quantité, et que le potentiel du corps a_0, pris d'abord à l'état de pureté, reste constant à un infiniment petit du second ordre près, par l'addition d'une masse infiniment petite d'une substance qui ne contenait pas ce dissolvant. On doit plutôt penser, comme le fait remarquer Gibbs ([1]) que, pour de petites quantités du corps a_1 ajoutées, l'effet sera proportionnel à sa cause, et que le coefficient différentiel $\frac{\partial h_0}{\partial x_1}$ aura une valeur finie négative pour une valeur infiniment petite de x_1 : c'est ce que prouvent les expériences de tonométrie et de cryoscopie, sur lesquelles nous reviendrons plus loin.

Il est donc rationnel d'admettre avec Gibbs, comme une *loi générale*, que $\frac{\partial h_0}{\partial x_1}$ prend une valeur finie négative pour $x_1 = 0$; d'où résulte d'après l'équation (2), que $\frac{\partial h_1}{\partial x_1}$ deviendra infini.

2. Formule de Gibbs sur le potentiel du corps dissous.
Dans ces conditions, le premier terme de l'équation (2) $x_0 \frac{\partial h_0}{\partial x_1}$, qui est du degré zéro en x_0 et x_1, et qui, par conséquent est une fonction de p, de T et de $\frac{x_0}{x_1}$, prend à la limite une valeur $-A$, A étant une fonction positive de la pression et de là température seulement.

$$(3) \qquad x_0 \frac{\partial h_0}{\partial x_1} = -A$$

et l'équation (2) se réduit à

$$x_1 \frac{\partial h_1}{\partial x_1} = A$$

soit

$$(4) \qquad \frac{\partial h_1}{\partial x_1} = \frac{A}{x_1},$$

d'où l'on tire, par intégration, en considérant x_0, p, T comme des quantités constantes, et en remarquant que h_1 est une fonction homo-

<hr>

([1]) *Equilibre des systèmes chimiques* par J. WILLARD GIBBS, traduit par H. Le CHATELIER, p. 130 à 133.

gène et de degré zéro en x_0 et x_1

$$h_1 = \mathrm{A} \log x_1 - \mathrm{A} \log x_0 + \mathrm{A} \log \mathrm{B}$$

soit

$$(5) \qquad h_1 = \mathrm{A} \log \frac{\mathrm{B}x_1}{x_0},$$

B étant comme A une fonction de la température et de la pression. C'est la formule de Gibbs sur les solutions diluées.

Il est maintenant facile d'exprimer le potentiel du dissolvant dans la solution. H_0 étant le potentiel de ce dissolvant pur, à la même pression et à la même température, on a, en négligeant les infiniment petits d'ordre supérieur qui, d'ailleurs, disparaissent d'après (3)

$$h_0 = \mathrm{H}_0 + x_1 \frac{\partial h_0}{\partial x_1}$$

soit, d'après (3),

$$(6) \qquad h_0 = \mathrm{H}_0 - \frac{x_1}{x_0} \mathrm{A}.$$

3. Loi de Henry. Détermination des deux potentiels dans une solution gazeuse. — La loi de Henry sur la solubilité des gaz, quand ceux-ci tendent vers l'état parfait, joue un rôle important dans la théorie des solutions diluées. Elle va nous conduire notamment à préciser la fonction A de la formule de Gibbs.

Les gaz parfaits sont très peu solubles, et d'autant moins que la pression est plus faible. Ils seraient, du reste, insolubles, si le liquide appelé à les dissoudre, n'émettait pas lui-même une vapeur qui, venant diminuer le potentiel du gaz en excès au-dessus de la solution, permet ainsi l'égalité entre ce potentiel et celui du gaz dissous. On peut donc, pour de faibles pressions, appliquer la formule de Gibbs à la quantité très petite de gaz dissous. Cette formule donne pour le potentiel h_1 du gaz dans la solution, en supposant que l'on opère sur le poids moléculaire du dissolvant

$$h_1 = \mathrm{A} \log x_1 + \mathrm{A} \log \mathrm{B}.$$

La loi de Henry est la suivante :

*Lorsqu'un gaz parfait est en contact avec un liquide qui le dis-
sout, il s'établit un rapport constant, pour une même température,
entre le volume de la solution et le volume du gaz dissous mesuré
à la pression finale que ce gaz exerce au-dessus de la solution.*

La variation de volume de la solution, quand la pression à laquelle
elle est soumise varie dans les limites entre lesquelles la loi de Henry
st applicable, échappe à toute mesure, et peut être considérée comme
sensiblement nulle, ce qui permet de formuler cette loi ainsi qu'il
suit.

Le volume V de l'atmosphère qui surmonte la solution, et qui
contiendrait la même quantité du gaz dissous que la solution elle-
même, est une fonction de la température seule.

Soit p_1 la pression partielle du gaz dans le mélange aériforme qui
contient aussi de la vapeur du dissolvant, le potentiel h_1 du gaz dans
ce mélange sera de la forme

$$h_1 = \text{RT} \log p_1 + \psi_1 (\text{T}).$$

Mais on a

$$p_1 V = x_1 \text{RT}$$

ce qui permet de mettre le potentiel h_1 sous la forme suivante

$$h_1 = \text{RT} \log x_1 \, \frac{\text{RT}}{\text{V}} + \psi_1 (\text{T}).$$

Il y a égalité entre les potentiels du gaz dans la solution et dans
le mélange aériforme, ce qui donne

$$\text{A} \log x_1 + \text{A} \log \text{B} = \text{RT} \log x_1 + \text{RT} \log \frac{\text{RT}}{\text{V}} + \psi_1 (\text{T}).$$

D'où l'on tire, en identifiant

$$\text{A} = \text{RT}$$

$$\log \text{B} = \log \frac{\text{RT}}{\text{V}} + \frac{\psi_1 (\text{T})}{\text{RT}}.$$

B est une fonction de la température seule comme V, et les formules (5) et (6) deviennent

$$(7) \qquad h_1 = \varphi_1(T) + RT \log \frac{x_1}{x_0}$$

$$(8) \qquad h_0 = H_0 - \frac{x_1}{x_0} RT.$$

Le potentiel total de la solution, donné par la formule (1), prendra la forme

$$(9) \qquad H = x_0\left(H_0 - \frac{x_1}{x_0} RT\right) + x_1\left(\varphi_1(T) + RT \log \frac{x_1}{x_0}\right).$$

4. Loi de Van't Hoff ou loi de Mariotte et de Gay Lussac pour les solutions diluées. — En prenant la dérivée de H par rapport à p, on voit que le volume de la dissolution est indépendant de la quantité très petite x_1, et égal au volume $x_0 v_0$ du dissolvant pur à la même température et à la même pression.

Le potentiel h_0 du dissolvant dans la solution étant, d'après la formule (8), plus petit que le potentiel H_0 de ce même dissolvant isolé à l'état de pureté, sous les mêmes tensions, considérons ce corps dans ce dernier état, et faisons lui subir, sans changer sa température, un accroissement Δp de pression, le potentiel H_0 variera. Si Δp est négatif, il diminuera et deviendra égal à h_0 pour une valeur convenable de Δp. Cette valeur de Δp est définie par l'équation

$$H_0 + \frac{\partial H_0}{\partial p} \Delta p = H_0 - \frac{x_1}{x_0} RT,$$

soit

$$- \Delta p x_0 v_0 = x_1 RT.$$

On voit, d'après cette dernière équation, que la quantité positive $- \Delta p$ est égale à la pression que supporterait le gaz dissous s'il était seul à occuper le volume $x_0 v_0$ de la dissolution.

En se diffusant dans un dissolvant liquide, un gaz parfait développe dans ce dissolvant, dont le volume et le potentiel restent constants, un excès de pression égal à la pression gazeuse qu'il exercerait, seul, dans le volume de la dissolution.

Si le corps dissous, au lieu d'être un gaz parfait, est un corps solide, liquide ou gazeux, pris en quantité suffisamment petite, on peut considérer que cette quantité, si elle était seule placée dans le volume occupé par la solution diluée, s'y trouverait à l'état d'un gaz soumis à une pression extrêmement faible et tendant, par conséquent, vers l'état de gaz parfait, alors même que ce corps serait un corps solide ou liquide, car tout corps, même solide, émet dans le vide une vapeur qui peut être extrêmement tenue, mais dont la masse, si petite qu'elle soit, est sensible dès que ce corps est capable de se dissoudre.

Il paraît donc assez naturel de généraliser la proposition qui précède. C'est ce qu'a pensé M. J. H. Van't Hoff qui a été conduit, par ses beaux travaux sur le phénomène de l'osmose et sur les solutions diluées, à énoncer une loi qu'il appelle la *loi de Mariotte et de Gay-Lussac pour les solutions diluées*, et qui a vivement attiré l'attention des savants. On peut formuler cette loi comme il suit :

Toute substance dissoute en quantité suffisamment petite, à volume et à température constants, dans un dissolvant pur, augmente la pression du dissolvant de celle qui serait exercée par le corps dissous, s'il était seul à occuper, à l'état de gaz parfait, le volume de ce dissolvant.

Nous ajouterons que *le potentiel du dissolvant reste constant* dans cette opération. Cela résulte de ce que, comme nous le verrons au chapitre suivant, le dissolvant étant séparé de la solution par osmose, se trouve des deux côtés de la paroi semi perméable, à un même potentiel, sans que l'on puisse constater la plus petite différence dans les volumes occupés par une même quantité de dissolvant des deux côtés de cette paroi.

5. Détermination par la loi de Van't Hoff et la formule de Gibbs, des deux potentiels d'une solution diluée quelconque. — Sans faire état de la loi de Henry, la loi de Van't Hoff permet de démontrer sans peine que la fonction A de la formule de Gibbs se réduit à RT.

Prenons le dissolvant pur à la pression p et à la température T sous la proportion x_0 de son poids moléculaire avec le potentiel Π_0. Faisons diffuser dans ce dissolvant, sans faire varier son volume $x_0 v_0$, une proportion moléculaire x_1 du corps à dissoudre. La pression p aura subi une augmentation Δp déterminée par l'équation

$$x_0 v_0 \Delta p = x_1 \mathrm{RT},$$

son potentiel Π_0, qui n'a pas varié, pourra aussi être exprimé par la formule (6), dans laquelle on remplacera la pression par $p + \Delta p$, ce qui donnera

$$\Pi_0 = \Pi_0 + \Delta\Pi_0 - \frac{x_1}{x_0}(\mathrm{A} + \Delta\mathrm{A}),$$

soit

$$(10) \qquad \Delta\Pi_0 = \frac{x_1}{x_0}(\mathrm{A} + \Delta\mathrm{A}),$$

avec

$$\Delta\Pi_0 = \frac{\partial\Pi_0}{\partial p}\Delta p = v_0\Delta p = \frac{x_1}{x_0}\mathrm{RT},$$

$$\Delta\mathrm{A} = \frac{\partial\mathrm{A}}{\partial p}\Delta p = \frac{\partial\mathrm{A}}{\partial p}\frac{x_1}{x_0}\frac{\mathrm{RT}}{v_0}.$$

En sorte que l'équation (10) deviendra

$$\mathrm{RT} = \mathrm{A} + \frac{\partial\mathrm{A}}{\partial p}\frac{x_1}{x_0}\frac{\mathrm{RT}}{v_0}.$$

Cette dernière équation est satisfaite par une même valeur de p et de T, quelle que soit la valeur infiniment petite $\frac{x_1}{x_0}$. Il en résulte

$$\frac{\partial\mathrm{A}}{\partial p} = 0 \qquad \text{et} \qquad \mathrm{A} = \mathrm{RT}.$$

La loi de Van't Hoff ne donne aucune indication sur la quantité B de la formule de Gibbs ; cette quantité reste, en principe, une fonction de la température et de la pression, et les formules (5) et (6) deviennent

$$(11) \qquad h_1 = \varphi_1(p, T) + RT \log \frac{x_1}{x_0},$$

$$(12) \qquad h_0 = H_0 - \frac{x_1}{x_0} RT.$$

Si le corps dissous est un gaz parfait, la fonction φ_1 ne contient plus que la température en vertu de la loi de Henry, et la formule (11) prend la forme (7).

6. Cas où le dissolvant contient plusieurs corps dissous. — Jusqu'ici nous n'avons considéré qu'un seul corps dissous a_1 ; mais la solution diluée peut contenir d'autres corps a_2, a_3..., a_n, sous des proportions moléculaires x_2, x_3..., x_n, suffisamment petites, pour que chacun d'eux puisse être considéré comme réduit à l'état de gaz parfait, quand il est seul à occuper le volume de la solution. Il est facile de modifier les formules (11) et (12) de manière à les rendre applicables à ce cas général.

Dans la formule (12), le potentiel du dissolvant est indépendant de la nature du corps dissous ; il n'est fonction que de la proportion moléculaire $\frac{x_1}{x_0}$ de ce dernier corps qui se trouve diffusé dans le poids moléculaire du dissolvant, de sorte que si après avoir ajouté à ce dissolvant la proportion x_1 du corps a_1, on y ajoute encore la proportion x_2 du corps a_2, son potentiel prendra la même valeur que s'il avait reçu la proportion $x_1 + x_2$ du corps a_1. Il résulte de là que s'il reçoit les proportions x_1, x_2..., x_n des corps a_1, a_2..., a_n, son potentiel deviendra

$$(13) \qquad h_0 = H_0 - \frac{x_1 + x_2 + \ldots + x_n}{x_0} RT.$$

Pour avoir le potentiel h_1 du corps dissous a_1, considérons le dissolvant ayant déjà reçu les proportions x_2, x_3, ..., x_n des corps a_2, a_3, ..., a_n. Nous pouvons considérer cette solution comme un corps défini pris sous le poids $x_0 \varpi_0 + x_2 \varpi_2 + \ldots + x_n \varpi_n$ qui reçoit le poids $x_1 \varpi_1$ du nouveau corps à dissoudre, et appliquer la formule de

Gibbs qui a été établie sans hypothèse sur la nature spéciale du dissolvant qui n'est pas nécessairement un corps chimiquement pur. Si nous observons, en outre, que le poids de ce corps diffère infiniment peu de $x_0 \varpi_0$, nous en conclurons que la formule de Gibbs est applicable quel que soit le nombre de corps à dissoudre, et que le potentiel de chaque corps sera indépendant de la présence des autres. On aura donc pour le corps a_i

$$h_i = A \log B \frac{x_i}{x_0}.$$

Si le corps a_i est seul à dissoudre, $A = RT$: et la formule (11) subsiste dans son intégralité.

$$(14) \qquad h_i = \varphi_i(p, T) + RT \log \frac{x_i}{x_0}.$$

Si le corps a_i est un gaz parfait, φ_i devient indépendant de p.

7. Loi de solubilité d'un mélange gazeux. — Appliquons la formule (14) au phénomène de la dissolution de plusieurs gaz parfaits dans un liquide avec lequel ces gaz sont en contact.

La pression partielle p_i du gaz a_i dans l'atmosphère qui surmonte ce liquide est définie par la formule

$$h_i = RT \log p_i + \psi_i(T).$$

Le potentiel de ce gaz est égal au potentiel qu'il a dans le liquide qui en a dissous la proportion x_i de son poids moléculaire, et l'on a

$$RT \log p_i + \psi_i(T) = \varphi_i(T) + RT \log \frac{x_i}{x_0},$$

d'où l'on tire

$$\frac{p_i}{x_i} = \Phi(T).$$

Les quantités d'un gaz dissoutes dans un liquide, à une même température, sont proportionnelles à la pression que ce gaz exerce sur la surface de ce liquide.

C'est la loi de la solubilité des mélanges gazeux dans un liquide.

8. Tonométrie. — La formule (12) a une importance considérable. Elle permet de retrouver toutes les formules auxquelles ont conduit les expériences de *tonométrie* et de *cryoscopie*.

Considérons, en premier lieu, un dissolvant volatil, pris sous son poids moléculaire, et contenant en dissolution une quantité très petite x_1 d'un certain corps. Ce liquide est en équilibre avec la vapeur, à l'état de pureté, qu'il émet. Soit Π_0' le potentiel de cette vapeur, on aura

$$(15) \qquad \Pi_0 - x_1 RT = \Pi_0'.$$

Si l'on fait croître de Δx_1 la proportion x_1, en conservant la même température, la variation de pression Δp, qui sera nécessaire au maintien de l'équilibre, s'obtiendra en différentiant l'équation (15) considérée comme fonction de p et de x_1, ce qui donne

$$(16) \qquad \left(\frac{\partial \Pi_0}{\partial p} - \frac{\partial \Pi_0'}{\partial p} \right) \Delta p = RT \Delta x_1,$$

$\dfrac{\partial \Pi_0}{\partial p} - \dfrac{\partial \Pi_0'}{\partial p}$ est la condensation de volume δ; elle est toujours négative, le volume moléculaire v_0 du dissolvant à l'état liquide étant plus petit que son volume moléculaire v_0' à l'état de vapeur. Δp et Δx_1 sont donc de signes contraires. L'introduction dans un dissolvant volatil d'une nouvelle proportion dissoute d'un corps abaisse la force élastique de la vapeur émise par le dissolvant à la même température. C'est une conséquence d'une des lois de déplacement de l'équilibre chimique.

Pour se placer dans les conditions limites que tendaient à réaliser les expériences de M. Raoult sur la tonométrie, il faut supposer $x_1 = 0$, $\Delta x_1 = \dfrac{\Delta \varpi}{\varpi}$, ϖ étant le poids moléculaire des corps à dissoudre et $\Delta \varpi$ le poids très petit de ce corps réellement dissous. La formule (16) devient alors

$$(17) \qquad - (v_0' - v_0) \Delta p = RT \frac{\Delta \varpi}{\varpi},$$

v_0' et v_0 étant les volumes moléculaires du dissolvant *pur* à l'état de vapeur et à l'état liquide, quand ce dissolvant se vaporise dans le vide à la pression p et à la température T. Δp est la variation que subit la pression d'équilibre p, à la température T, quand un poids $\Delta\varpi$ très petit d'un corps inerte solide, liquide ou gazeux, de poids moléculaire ϖ, se dissout dans le poids moléculaire du dissolvant.

9. Abaissement de la force élastique d'un dissolvant volatil. — Les expériences de tonométrie ont pour but de fixer l'abaissement de force élastique — Δp du dissolvant, qui accompagne la dissolution du poids $\Delta\varpi$ du corps inerte.

La formule précédente peut se mettre sous la forme

$$-\frac{\Delta p}{p} = \frac{RT}{p(v'_0 - v_0)}\,\frac{\Delta\varpi}{\varpi},$$

soit

$$(18)\qquad -\frac{\Delta p}{p} = A\,\frac{\Delta\varpi}{\varpi},$$

en posant

$$(19)\qquad A = \frac{RT}{p(v'_0 - v_0)}.$$

D'après cela, A est une constante positive, caractéristique du dissolvant employé et de la température à laquelle on opère.

En soumettant à l'expérience un même dissolvant avec différents corps dissous, de poids moléculaires connus, on doit trouver à l'aide de la formule (18) à une température donnée et, par conséquent, à une pression déterminée, une seule et même valeur de A, en mesurant les abaissements — Δp de pression produits par le poids très petit $\Delta\varpi$ du corps dissous. Les déterminations faites par M. Raoult, en employant comme dissolvant la benzine, l'éther, l'acétone, l'alcool, l'eau, l'acide formique, l'acide acétique, ont confirmé, par avance, les prévisions de la théorie. La formule (18) est celle qui est si couramment mise à profit aujourd'hui pour fixer le poids moléculaire de certains corps.

En effet, la constante A, une fois connue pour un liquide volatil, la formule (18) permet de calculer le poids moléculaire ϖ d'un autre corps, si l'on a observé la variation Δp de force élastique que subit la vapeur émise par le liquide type, quand on vient à y dissoudre un poids connu et très petit $\Delta\varpi$ du corps dont le poids moléculaire est à chercher.

10. Formule de MM. Raoult et Recoura. — Dans la formule (19) le volume moléculaire v_0 du dissolvant à l'état liquide est négligeable à côté de son volume moléculaire v_0' à l'état de vapeur. On peut donc poser

$$A = \frac{RT}{p v_0'}.$$

En désignant par v le volume moléculaire qu'occuperait le dissolvant si, à la pression p et à la température T, il observait les lois des gaz parfaits, on a

$$v = \frac{RT}{p},$$

et par conséquent

$$A = \frac{v}{v_0'}.$$

Désignons par ρ_0 la densité réelle de la vapeur saturée du dissolvant et ρ sa densité normale correspondante, calculée d'après le volume v que la loi d'Avogadro et d'Ampère lui assignerait à l'état de gaz parfait, s'il était pris sous son poids moléculaire, l'expression précédente pourra être remplacée par la suivante

$$A = \frac{\rho_0}{\rho}.$$

C'est la formule de MM. Raoult et Recoura, déduite de leurs expériences sur les liquides cités plus haut.

11. Détermination du poids moléculaire d'un corps par la tonométrie. — La formule (17) est la formule générale de la tonométrie, plus connue, quand on néglige v_0, sous la forme suivante, qu'on en déduit immédiatement

$$- \frac{\Delta p}{p} = \Delta P \cdot \frac{\rho_0}{\rho} \frac{\Pi}{\varpi},$$

Π étant le poids moléculaire du dissolvant et ΔP le poids du corps dissous dans l'unité de poids du dissolvant.

Cette formule permet de déterminer par l'observation, soit le poids moléculaire du dissolvant, soit le poids moléculaire du corps dissous, suivant que l'un ou l'autre de ces poids est connu.

Quoique la formule (17) ne soit utilisée, en pratique, que dans les expériences comportant la vaporisation du dissolvant, elle s'applique aussi bien au cas où ce dissolvant serait amené à se solidifier ; v'_0 devient alors le volume moléculaire du dissolvant à l'état solide : ε changera généralement de signe et il en sera de même pour Δp.

12. Cryoscopie. Formule d'Arrhénius. — La formule classique de Clapeyron sur la vaporisation d'un liquide, va permettre maintenant de tirer de (17) la formule de la cryoscopie. La formule de Clapeyron peut se mettre sous la forme

$$L \cdot \Delta T = - T (v'_0 - v_0) \Delta p,$$

Δp et ΔT qui fixent la direction de la tangente à la courbe de vaporisation ou de congélation d'un liquide, à tensions fixes, sont aussi les variations de pression à température donnée et de température à pression donnée, nécessaires pour provoquer la vaporisation ou la congélation de ce liquide, quand il contient en dissolution un poids très faible $\Delta \varpi$ d'un corps inerte : Cela ressort de la formule (8) (chap. VII) appliquée à une courbe d'isodissociation infiniment voisine de la courbe de changement d'état physique.

Si dans la formule (17) on remplace $(v'_0 - v_0) \Delta p$ par sa valeur tirée de l'équation ci-dessus, il vient

$$(20) \qquad\qquad L = T \cdot \frac{\Delta \varpi}{\varpi} \frac{R}{\Delta T} \cdot$$

C'est la formule de M. Arrhénius. Elle permet de calculer la chaleur latente de vaporisation d'un liquide, et même la chaleur latente de fusion d'un solide en fonction, suivant le cas, de l'élévation de la température d'ébullition ou de l'abaissement de la température de congélation, lorsque le corps pris à l'état liquide vient à contenir en dissolution une quantité très faible d'un autre corps dont le poids moléculaire ϖ est donné.

13. Loi de Raoult sur l'abaissement moléculaire du point de congélation. — La formule de M. Arrhénius, qui est la formule générale de la cryoscopie, peut se mettre sous la forme

$$\varpi \frac{\Delta T}{\Delta \varpi} = \frac{RT^2}{L},$$

ou bien

$$(21) \qquad \varpi \frac{\Delta T}{\Delta \varpi} = - B$$

en posant

$$(22) \qquad B = - \frac{RT^2}{L}.$$

La quantité B définie par la relation (21) est ce que M. Raoult appelle *l'abaissement moléculaire* du point de congélation et que l'on pourrait aussi bien appeler l'élévation moléculaire du point de vaporisation. Les observations cryoscopiques de M. Raoult sur la congélation des dissolutions très étendues lui ont permis d'établir que la quantité B est une constante positive, caractéristique du dissolvant employé et indépendant du corps dissous. C'est la loi de M. Raoult, grâce à laquelle, la constante B étant déterminée une fois pour toutes, pour un liquide, on peut, à l'aide de la formule (21), calculer le poids moléculaire d'un corps quelconque dissous dans ce liquide.

Cette loi se déduit de la formule de M. Arrhénius qui donne à la constante B la forme (22), forme qui montre bien que cette constante est positive puisque L est négatif, et qu'elle ne dépend que de la nature du dissolvant et de la température à laquelle on l'emploie.

14. Loi de Raoult sur les chaleurs latentes de vaporisation et de congélation. — Enfin la formule d'Arrhenius peut se mettre sous la forme

$$\frac{\frac{\Delta T}{T^2}}{L} = R\,\frac{\Delta \varpi}{\varpi}.$$

Cette formule est absolument générale, applicable à une température ou à une pression quelconque, à la vaporisation comme à la congélation d'un dissolvant très étendu.

On en conclut que pour une même dissolution :

La variation de température ΔT, à pression constante, produite dans le changement d'état du dissolvant, supposé d'abord pur, par l'intervention du corps dissous, est au carré de la température absolue de ce changement d'état divisé par la chaleur latente correspondante, dans un rapport constant.

Ce rapport est indépendant à la fois de la nature du dissolvant et des conditions de température et de pression du changement d'état, vaporisation ou congélation ; il n'est fonction que de la fraction très petite $\frac{\Delta \varpi}{\varpi}$ du poids moléculaire du corps dissous. L'abaissement du point de congélation, et l'élévation du point d'ébullition, produits par le même poids de substance dissoute, dans le même dissolvant supposé à la fois solidifiable et volatil, sont respectivement proportionnels aux quotients des carrés des températures absolues de congélation ou d'ébullition par les chaleurs latentes de fusion et de vaporisation correspondantes. Cette loi remarquable, énoncée tout d'abord par M. Raoult, comme résultat empirique de ses recherches expérimentales, est une confirmation éclatante des bases de la théorie qui vient d'être exposée.

15. Ecarts entre la théorie et l'expérience. Hypothèse d'Arrhénius. — Cette théorie souffre cependant bien des exceptions, ou, tout au moins, des restrictions, en ce sens, par exemple, que l'abaissement *normal* du point de congélation est souvent modifié, dans un rapport généralement simple. Il en est ainsi pour la plupart

des solutions dans l'eau, des acides, des bases, des sels, et, d'une
manière générale, pour les solutions qui sont conductrices de l'élec-
tricité. Comme les substances minérales sont, le plus souvent, insolubles dans les liquides autres que l'eau, les découvertes de M. Raoult
sont surtout utiles pour les corps organiques.

Une première raison aux anomalies signalées se trouve dans les
écarts encore inexpliqués de la loi d'Avogadro et d'Ampère que nous
avons prise comme base; mais cette raison n'est pas la seule, puisqu'un même corps, avec tel dissolvant donnera lieu à un abaissement
normal du point de congélation, et avec tel autre donnera lieu à un
abaissement différent. Aussi pour arriver à expliquer les désaccords
constatés entre la théorie et l'expérience, les chimistes ont-ils été
conduits à émettre des vues sur l'état des corps dans les solutions
infiniment diluées. M. Arrhenius admet que les électrolytes se dissocient totalement en ions, à la limite extrême de dilution. Cette hypothèse, adoptée par un grand nombre de savants, s'accorde avec l'hypo
thèse de M. Van't Hoff, que les corps en solution infiniment diluée
se comporteraient, à certains points de vue, comme des gaz parfaits,
notamment en ce qui concerne la pression qu'ils exercent dans la
dissolution : elle explique le rapport simple qui existe entre l'abaissement théorique ou normal et l'abaissement réel constaté par
M. Raoult et autres savants dans nombre de leurs expériences.

En admettant la loi d'Avogadro et d'Ampère, M. Arrhénius estime
que son hypothèse, à laquelle M. Van't Hoff a donné le nom de *loi
d'Avogadro et d'Ampère pour les solutions diluées*, explique toutes
les anomalies apparentes. Cette concordance a été niée par divers
savants, Wiedemann, Traube, Pickering, Mendéléef, qui pensent
que la nature du dissolvant doit intervenir pour favoriser ou pour
entraver la dissociation des corps dissous, ou même pour se combiner
avec eux. Dans l'état actuel de la science, la question qui nous
occupe n'est donc pas absolument élucidée : mais faut-il s'en éton-
ner, quand la loi d'Avogadro et d'Ampère qui y est étroitement liée,
est elle-même, encore aujourd'hui, sujette à des contestations.

CHAPITRE XVII

—

OSMOSE

1. Cristalloïdes et colloïdes. Parois semi-perméables. —
Dans un mémoire publié en 1861, Graham poursuivant ses recherches
sur la diffusion des liquides était conduit à diviser les corps en deux
grandes classes, les *cristalloïdes* et les *colloïdes*. Les cristalloïdes
ou corps susceptibles de cristallisation forment des solutions généralement exemptes de viscosité et toujours sapides ; ils possèdent la
propriété de se diffuser à travers les cloisons poreuses. Les colloïdes
ou les corps de consistance plus ou moins gélatineuse, tels que la
gomme, l'amidon, la dextrine, le tannin, la gélatine, l'albumine et
le caramel sont, au contraire, caractérisés par leur peu de tendance
à la diffusion et à la cristallisation ; lorsqu'ils sont purs, il n'ont à
peu près aucune saveur.

Une membrane animale ou végétale est perméable à l'eau et aux
cristalloïdes qui comprennent le sucre de canne et la plupart des
sels ; elle est, au contraire, imperméable aux oxydes métalliques et
autres colloïdes, tels que la gomme arabique, la gélatine, l'albumine.
Dans les expériences sur la dialyse, on voit les colloïdes comme l'albumine arrêtés par certaines membranes que peuvent, au contraire,
traverser les cristalloïdes comme le sucre et le sel. C'est le phénomène de l'*osmose*.

On a pu d'ailleurs réaliser des membranes artificielles en précipi-
tant du ferrocyanure de potassium avec un sel de cuivre. Les cloisons
semi-perméables ainsi obtenues sont traversées par l'eau, mais ne

laissent passer aucune partie du sucre de canne ou des sels métalliques que cette eau contient en dissolution.

2. Loi fondamentale sur l'équilibre osmotique. — La théorie de l'osmose est basée sur une loi fondamentale qu'on peut énoncer comme il suit :

Quand une dissolution d'un corps soumis à une température T et à une pression p, est en équilibre, par osmose, avec le dissolvant pur, soumis à la même température et à une autre pression p_0, le potentiel du dissolvant pur est égal à son potentiel dans la dissolution.

Admettons que les deux liquides soient contenus dans deux récipients, dont les parois ont une partie commune, que nous supposerons d'abord imperméable. L'un des récipients renferme les proportions moléculaires x_0 du dissolvant et x_1 du corps dissous. Cette dissolution est soumise à la pression p_1, au moyen d'un piston mobile A, qui l'isole du milieu extérieur dont la température est T. L'autre récipient renferme la proportion moléculaire X_0 du dissolvant pur qui reste soumis à la pression p_0, au moyen d'un autre piston A_0, l'isolant également du milieu extérieur.

Si la partie de paroi commune aux deux récipients devient brusquement perméable au dissolvant seul, les deux pistons se mettront en mouvement en sens inverse, et il finira par s'établir un état d'équilibre, après un passage plus ou moins prolongé du dissolvant d'un côté à l'autre de la paroi semi-perméable. Si l'on vient à faire varier infiniment peu les pressions p_0 et p_1, ainsi que la température T, il s'établira un nouvel état d'équilibre bien déterminé, infiniment voisin du premier, x_0 et X_0 ayant varié de quantités infinitésimales égales et de signes contraires, et l'on se trouvera en présence d'une transformation réversible.

Quel que soit le mécanisme par lequel on puisse expliquer le rôle de la paroi semi-perméable, si l'on admet que cette paroi reste identique à elle-même, ou que sa masse est négligeable, elle ne pourra remplir que l'office d'une liaison imposée au système.

Soient Π_0 le potentiel total du dissolvant pur et Π_1 le potentiel total de la dissolution, avant que les deux récipients ne soient mis en communication par osmose.

Cette mise en communication aura pour effet de provoquer une transformation spontanée et irréversible, à la suite de laquelle, quand l'équilibre sera rétabli, se sera produit une augmentation d'entropie $\Delta\Sigma$ dans tout l'ensemble formé par le milieu extérieur et par les deux liquides.

La variation d'entropie dans le milieu sera $\frac{\Delta Q}{T}$, ΔQ étant la quantité de chaleur *dégagée* dans ce milieu.

On devra donc avoir, ΔS_0 et ΔS_1 étant les variations d'entropie dans les deux récipients

$$\Delta\Sigma = \frac{\Delta Q}{T} + \Delta S_0 + \Delta S_1 > 0$$

soit

$$(1) \qquad \Delta Q + T(\Delta S_0 + \Delta S_1) > 0.$$

Dans cette transformation irréversible, les potentiels et les volumes respectifs du dissolvant pur et de la dissolution auront subi les variations ΔH_0, ΔV_0 et ΔH_1, ΔV_1.

La variation d'énergie de chacun des deux liquides sera, d'après une formule connue

$$\Delta U_0 = \Delta H_0 + T\Delta S_0 - p_0\Delta V_0$$
$$\Delta U_1 = \Delta H_1 + T\Delta S_1 - p_1\Delta V_1.$$

La transformation s'est opérée à pression constante pour chacun des deux liquides, tout le travail effectué est égal $p_0\Delta V_0 + p_1\Delta V_1$, en sorte que, d'après le principe de conservation de l'énergie, on doit avoir

$$\Delta Q + \Delta U_0 + \Delta U_1 + p_0\Delta V_0 + p_1\Delta V_1 = 0$$

soit, en remplaçant ΔU_0 et ΔU_1 par leurs valeurs ci-dessus,

$$(2) \qquad \Delta Q + \Delta H_0 + \Delta H_1 + T(\Delta S_0 + \Delta S_1) = 0.$$

Et l'inégalité (1) devient

$$\Delta H_2 + \Delta H_1 < 0,$$

ou', si l'on représente par H le potentiel total du système formé par les liquides enfermés dans les deux récipients,

$$(3) \qquad \Delta H < 0.$$

Le potentiel de ce système a diminué, comme il arrive dans le cas plus simple qui a été étudié au chapitre II, n° 2. Les deux démonstrations sont d'ailleurs calquées l'une sur l'autre.

On remarquera que l'équation (2) peut se mettre sous la forme

$$\Delta Q = T \frac{\partial (\Delta H)}{\partial T} - \Delta H = T^2 \frac{\partial}{\partial T} \left(\frac{\Delta H}{T} \right).$$

C'est l'équation (13) du chapitre II ; elle donne la quantité de chaleur échangée avec l'extérieur, pendant la transformation spontanée que nous venons d'envisager.

Appliquant à l'inégalité (3) les considérations développées au chapitre III, nous dirons que si le potentiel du système formé par les deux liquides a diminué, moyennant les variations égales et de signes contraires de x_0 et de X_0, cela a été pour atteindre la valeur minimum qu'il puisse avoir, et qui réalise l'état d'équilibre du système.

Dans cet état d'équilibre, toute modification virtuelle élémentaire, compatible avec les liaisons du système, et qui se réduit ici à faire passer une proposition infinitésimale dx_0 du dissolvant de l'un des récipients à l'autre ne fait pas varier le potentiel H qui est minimum

$$(4) \qquad dH = 0.$$

h_0 et h' étant les potentiels moléculaires et individuels du dissolvant dans l'un et l'autre récipient, quant l'état d'équilibre est établi, l'équation différentielle (4) prend la forme

$$dx_0 (h_0 - h'_0) = 0$$

d'où l'on tire la proposition à démontrer qui s'exprime par l'équation

$$h_0 = h.$$

Cette proposition peut facilement être généralisée en reproduisant presque textuellement les raisonnements faits au chapitre III; pour lui donner toute son extension, on l'énoncera comme il suit.

Un système en équilibre étant partagé en n systèmes partiels de même température, par des cloisons poreuses permettant ou interdisant le libre passage de certains corps entre systèmes partiels contigus qui restent soumis à des pressions p_1, p_2, ..., p_n, le potentiel moléculaire et individuel d'un corps quelconque est constant quel que soit l'espace qu'il occupe dans le système entier, et toute transformation chimique s'opère avec la même équivalence entre potentiels moléculaires qu'entre poids moléculaires.

3. La pression osmotique. — On tire immédiatement de cette loi fondamentale quelques conséquences intéressantes.

Quand une dissolution est en équilibre, par osmose, avec son dissolvant pur, elle supporte une pression supérieure à celle que supporte le dissolvant pur.

Le potentiel h_0 du dissolvant dans la dissolution est inférieur au potentiel H_0 du même dissolvant pur pris à la température et à la pression de la dissolution, la diffusion, à tensions constantes, d'un corps dans un mélange ayant pour effet de diminuer son potentiel moléculaire et individuel (chapitre II, n° **7**); d'autre part, le potentiel d'un corps isolé décroît avec la pression, puisque la dérivée de ce potentiel est le volume du corps, quantité essentiellement positive. Il faut donc diminuer la pression que supporte le dissolvant pur, pour amener son potentiel de la valeur H_0 à la valeur plus petite qu'il doit avoir pour être en équilibre, par osmose, avec la dissolution, ce qui démontre la proposition à établir.

La différence des pressions exercées sur la paroi semi-perméable par la dissolution et par le dissolvant pur, est ce que l'on appelle la *pression osmotique*. C'est une quantité toujours positive.

4. Moyens de concentrer ou de diluer une dissolution par osmose. — Tout excès de pression exercée sur la dissolution, la pression exercée sur le dissovant·pur restant constante, a pour effet de chasser une partie du dissolvant de la dissolution vers le dissolvant pur, et de concentrer la dissolution. En effet, cet excès de pression tend à augmenter le potentiel h_0 du dissolvant dans la dissolution d'après la formule (34) du chapitre II ; pour que l'équilibre subsiste, et que ce potentiel reste constant, il faut qu'une autre cause le fasse diminuer ; cette cause sera le passage d'une partie du dissolvant de la dissolution vers le dissolvant pur, à travers la paroi semi-perméable, puisque le potentiel h_0 est une fonction croissante de x_0, et une fonction décroissante de la concentration $\dfrac{x_1}{x_0}$. Une diminution de pression aura, évidemment, l'effet inverse, et fera passer une partie du dissolvant pur dans la dissolution pour la diluer.

5. Dissolutions isotoniques. — Si, à une température et à une pression déterminées, une dissolution qui contient successivement différents corps dissous dans un même dissolvant est en équilibre, par osmose, avec ce dissolvant pur, et si la concentration de la dissolution, dans ces différents cas, est telle que la pression osmotique reste la même, on dit que ces dissolutions sont *isotoniques* : le potentiel du dissolvant a la même valeur dans les diverses dissolutions.

6. Pressions des gaz séparés par osmose, d'un mélange de gaz parfaits. — Etant donné un mélange de n fluides renfermé dans un récipient et soumis à une pression p, si l'on sépare, par osmose, chacun des corps au moyen de n diaphragmes semi-perméables qui ne laissent passer, chacun, qu'un corps, les pressions $p_1, p_1, ..., p_n$ nécessaires pour empêcher ces corps de transpirer à travers les diaphragmes, toutes plus petites que p, auront une somme, en général, différente de p ; toutefois si le mélange est formé de n gaz parfaits, on aura

$$p = p_1 + p_2 + ... + p_n$$

cela résulte de l'énoncé même du principe de Gibbs.

7. Application de la théorie de l'osmose à une solution diluée. — Appliquons la théorie générale de l'osmose au cas particulier d'une solution infiniment diluée qui reste séparée du dissolvant pur au moyen d'une paroi semi-perméable.

Formons différentes dissolutions avec un même dissolvant a_0 et des corps $a_1, a_2, \ldots a_n$, pris en très petites quantités à une même température et à une même pression. Si toutes ces dissolutions sont isotoniques, elles contiennent la même proportion du poids moléculaire des corps dissous, ou, si l'on veut, un même nombre de molécules de ces corps.

La pression osmotique étant constante, le potentiel du dissolvant pur est constant, ainsi que son potentiel dans les diverses dissolutions. Or le potentiel du dissolvant dans la dissolution qui contient le corps dissous a_i est, d'après la formule (12) du chapitre précédent

$$H_0 - \frac{x_i}{x_0} RT$$

x_i a donc une même valeur, quel que soit le corps dissous considéré, ce qu'il fallait démontrer.

On peut encore dire que, d'après la loi de Van't Hoff, la pression osmotique est justement la pression que le corps dissous exercerait sur les parois du récipient contenant la dissolution, s'il était seul à y exister, à l'état de gaz parfait en raison de sa raréfaction. Or, pour que différents corps disssous exercent la même pression, dans un même volume, il faut, la loi d'Avogadro et d'Ampère étant admise, que ces différents corps soient pris sous une même proportion de leurs poids moléculaires.

8. Expériences de M. Pfeffer sur les lois de Mariotte et de Gay-Lussac appliquées au corps dissous. — Tant que le corps dissous reste en proportion suffisamment petite pour que, répandu seul dans le volume occupé par la dissolution, il y soit assimilable à un gaz parfait, la pression osmotique, d'après la loi de Mariotte, est proportionnelle à la concentration de la dissolution, c'est ce que M. Pfeffer a vérifié avec des solutions de sucre de canne dans l'eau.

Pour une dissolution infiniment diluée et déterminée, la pression osmotique est sensiblement proportionnelle à la température absolue ; c'est la loi de Gay-Lussac, appliquée toujours au corps dissous, supposé à l'état de gaz parfait, et diffusé dans le volume de la dissolution, volume sensiblement indépendant de la température dans les limites de l'expérience. Cette loi a été ainsi vérifiée par M. Pfeffer avec des solutions de sucre de canne et de tartrate de sodium.

9. Détermination des poids moléculaires par des mesures osmométriques. Coefficient isotonique. — On voit, d'après cela, que les mesures osmométriques, comme les mesures tonométriques et cryoscopiques, appliquées aux solutions diluées, sont propres à déterminer, ou mieux à contrôler les poids moléculaires des corps expérimentés.

Quand on passe de la théorie à l'expérience, on constate ici encore, comme en tonométrie et en cryoscopie, des anomalies, au moins apparentes. En formant avec un même dissolvant des solutions diluées qu'on suppose contenir le même nombre de molécules des corps dissous, dont les poids moléculaires sont parfaitement déterminés, on ne trouve pas toujours la même pression osmotique. Quand il y a concordance avec la théorie, on dit que les corps dissous appartiennent à la *série normale* pour le dissolvant employé ; et, ce que l'on appelle le *coefficient isotonique* est l'unité pour ces corps. M. Van't Hoff admet que c'est le cas pour la grande majorité des solutions diluées ; il existe cependant bien de ces solutions qui paraissent échapper à cette règle : un même corps appartiendra avec tel dissolvant à la série normale, tandis qu'avec tel autre il appartiendra à une autre série, ayant un coefficient isotonique différent de l'unité, et il donnera lieu à une pression osmotique égale à la normale multipliée par son coefficient isotonique.

10. Détermination du coefficient isotonique par la méthode tonométrique et par la méthode cryoscopique. — Le coefficient isotonique qui convient à un corps donné, dilué dans un dissolvant donné, peut aussi être déterminé par la méthode tonométrique ou par la méthode cryoscopique. Les résultats obtenus par ces trois méthodes sont toujours concordants. M. Van't Hoff trouve dans cette concordance la justification de l'hypothèse d'Arrhénius qui suffit à donner une même explication à toutes les anomalies apparentes, y compris celles que présente la loi de Henry qui n'est pas, non plus, toujours observée. Elle n'est rigoureusement suivie que par les gaz dissous qui ne peuvent subir aucune réaction dans la dissolution ; et ces gaz appartiennent alors à la série normale.

TABLE DES MATIÈRES

CHAPITRE III

—

LOIS ET ÉQUATIONS DE L'ÉQUILIBRE CHIMIQUE

CHAPITRE IV

—

LOIS DE DÉPLACEMENT DE L'ÉQUILIBRE CHIMIQUE

CHAPITRE V

—

LOIS DES PHASES

CHAPITRE VI

—

CHANGEMENTS D'ÉTAT PHYSIQUE ET PHÉNOMÈNES ANALOGUES

CHAPITRE VII

QUELQUES TYPES DE DISSOCIATION

CHAPITRE VIII

LES DISSOLUTIONS

CHAPITRE IX

SYSTÈME A UNE SEULE PHASE DE COMPOSITION VARIABLE

CHAPITRE X

—

SÉPARATION DES LIQUIDES MÉLANGÉS

CHAPITRE XI

—

VAPEUR MIXTE ÉMISE PAR UN MÉLANGE LIQUIDE

CHAPITRE XII

GAZ PARFAITS

CHAPITRE XIII

LOI DE DALTON ET PRINCIPE DE GIBBS

CHAPITRE XIV

SYSTÈMES HOMOGÈNES

CHAPITRE XV

APPLICATIONS DU PRINCIPE DE GIBBS AUX SYSTÈMES A UNE SEULE PHASE DE COMPOSITION VARIABLE

CHAPITRE XVI

SOLUTIONS DILUÉES

CHAPITRE XVII

—

OSMOSE

SAINT-AMAND, CHER. — IMPRIMERIE SCIENTIFIQUE ET LITTÉRAIRE, BUSSIÈRE

Livre III. — Induction.

Chapitre Ier. — Expériences fondamentales. — Induction dans les circuits fermés immobiles.
Chapitre II. — Induction dans les circuits fermés immobiles. — Théorie.
Chapitre III. — Quelques applications.
Chapitre IV. — Fils parallèles.
Chapitre V. — Bobines cylindriques. — Bobines sphériques.
Chapitre VI. — Distribution spontanée du courant.
Chapitre VII. — Propagation avec capacité et induction. — Mémoire de Kirchhoff.
Chapitre VIII. — Propagation avec induction et capacité. — Discussion.

Livre IV.

Chapitre Ier. — Le champ d'induction avant Maxwell.
Chapitre II. — Le champ de force électrique. — Maxwell. — Hertz.
Chapitre III. — Champ d'un élément de courant
Chapitre IV. — Oscillations de la sphère.
Chapitre V. — Oscillations des ellipsoïdes de révolution allongés.

Carnot (Sadi)

RÉFLEXIONS SUR LA PUISSANCE MOTRICE DU FEU ET SUR LES MACHINES PROPRES A DÉVELOPPER CETTE PUISSANCE

(Réimpression fac similé conforme à l'édition de 1824). 1903, in-8 de 120 pages, avec une planche et une lettre de Sadi-Carnot en fac-similé. 5 fr.

Coulon (J.), docteur ès-sciences.

SUR L'INTÉGRATION DES ÉQUATIONS AUX DÉRIVÉES PARTIELLES DU SECOND ORDRE PAR LA MÉTHODE DES CARACTÉRISTIQUES.

Paris, 1902 in-4, 118 pages. 6 fr.

Czuber (Em.), Professeur à l'Université de Vienne.

PROBABILITÉS ET MOYENNES GÉOMÉTRIQUES.

Ouvrage traduit de l'allemand par le Commandant H. Schuermans. Gr in-8 de 250 pages, 1902. 8 fr. 50

Quoique le livre original du Prof. Czuber " *Geometrische Wahrscheinlichkeiten und Mittelwerte* " ait été édicté en 1884, il demeure le seul essai d'une exposition méthodiquement résumée de l'embranchement le plus récent du calcul des probabilités : la théorie des probabilités géométriques, qui ont pour type originaire le célèbre et classique problème de l'aiguille de Buffon ; les moyennes géométriques, en connexion intime avec les probabilités géométriques, forment la seconde partie de cet ouvrage.

Dassen (C. C.), docteur ès-sciences mathématiques, lauréat et professeur de l'Université de Buenos-Aires

ÉTUDE SUR LES QUANTITÉS MATHÉMATIQUES. GRANDEURS DIRIGÉES, QUATERNIONS.

Gr. in-8 de 186 pages. 1901. 5 fr.

Table des matières :
Introduction. — Partie I Le concept de Quantité. — Partie II. Les Quantités dirigées.
Appendice :
1) L'analyse constituée uniquement et entièrement avec la notion de nombre entier.
2) Les angles et les arcs dits imaginaires.
3) Sur l'espace à quatre dimensions et les Quaternions.
L'ouvrage est accompagné de nombreuses notes historiques.

Duclaux (E.), Membre de l'Institut, directeur de l'Institut Pasteur.

COURS DE PHYSIQUE ET DE MÉTÉOROLOGIE.

Professé à l'Institut agronomique.

Gr. in-8, 1891, 504 pages, 175 fig. dont 44 en 2 couleurs. 7 fr. 50

Librairie Scientifique, A. Hermann, Paris V.

Duhem (P.), Professeur de physique à l'Université de Bordeaux.

TRAITÉ ÉLÉMENTAIRE DE MÉCANIQUE FONDÉE SUR LA THERMODYNAMIQUE.

4 beaux vol. gr. in-8, se vendant séparément :

Tome I : Introduction. — Principes fondamentaux de la Thermodynamique. — Faux équilibres et explosions. 1 beau v. gr. in 8 de 300 pages; 1897. 10 fr.

Tome II : Vaporisation et modifications analogues. — Continuité entre l'état liquide et l'état gazeux. — Dissociation des gaz parfaits. 1 beau vol. gr. in-8 de 386 pages ; 1898.   12 fr.

Tome III : Les mélanges homogènes. — Les dissolutions ; gr. in-8, 1899, de 400 pages.   12 fr.

Tomes IV et dernier : Les mélanges doubles. — Statique chimique générale des Systèmes hétérogènes. — Index alphabétique des auteurs cités dans cet ouvrage. — Index alphabétique des substances chimiques étudiées dans cet ouvrage ; gr. in-8, 1 99. de 384 pages.   12 fr.

Les 4 vol. pris ensemble :   35 fr.

Duhem (P.), Professeur de physique théorique à l'Université de Bordeaux, correspondant de l'Institut de France.

THERMODYNAMIQUE ET CHIMIE.

Leçons élémentaires à l'usage des chimistes. Gr. in-8. 500 pp., 140 fig 1902. Prix   15 fr.

Duhem (P.), Professeur de physique théorique à l'Université de Bordeaux.

COURS DE PHYSIQUE MATHÉMATIQUE, HYDRODYNAMIQUE, ÉLASTICITÉ, ACOUSTIQUE.

Tome I. — Théorèmes généraux. — Corps fluides. In-4 lith. de 370 p. 1891. 10 fr.

Tome II. — In-4 lith. 1892, 300 p.   10 fr.

Duhem (P.).

LES THÉORIES ÉLECTRIQUES DE J. CLERK MAXWELL. ÉTUDE HISTORIQUE ET CRITIQUE.

1 vol. gr. in-8, 325 pagés, 1902.   8 fr.

Fitz-Patrick et Ohevrel.

EXERCICES D'ARITHMÉTIQUE, ÉNONCÉS ET SOLUTIONS

Avec une préface de **J. Tannery,** sous-directeur des études scientifiques à l'École normale supérieure. Deuxième édition, augmentée des énoncés de 800 problèmes d'arithmétique théorique et commerciale, d'un résumé et exercices d'arithmétique commerciale; gr. in-8, 690 p., 1900.   10 fr.

Goedseels (P. S. E.).

THÉORIE DES ERREURS D'OBSERVATION.

Gr. in-8 de xii-190 pages.   7 fr. 50

Le même, cartonné.   8 fr. 50

Goursat (E.), Professeur de calcul différentiel et intégral à l'Université de Paris.

LEÇONS SUR L'INTÉGRATION DES ÉQUATIONS AUX DÉRIVÉES PARTIELLES DU PREMIER ORDRE,

faites à la Faculté des Sciences de Paris. 1 beau vol. gr. in-8 de 351 pages. Paris, 1892.   12 fr.

Achat et Echange de Livres Scientifiques

Goursat (E.).

LEÇONS SUR L'INTÉGRATION DES ÉQUATIONS AUX DÉRIVÉES PARTIELLES DU SECOND ORDRE A DEUX VARIABLES INDÉPENDANTES.

Tome I, gr. in-8, 1896.　　　　　　　　　　　　　　　7 fr. 50
Tome II, gr. in-8, 1898, de 330 pages compactes.　　　10 fr. 50

HADAMARD (J.).

LEÇONS PROFESSÉES AU COLLÈGE DE FRANCE
Sur la Propagation des Ondes
et les Equations de l'Hydrodynamique.

1 beau vol. gr. in-8 de plus de 400 p. avec fig. 1903.　　　18 fr.

CHAPITRE I. Le deuxième problème aux limites de la théorie des fonctions harmoniques (Problèmes de Neumann). 1. Propriétés générales des fonctions harmoniques. 2. Existence de la Solution. Inégalités auxquelles elle est assujettie. 3. Cas de la sphère. 4. Problèmes mixtes. — CHAPITRE II. Les ondes au point de vue cinématique. 1. Les résultats classiques (Résultats relatifs aux déformations. Résultats relatifs aux vitesses). 2. Etude des discontinuités : les conditions identiques. 3. Id. Les conditions de comptabilité cinématique. Variations de la densité, des composantes de déformation, de la rotation instantanée. — 4. Id. Conditions de comptabilité d'ordre supérieur. - CHAPITRE III. La mise en équation du problème de l'Hydrodynamique 1 Les équations internes et la condition supplémentaire. 2. Intervention des conditions aux limites. Cas des liquides. Cas des gaz. — CHAPITRE IV. Le mouvement rectiligne des gaz. 1. Cas de la vitesse de propagation constante. 2. Cas général. Les mouvements compatibles avec le repos. 3. Le phénomène de Riémann-Hugoniot. — CHAPITRE V. Les mouvements dans l'espace. Vitesse de propagation. Conditions de comptabilité. — CHAPITRE VI. Application à la théorie de l'élasticité. Cas de déformations infiniment petites. Cas de déformations finies. Stabilité de l'équilibre Ondes longitudinales et transversales. — CHAPITRE VII. La théorie générale des caractéristiques. 1. Caractéristique et bicaractéristiques. Application aux mouvements Surface des ondes. Rayons. 2. Théorèmes d'existence. Application à la rencontre des ondes. Mouvement d'un fluide au contact d'une paroi. 3 Cas des équations linéaires. — NOTE I. Sur le problème de Cauchy. — NOTE II. Sur les glissements dans les fluides. — NOTE III. Les tourbillons dans les ondes de choc.

HEEN (P. de).

Prodrome de la théorie mécanique de l'Électricité

1903, gr. in-8 de 152 pp. avec 20 pl.　　　　　　　　　6 fr.

Phénomènes dits électrostatiques. — Phénomènes électromagnétiques. — La radioactivité et l'infra-électricité. — Les rayons dits cathodiques et l'électrolyse. — Les courants à extrême fréquence ou les courants calorifiques. — Oscillation de l'éther, action du champ magnétique et suite de la radioactivité. — Ionisation produite par les réactions. — Réflexions sur la constitution de la matière — Application aux phénomènes astronomiques et météorologiques. — Production des "Novae" et périodicité de l'activité solaire.

Hemsalech (G. A.), docteur de l'Université de Paris (Faculté des Sciences).

RECHERCHES EXPÉRIMENTALES SUR LES SPECTRES D'ÉTINCELLES

Gr. in-8, 1901, 135 pages, nombreuses figures.　　　　6 fr.

Klein (Félix), Professeur à l'Université de Gœttingue, Correspondant de l'Institut de France.

CONFÉRENCES SUR LES MATHÉMATIQUES

Ouvrage traduit par M. L. Laugel. 1 beau vol. gr. in 8, imprimé sur simili-japon teinté. Paris. 1898.   6 fr.

Kœnigs (G.), Professeur à la Faculté des Sciences de Paris.

DÉVELOPPEMENTS NOUVEAUX SUR LA GÉOMÉTRIE

Leçons de l'Agrégation de Mathématiques.

1892, 1 vol. in-4 lith. de 208 pp.   10 fr.

Kœnigs (G.).

Professeur de Mécanique physique et expérimentale à l'Université de Paris.

LEÇONS DE CINÉMATIQUE THÉORIQUE

Avec des notes par G. **Darboux**, membre de l'Institut, doyen de la Faculté des Sciences, et par MM. **Cosserat** (E.), Professeur à la Faculté des Sciences de Toulouse, **Cosserat** (F.), Ingénieur principal à la Compagnie des Chemins de fer de l'Est.

Gr. in-8, 499 p. Nomb. fig. 1897.   15 fr.

Lamé (G.).

EXAMEN DES DIFFÉRENTES MÉTHODES EMPLOYÉES POUR RÉSOUDRE les PROBLÈMES de GÉOMÉTRIE.

Réimpression fac-similé (1903) de ce rarissime ouvrage.   5 fr.

Legendre (A.-M.), Membre de l'Académie des Sciences.

THÉORIE DES NOMBRES

4e édition conforme à la troisième. 2 volumes in-4 de 950 pages. 1900. 40 fr.

TABLE DES MATIÈRES

Introduction, contenant des notions générales sur les nombres. — *Première partie* : Exposition des diverses méthodes et propositions relatives à l'analyse indéterminée. — *Seconde partie* : Propriétés générales des nombres. — *Troisième partie* : Théorie des nombres considérés comme décomposables en trois carrés — Tables arithmétiques — *Quatrième partie* : Méthodes et recherches diverses. — *Cinquième partie* : Usage de l'analyse indéterminée dans la résolution de l'équation $X^n-1=0$, n étant un nombre. — *Sixième partie* : Démonstration de divers théorèmes d'analyse indéterminée. — *Appendice*.

Lobatschewsky (N.-J.).

RECHERCHES GÉOMÉTRIQUES SUR LA THÉORIE DES PARALLÈLES.

Suivies d'extraits de la correspondance de Gauss et Schumacher, suivi de : **Helmholtz** (H. Von). — Sur les faits qui servent de base à la géométrie, traduction J. Houel. Gr. in 8 1900.   5 fr.

MACH (Ernst), Professeur émérite de l'Université de Vienne.

La Mécanique : Exposé historique et critique de son développement

Traduit sur la quatrième édition allemande par Ém. **BERTRAND**, Professeur à l'École des Mines du Hainaut ; avec une introduction de M. Ém. **PICARD**, Membre de l'Institut. 1 fort vol. in-8 de 500 pages, avec portraits, fac-similés, etc.   15 fr.

Après une introduction de 15 pages où l'auteur expose le plan de son ouvrage, M. Mach passe à l'histoire de la Statique. Aristote sait reconnaître et poser les problèmes, mais il n'est pas heureux dans leurs solutions. Archimède est le véritable créateur de la Statique, qui reçoit tout son développement des travaux d'Huyghens, Léonard de Vinci, Stevin et Galilée. M. Mach analyse avec les développements convenables les travaux de ces grands géomètres. Il passe ensuite à

Achat et Echange de Livres Scientifiques

l'application des principes de la statique aux liquides. C'est encore Archimède qui a posé les fondements de la Statique des liquides, mais lorsqu'au 16e siècle on se remit à l'étude des travaux d'Archimède, les principes qu'il avait posés furent à peine compris. M. Mach montre comment Stevin retrouva, par une méthode qui lui est personnelle, les principes les plus importants de l'hydrostatique et leurs conséquences. Il indique la part qui revient dans la constitution de l'hydrostatique à Stevin, Galilée, Pascal. L'auteur passe ensuite à l'application des principes de la statique aux gaz. Il rappelle les belles expériences d'Otto de Guericke, de Pascal, Boyle, Mariotte.

Le chapitre II est consacré au développement des principes de la dynamique. C'est ici qu'apparaît la grande figure de Galilée. Dans les « Discorsi e Dimostrazioni matematiche », Galilée exposa ses premières recherches sur les lois de la chute des corps. Galilée possède l'esprit moderne; il ne se demande pas pourquoi les corps tombent, mais comment ils tombent. Pour déterminer les lois de la chute des corps, il fait certaines hypothèses; mais, au contraire d'Aristote, il ne se borne pas à les émettre. Il cherche à en prouver l'exactitude. C'est à Galilée que l'on doit la notion de *vitesse*, la notion d'accélération, notion entièrement nouvelle. Les recherches sur le mouvement des projectiles sont d'une importance plus grande encore. Il suffit pour s'en convaincre de se reporter aux recherches antérieures de Santbach, Tartaglia, Rivius.

Parmi les successeurs de Galilée, on doit considérer Huyghens comme son égal à tous égards. « Non seulement Huyghens poussa plus loin les recherches commencées par Galilée, mais il résolut les premiers problèmes de la *dynamique de plusieurs masses*, alors que Galilée s'était toujours limité à la dynamique d'un seul corps. L'abondance des travaux d'Huygens se montre déjà dans son traité : *Horologium oscillatorum* paru en 1673. Des problèmes d'une importance capitale y sont pour la première fois traités : Ce sont la théorie du centre d'oscillation, la découverte et la construction de l'horloge à balancier, la découverte de l'échappement dans le mécanisme des horloges, la détermination de l'accélération *g* par l'observation du pendule, etc. » M. Mach analyse ensuite les travaux de Huyghens mais en se servant des méthodes et des notations modernes.

Négligeant les intermédiaires, nous arrivons d'Huygens à Newton. Voici comment M. Mach caractérise l'œuvre de Newton : « Newton rendit à la science de la Mécanique un double service. Tout d'abord sa découverte de la *gravitation universelle* agrandit considérablement le domaine de la Mécanique physique. En second lieu on lui doit l'*énoncé formel des principes* de la mécanique encore généralement acceptés aujourd'hui. Depuis Newton aucun principe essentiellement nouveau n'a été posé, et le travail accompli depuis lors a été un développement déductif formel et mathématique, sur la base des principes newtoniens. »

Trois paragraphes importants sont consacrés à l'exposition des travaux de Newton, à la discussion du principe de l'action et de la réaction, à l'examen du concept de la masse, à la discussion des idées de Newton sur le temps, l'espace et le mouvement, à la critique des énoncés de Newton, enfin deux autres chapitres contiennent un aperçu rétrospectif du développement de la dynamique, un aperçu de la Mécanique de Hertz. Enfin les derniers sont relatifs : à l'extension des principes et au développement déductif de la Mécanique, au développement formel de la Mécanique, aux rapports de la Mécanique avec d'autres sciences.

Pour caractériser l'ouvrage du professeur Mach, nous ne pouvons mieux faire que de reproduire quelques lignes que M. Duhem lui a consacrées dans le *Bulletin des Sciences Mathématiques* (octobre 1903) : « La Mécanique du professeur Mach offre une des lectures les plus variées que l'on puisse souhaiter. On y trouve des déductions mathématiques, mais aussi simplifiées que possible et exemptes de tout vain étalage de formules ; de l'expérience, chose bien imprévue, pour un lecteur français, en un traité de Mécanique, et cependant bien essentielle à l'intelligence de cette science, de la philosophie, mais dépouillée de ce pédantesque jargon qui croit avoir atteint la profondeur lorsqu'il est plongé dans l'obscurité ; des tableaux historiques, mais brossés par larges touches que n'alourdissent pas les minuties de l'érudition ; de la polémique, enfin, mais sans aigreur ni personnalités. — A ce livre varié, sobre, vivant, que manquait-il pour séduire le lecteur français? D'être écrit en français. En traduisant cet ouvrage, M. Emile Bertrand nous a ôté tout prétexte à l'ignorer plus longtemps. »

Et plus loin M. Duhem ajoute :

« Ce livre a été écrit pour empêcher la Mécanique de dégénérer en une suite de formules exactes et précises, mais sèches et stériles. Dans l'enseignement français, pour des causes qu'il est inutile d'énumérer, car tout le monde les connaît, la Mécanique, peu à peu vidée de tout contenu réel, se trouve réduite à une forme rigide mais morte; dans l'introduction qu'il a écrite pour le présent ouvrage, M. E. Picard n'hésite pas à qualifier la Dynamique enseignée aujourd'hui de » Science hiératique et figée ». Que les maîtres et les étudiants lisent et méditent la *Mécanique* du professeur Mach ; ils y trouveront les principes de résurrection qui, sur les ossements desséchés de ce squelette, feront renaître la chair, vive et palpitante. »

Citons encore un passage de l'Introduction de M. E. Picard :

« .... Toute cette histoire critique du développement de la dynamique est traitée de main de maître. De nombreuses citations nous font entrer dans la pensée des inventeurs, et des appareils de démonstration expérimentale décrits et figurés dans le texte laisseront au lecteur l'impression que, à ses débuts au moins, la mécanique est une science physique. Après cette période d'induction, qui est l'âge héroïque de la dynamique, vient une période déductive où on s'efforce de donner aux principes une forme définitive. Le développement mathématique et formel joue alors le rôle essentiel. C'est ici que les mathématiques sont indispensables ; elles permettent de réaliser cette moindre dépense intellectuelle qui donne à la science, d'après M Mach, un caractère *économique*. On pourrait ajouter que, sans le langage analytique, les principes mêmes ne peuvent recevoir leur plus grande extension.

« Quoique le but de l'ouvrage soit surtout d'étudier, dans son développement, la partie plutôt physique de la science mécanique ; en particulier, les questions de maximum et de minimum, dont le principe de la moindre action est l'exemple le plus célèbre, conduisent à des remarques historiques du plus haut intérêt, et donnent l'occasion de discuter l'influence des conceptions théologiques dans l'histoire des notions qui sont à la base de la science actuelle. »

Neuberg (J.).
COURS D'ALGÈBRE SUPÉRIEURE.
Gr. in-8 de 280 pages.   6 fr 75

Painlevé (P.), membre de l'Institut.
LEÇONS SUR LA THÉORIE ANALYTIQUE DES ÉQUATIONS DIFFÉRENTIELLES.
professées à Stockholm (septembre octobre, novembre 1895), sur l'invitation de S M. le roi de Suède et de Norwège In-4 588 p . lith. 1897.   20 fr.

Reychler (A.), Professeur à l'Université de Bruxelles.
LES THÉORIES PHYSICO-CHIMIQUES.
3ᵉ édition. revue et augmentée, 1903, un fort volume gr. in-8 de 425 pages, avec figures.   12 fr.

Première partie : Les théories fondamentales. — Etudes de l'état gazeux. — La chaleur spécifique des éléments à l'état solide. — L'isomorphisme. — La constitution intime des corps. — La chaleur spécifique des éléments à l'état solide. - L'isomorphisme. — La constitution intime des corps.

Deuxième partie : Etude complémentaire de l'état gazeux. — L'état liquide. — L'état solide. — Les solutions.

Troisième partie : La thermochimie. — L'électrochimie. — De la nature des solutions solides.

Quatrième partie : Mécanique chimique.

Cinquième partie : La thermodynamique.

Richard (J), Professeur de Mathématiques Spéciales au Lycée de Tours.
LEÇONS SUR LES MÉTHODES DE LA GÉOMÉTRIE MODERNE.
2ᵉ édition 1900. Un beau vol. gr. in-8 de 235 pp.   6 fr.

Sédillot (L. Am.).
MATÉRIAUX POUR SERVIR A L'HISTOIRE COMPARÉE DES SCIENCES MATHÉMATIQUES CHEZ LES GRECS ET LES ORIENTAUX.
Paris, 1845-49, in-8, 2 vol. 1250 pag. 8 planches. 3 tableaux et 2 cartes. 20 fr.

C'est l'ouvrage le plus complet sur l'histoire des mathématiques et de l'astrononomie chez les Orientaux.

Nous ne possédons que quelques exemplaires en magasin.

Spée (E).
SPECTRE SOLAIRE (région B-F).
1899, in-4, avec atlas in-folio de 17 pl gravées sur cuivre. (40 fr.)   25 fr.

Achat et Echange de Livres Scientifiques

Tannenberg (W. de). Prof. à la Faculté des Sciences de l'Université de Bordeaux.

LEÇONS SUR LES APPLICATIONS GÉOMÉTRIQUES DU CALCUL DIFFÉRENTIEL.

Un beau vol. gr. in-8, fig. 1899.   6 fr.

TANNERY (Jules),
Sous-directeur des Etudes scientifiques à l'Ecole Normale Supérieure.

Introduction à la Théorie des fonctions d'une variable

2° édition. 2 volumes gr. in-8.

Vient de paraître :
Tome I, 1er fascicule pages 1 à 192.

CONDITIONS DE LA PUBLICATION :

Le prix de souscription au premier volume est fixé à **10 francs**. Nous nous réservons d'augmenter le prix à l'apparition du second fascicule.

Théon de Smyrne, Philosophe platonicien.

EXPOSITION DES CONNAISSANCES MATHÉMATIQUES UTILES POUR LA LECTURE DE PLATON.

Traduite pour la première fois du grec en français, par J. Dupuis. 1 vol. gr. in-8, texte grec et traduction, 401 pages. Nombr. fig.   6 fr.

Van' T Hoff (J. H.), Membre de l'Académie des Sciences de Berlin, Professeur ordinaire à l'Université et Directeur de l'Institut de Physique de Charlottenburg.

LEÇONS DE CHIMIE PHYSIQUE PROFESSÉES A L'UNIVERSITÉ DE BERLIN.

Ouvrage traduit de l'allemand par M. Corvisy, Professeur agrégé au lycée de St-Omer.

PREMIÈRE PARTIE. — La dynamique. 1 beau vol. gr. in-8, avec nombreuses figures dans le texte. 1898.   10 fr.

SECONDE PARTIE. — La statique chimique. Gr. in-8. 1899.   6 fr.

TROISIÈME PARTIE. — Relation entre les propriétés et la composition. Gr. in-8, 1900, avec un beau portrait de Van't Hoff en héliogravure.   7 fr.

Van' T Hoff (J. H.).

LA CHIMIE PHYSIQUE ET SES APPLICATIONS

Huit leçons faites sur l'invitation de l'Université de Chicago Ouvr. traduit de l'allemand par A. Corvisy, Professeur agrégé au Lycée de Limoges. 1903. gr. in-8, avec nomb. fig. et tableaux.   3 fr. 50

La Chimie Physique et la Chimie. — La Chimie Physique et l'Industrie. — La Chimie Physique et la Physiologie. — Les enzymes. — La Chimie Physique et la Géologie.

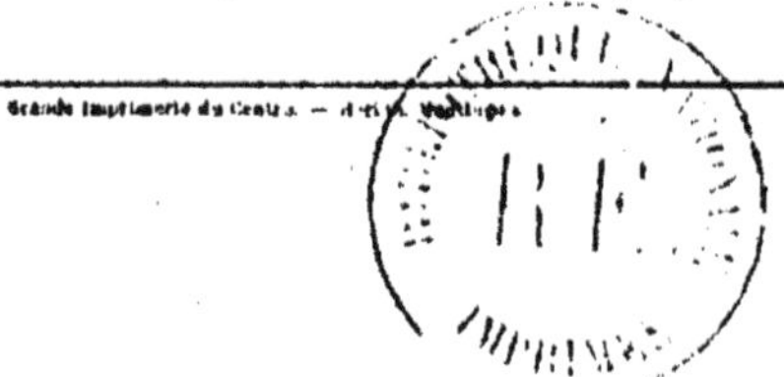